ALBERT GUT

DAS BERLINER WOHNHAUS DES 17. UND 18. JAHRHUNDERTS

Ernst & Sohn

Das Berliner

Neu aufgelegt,
von Waltraud Volk
erweitert,
ausgestattet mit
Meßbildaufnahmen
und Aufnahmen
von F. A. Schwartz

Albert Gut

Wohnhaus

des 17. und 18. Jahrhunderts

Ernst & Sohn

Verlag Wilhelm Ernst & Sohn Berlin

Verlag für Architektur und technische Wissenschaften

Inhaltsverzeichnis

Vorwort zur Neuausgabe

»Das Berliner Wohnhaus«, 1917 – also mitten im ersten Weltkrieg – erschienen, gehört zu den wichtigsten und aussagekräftigsten Büchern über die Architektur Berlins. Es ist die Dissertation des Dipl.-Ing. Albert Gut (1883–1947), die er an der Technischen Hochschule Charlottenburg in Berlin 1916 vorlegte. Der Autor hatte sich damit eines Gebietes angenommen, das bis dahin noch nie im Zusammenhang dargestellt worden war. Zwar gab es vereinzelt Artikel über Stadtpalais oder Wohnhäuser renommierter Besitzer, aber eine zusammenhängende Entwicklungsgeschichte des bürgerlichen Wohnhauses in Berlin, die auch das einfache Kleinbürgerhaus berücksichtigte, fehlte bisher. Lediglich Richard Borrmann hatte sich in seinem 1893 erschienenen Inventarband »Die Bau- und Kunstdenkmäler von Berlin« im Schlußkapitel »Denkmäler bürgerlicher Baukunst« auch den bisher wenig beachteten Wohnhäusern gewidmet und sie zeitlich eingestuft, war aber dabei über eine Aufzählung im wesentlichen nicht hinausgekommen. Für Albert Gut war das eine wichtige Quelle, denn inzwischen war ein großer Teil dieser Wohnhäuser der Gründerzeit zum Opfer gefallen; sie wurden – hauptsächlich in der alten Innenstadt – abgerissen und durch mehrgeschossige Geschäftsbauten, Kaufhäuser und Hotels ersetzt.

Das große Verdienst von Albert Gut ist es, zum ersten Mal Entwicklungslinien in der bürgerlichen Wohnhausarchitektur aus dem Zeitraum vom Dreißigjährigen Krieg bis Anfang des 19. Jahrhunderts untersucht und dargelegt zu haben. Es wird auch nicht dadurch geschmälert, daß sein zeitweilig formales Vorgehen – er sah es wohl als notwendig an, um die Fülle des Stoffes zu gliedern – zu einigen irrigen Schlüssen und falschen Datierungen führte. Es gibt nur für sehr wenige Wohnhäuser schriftlich überlieferte, verläßliche Baudaten. Das wird insbesondere in dem Abschnitt über die Bautätigkeit unter Friedrich II. deutlich, also in einer Zeit, in der fast ebensoviel ältere Häuser umgebaut wie neue errichtet wurden.

Oft treffen die bei Albert Gut angegebenen Datierungen nur auf diese Umbauten zu, während die Gebäude selbst häufig sehr viel älter sind. Das ist besonders bei den kleinbürgerlichen Dreiachsenhäusern aus der Zeit kurz vor oder nach dem Dreißigjährigen Krieg der Fall, die, »um besser zu embellieren« – um im Zeitausdruck zu bleiben –, zumeist neuen Fassadenputz mit Rokokoornamenten erhielten. Es gilt auch für die Treppenhäuser, die zu dieser Zeit häufig erneuert wurden, oft auch, um die inzwischen aus Raummangel errichteten Seitenflügel im Hof mit in das Treppensystem einzubeziehen. In einigen Fällen führte das dazu, daß Albert Gut den Grundriß und die Fassaden jeweils in unterschiedlichen Kapiteln abgehandelt hat. Das sind jedoch nur kleine Mängel im Vergleich zu dem großen Verdienst, das Gut sich besonders mit der Beifügung der etwa siebzig Grundrisse und Schnitte erwarb. Sie gehen mit wenigen Ausnahmen auf eigene Bauaufnahmen zurück und sind auch, wie aus dem Abbildungsnachweis hervorgeht, von ihm selbst gezeichnet.

Jetzt, nachdem die meisten der erwähnten Wohnhäuser im zweiten Weltkrieg zerstört wurden oder später der städtebaulichen Umgestaltung zum Opfer fielen, hat diese Publikation für die Baugeschichtsforschung einen unschätzbaren Wert erhalten, zumal es über die einfachen bürgerlichen und kleinbürgerlichen Wohnhäuser nur wenig Material gibt und eine eingehende vergleichbare Forschung mit der Entwicklung in anderen Städten gerade erst einsetzt. Wenn z. B. in den Inventarbänden über die Bau- und Kunstdenkmäler Sachsens, die von dem verdienstvollen Cornelius Gurlitt herausgegeben wurden, auch die Grundrisse der wichtigsten Wohnhäuser aufgenommen worden sind, so fehlen diese in dem vergleichbaren Inventarband von Richard Borrmann von 1893 für Ber-

1 *Köllnischer Fischmarkt, lavierte Federzeichnung von J. G. Rosenberg 1786*

2 *Molkenmarkt, Aquarell von J. G. Rosenberg 1786*

lin ganz. Er beschränkte sich auf die Bauaufnahmen von Kirchen, Schlössern, Palais und öffentlichen Bauten. Hinzu kommt, daß inzwischen der überwiegende Teil der zur Zeit von Borrmann und Gut noch vorhandenen Bauakten vernichtet oder nicht mehr verfügbar ist.

Albert Gut beschränkte sich in seinem Bestreben, eine möglichst umfassende Darstellung der Entwicklung des Berliner Wohnhauses zu geben, keineswegs nur auf die kunsthistorischen, architektonischen und bautechnologischen Aspekte dieses Themas, sondern er bemühte sich auch, die geschichtlichen, ökonomischen und gesellschaftlichen Zusammenhänge aufzudecken und in Verbindung zum Baugeschehen der einzelnen Epochen zu bringen. Nach heutigem Wissensstand gibt es hier kaum etwas zu korrigieren; es sind lediglich einige Ergänzungen notwendig.

Baugeschichtsforscher und Architekten interessieren sich in zunehmendem Maße für das einfache Wohnhaus. Es ist deshalb verständlich, daß die Arbeit von Gut wegen ihrer inhaltlichen Bedeutung und wegen ihrer Materialfülle sehr gefragt ist. In den öffentlichen Berliner Bibliotheken stehen den Benutzern nur wenige Exemplare zur Verfügung, da vermutlich 1917 die Auflagenhöhe sehr gering war. Aus diesen Gründen und aus Anlaß des bevorstehenden 750jährigen Bestehens der Stadt Berlin wird nun eine Neuausgabe der verdienstvollen Arbeit von Albert Gut zur Verfügung gestellt. Es ist keine Reprintausgabe. Der Text blieb zwar unverändert, ebenso die Anzahl der Bauaufnahmen; die Fotos wurden jedoch, soweit es dem Umfang eines solchen Buches angemessen ist, größer wiedergegeben als in der Ausgabe von 1917. Außerdem wurde das Buch durch weitere historische Aufnahmen bereichert.

Um eine noch größere Vollständigkeit zu erreichen, wurden einige erst nach 1917 bekannt gewordene Grundrisse der von Gut erwähnten Bauten hinzugefügt, aber nicht als Strichätzung, sondern als Foto, so daß sie sich von den Bauaufnahmen im Buch von 1917 unterscheiden. Eine Ergänzung sind auch einige Baustellenanweisungen für die kurfürstlichen Neustädte – unterschrieben von den Baumeistern Memhardt, Behr und Nehring –, die in den Akten aufgefunden wurden. Bisher noch nicht veröffentlicht, zeigen sie, wie damals bei der Anlage einer Neustadt die Vergabe der Grundstücke praktisch gehandhabt wurde.

Da Gut in den Vorbemerkungen seines Buches bedauerte, daß es »wegen der schwierigen Kriegsumstände« nicht möglich war, die Veröffentlichung besser auszustatten, entspricht diese neue Ausgabe ganz dem Willen des Verfassers. Die Platten der von Gut verwendeten Fotos, die vorwiegend aus der damaligen Königlichen Meßbildanstalt stammten, sind erhalten, ebenso die in geringer Zahl ausgewählten Abbildungen aus der Sammlung des Hoffotografen Albert Schwartz. So wurde die Möglichkeit genutzt, diese neue Ausgabe mit Abbildungen in wesentlich verbesserter Wiedergabe und in zum Teil sinnvollerer, dem Inhalt besser entsprechender Gegenüberstellung auszustatten. Die Meßbildfotos stammen überwiegend aus den Jahren 1910 bis 1912; die nicht ganz dieser Qualität entsprechenden Schwartzschen Fotos wurden um die Jahrhundertwende aufgenommen.

Die von Gut behandelten Wohnhäuser befanden sich ausschließlich in Alt-Berlin und seinen Vorstädten, also innerhalb der ehemaligen Zollmauer. Da die meisten der angegebenen Straßen inzwischen überbaut sind und nicht mehr existieren, werden die heutigen Bezeichnungen im Register der Straßen und Wohnhäuser mitgenannt, so daß eine Orientierung nach einem heutigen Stadtplan möglich ist. Im Interesse des Lesers wurde dieses Register um Baudaten und Abbildungen von Häusern, die erhalten geblieben sind, erweitert. Das Personenregister blieb unverändert. Dagegen wurde der Literaturnachweis durch Veröffentlichungen, die seit 1917 auf diesem Gebiet erschienen sind, ergänzt. Gut hatte in den Literaturnachweis (Quellen zum Hauptteil) die Spezialliteratur zu den einzelnen Objekten nicht aufgenommen. Sie ist nun in den mit römischen Zahlen gekennzeichneten anschließenden Anmerkungen, die den heutigen Forschungsstand berücksichtigen, erfaßt.

Das etwas unglückliche Format der ersten Ausgabe des Buches – es betrug 35 cm × 26 cm – wurde geändert, ebenso die Schrifttype. Das 1917 auf Zeitungspapier gedruckte Buch hat damit eine neue, seiner inhaltlichen Bedeutung ansprechende Gestaltung erhalten.

Waltraud Volk

Haupttitel der Originalausgabe von 1917

DAS BERLINER WOHNHAUS

BEITRÄGE ZU SEINER GESCHICHTE UND SEINER ENTWICKLUNG
IN DER ZEIT DER LANDESFÜRSTLICHEN BAUTÄTIGKEIT (17. UND 18. JAHRHUNDERT)

MIT EINER EINLEITUNG:

VOM BERLINER WOHNHAUS IM MITTELALTER

(8 TAFELN UND 177 TEXTABBILDUNGEN)

VON

Dr.-Ing. ALBERT GUT,
REGIERUNGSBAUMEISTER A. D. IN CHARLOTTENBURG

HERAUSGEGEBEN MIT UNTERSTÜTZUNG DER
KÖNIGLICHEN AKADEMIE DES BAUWESENS
IN BERLIN

BERLIN 1917
VERLAG VON WILHELM ERNST u. SOHN

Auszüge aus den Vorbemerkungen und dem Vorwort des Verfassers Albert Gut

Die Geschichte des Berliner Wohnhauses wird sich niemals mehr vollständig lückenlos schreiben lassen. Wohnhäuser aus dem Mittelalter sind so gut wie überhaupt nicht mehr vorhanden, und in die Reihen derer aus dem 17. und 18. Jahrhundert sind – besonders auch in den letzten Jahren – böse Lücken gerissen worden. Zwar befinden sich im Märkischen Museum, in der Magistratsbücherei und auch in Privathänden noch große Sammlungen von Lichtbilderaufnahmen, die es immerhin ermöglichen, wenigstens von der Entwicklung der Wohnhausfassade ein etwas abgeschlosseneres Bild zu gewinnen, aber auch hier wünscht sich der Forscher den Stoff an gar mancher Stelle abgerundeter, vollständiger. Mit diesen Fassadenaufnahmen sind aber Grundrisse nicht mit überliefert worden. Da auch die Archive hier so gut wie gänzlich versagen, muß die Schilderung von der Entwicklung des Berliner Wohnhausgrundrisses naturgemäß manche Lücke aufweisen.

An dieser Stelle muß gleich eingangs betont werden, daß bei der Bearbeitung der Teilaufgabe, den Entwicklungsgang des Äußeren des Berliner Wohnhauses zu schildern, soweit es sich um stilgeschichtlich wichtigere Bauten handelte, zwei Vorarbeiten dem Verfasser besonders zugute gekommen sind. Die eine war das vom Geheimen Baurat Professor R. Borrmann bearbeitete »Verzeichnis der Bau- und Kunstdenkmäler Berlins«, die zweite betrifft die von der Kgl. Meßbildanstalt vom Jahre 1910 ab gefertigten Lichtbilderaufnahmen, die auch bei der Drucklegung der vorliegenden Arbeit in umfassender Weise als Bildvorlagen zur Verwendung gekommen sind. –

Die Darstellung behandelt in ihrem Hauptteil die Entwicklung des Berliner Wohnhauses in der »Zeit der landesfürstlichen Bautätigkeit«. Mit diesem Namen pflegt man in der Kunst- und Baugeschichte jenen Zeitabschnitt des 17. und 18. Jahrhunderts zu bezeichnen, in dem die Landesfürsten in Deutschland auf den Städtebau und Wohnhausbau in umfassender Weise ihren Einfluß ausgeübt haben.

Es gibt nur wenige Städte, in denen dieser Einfluß so groß gewesen ist, wie gerade in Berlin. »Das Berlin des 17. und 18. Jahrhunderts ist wie der Staat Preußen eine Schöpfung seiner Regenten« (Borrmann). Da die städtebauliche Fürsorge der Hohenzollernfürsten für ihre Haupt- und Residenzstadt mit ihren jeweiligen persönlichen Neigungen

3 Ansichten von Berlin, links um 1650, rechts die Lange Brücke mit dem Stadtschloß Anfang des 18. Jahrhunderts

und Anschauungen im engsten Zusammenhang stand, erschien es richtig, die vorliegende Arbeit zwar etwas schematisch, aber den wirklichen Verhältnissen durchaus entsprechend, nach den Regierungszeiten der einzelnen Herrscher zu gliedern. Die Schilderung soll sich jedoch nicht etwa nur auf diejenigen Wohnbauten beschränken, die von dem landesfürstlichen Einfluß unmittelbar berührt worden sind, sondern es sollen für die Entwicklung des gesamten Wohnhausbaues in dem genannten Zeitabschnitt Beiträge geliefert werden. Denn auch dort, wo sich die landesfürstliche Fürsorge nicht ohne weiteres nachweisen läßt, ist die private Bautätigkeit fast immer mehr oder weniger von ihr beeinflußt worden. Eng zusammen mit dem Wohnhausbau hängen der Bau und die Geschichte der Stadt. Um die Entwicklung jenes voll zu erfassen, ist die Kenntnis dieser, als der Grundlage der Entwicklung, nicht zu entbehren. Auf beides ist daher kurz eingegangen.

Die landesfürstliche Bautätigkeit in Berlin setzt ein mit dem Regierungsantritt des Großen Kurfürsten. In diese Zeit fällt jedoch bereits das Ende eines für den Berliner Wohnhausbau nicht unwichtigen Entwicklungsabschnittes, der sich zeitlich mit dem Mittelalter deckt. Um den Zusammenhang mit dieser Zeit zu wahren, sind in einer Einleitung zunächst einige Gesichtspunkte aus der Geschichte und Entwicklung des mittelalterlichen Berliner Wohnhausbaues herausgehoben worden.

Die unter den Abbildungen wiedergegebenen zeichnerischen Aufnahmen haben eine einheitliche Verkleinerung erhalten, so daß ein Vergleich untereinander ermöglicht ist. Hierbei sind die Fassadendarstellungen etwa auf den Maßstab 1:200, die Grundrißdarstellungen auf den Maßstab 1:300 gebracht.

Von den Maßstabsaufnahmen sind die meisten vom Verfasser selbst, die übrigen unter seiner Leitung unter Mitwirkung der Architekten Erhard Altmann-Steglitz, Richard Schultze-Charlottenburg und Robert Soland-Berlin, denen auch an dieser Stelle für ihre Mitarbeit nochmals gedankt sei, aufgenommen. Sämtliche Zeichnungen stammen von der Hand des Verfassers.

Nicht unterlassen sei der Hinweis, daß es die schwierigen Kriegsumstände leider nicht ermöglicht haben, der vorliegenden Veröffentlichung eine Ausstattung zu geben, wie sie den Wünschen der Akademie und denen des Verlags entspricht.

Einleitung
Vom Berliner Wohnhaus im Mittelalter

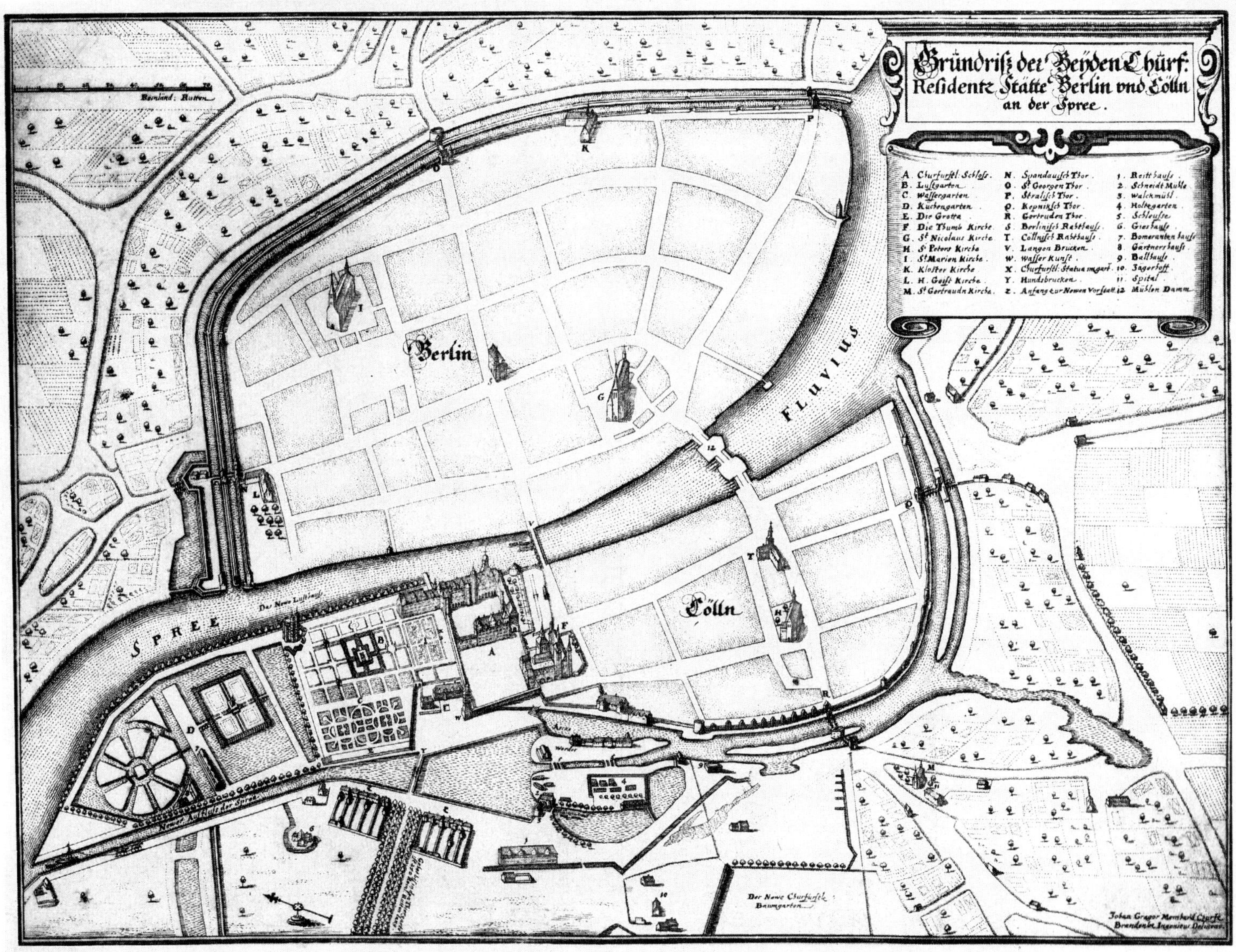

Linke Seite:
4 *»Grundriß der Beyden Churf. Residenz Stätte Berlin und Cölln an der Spree«, Plan von G. Memhardt um 1653*

5 *Vermessungsplan mit der Neustadt Friedrichswerder von Lindholtz, 1663*

6 *Festungsplan von Kauxdorff, 1673*

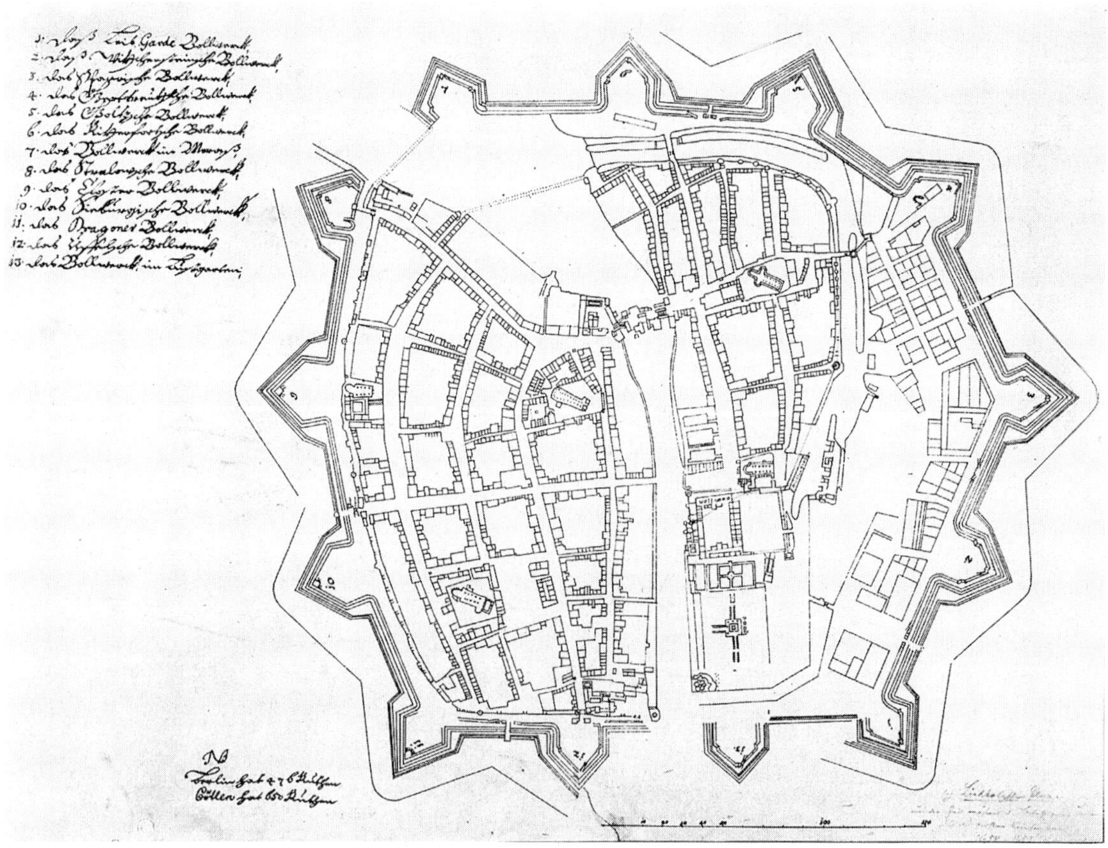

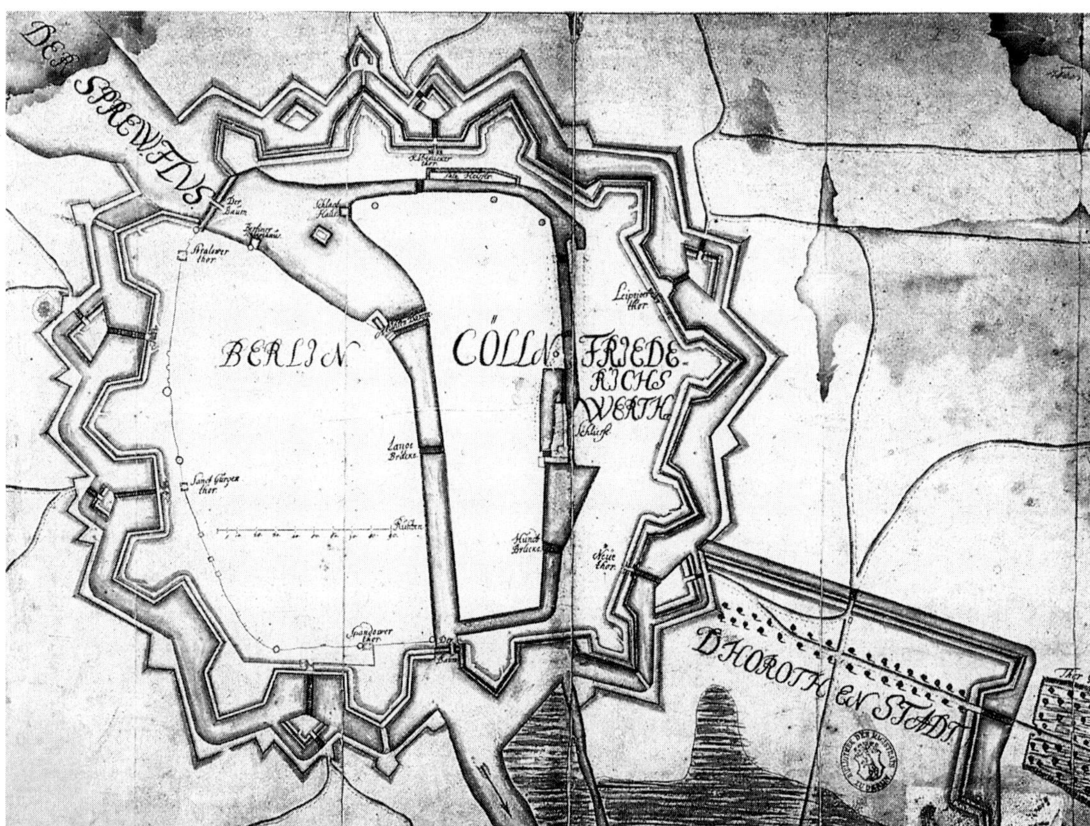

Wenn wir uns ein Bild von den Wohnbauten in Berlin im 13. und 14. Jahrhundert machen wollen, sind wir so gut wie ganz auf Vermutungen angewiesen.[1] Einige Schlüsse lassen sich aus der Art der Zusammensetzung der Bevölkerung ziehen. Diese bestand zum größeren Teil aus den Nachkommen jener »sächsischen« Landleute, die sich in dem neu eroberten Lande niedergelassen hatten. Das waren die eigentlichen Bürger, die auch die Bürgerrechte besaßen, wie z. B. die Brauereigerechtigkeit[2], die Nutzung an der Weide (Allmende) und der Holzung. Sie wohnten auf »Höfen«, die sich von Geschlecht zu Geschlecht vererbten und, wenn auch oft bescheidener in ihrer Anlage, dem sächsischen Bauernhof vielleicht nicht unähnlich gewesen sein mögen.[3] Die Baulichkeiten waren wahrscheinlich aus mit Lehmstakung ausgefülltem Fachwerk hergestellt, die Dächer mit Stroh oder mit Schindeln gedeckt.[4]

Streng zu unterscheiden von diesen »wahlfähigen« Bürgern waren die sogenannten »armen Bürger«, die, meistens von wendischer Herkunft, keine Grundstücke in der städtischen Feldmark besaßen und in sogenannten Wohn- oder Zinsbuden wohnten. Ihren Namen hatten die letzteren nach dem Zins, den ihre Bewohner an den Rat der Stadt entrichten mußten. Die Bauart und den Zustand dieser Hausbuden können wir uns wohl kaum ärmlich genug denken. Zu den beiden genannten Bevölkerungsschichten kamen noch Fischer und Gewerbetreibende, die wohl auch in Häusern aus Holz oder Fachwerk einfachster Art untergebracht waren. Endlich wären noch die Inhaber der »Burglehen« zu erwähnen. Die Burglehen waren ihren Inhabern mit der Verpflichtung verliehen worden, für die Erhaltung und den Schutz des landesherrlichen Besitzes einzutreten. Sie werden in jener Zeit den »Höfen« der reicheren Bürger ähnlich gewesen sein.

Aus massivem Mauerwerk hergestellte Häuser hat es sicherlich, wenn überhaupt, nur vereinzelt gegeben. Im allgemeinen war es im Mittelalter ein Vorrecht des Adels, steinerne Häuser zu besitzen. Vielleicht läßt der Umstand, daß um 1310 in den Urkunden eine Altbürgerfamilie »de domo lapidea« erscheint (Schwebel), auf das Vorhandensein eines solchen schließen. Die einfache Bauart der Mehrzahl der Häuser geht jedenfalls schon daraus hervor, daß eine Feuersbrunst am 10. und 11. August 1380 fast die ganze Stadt in Asche legen konnte. Eine so umfangreiche Zerstörung der Stadt läßt sich kaum nur durch die unzureichenden Feuerlöschmittel erklären.

Das Bild, das man so von den Wohnbauten Berlins im 13. und 14. Jahrhundert erhält, findet noch eine Ergänzung durch die Vorstellung vom Aussehen der Stadt selbst. Innerhalb des von der mittelalterlichen Stadtmauer umschlossenen Weichbildes (Abb. 3, 4)[5] fanden sich noch große unbebaute Flächen als Wiesenland, und die vorgeschilderten Wohnbauten lagen, wie man sicher annehmen kann, einzeln und durch unbebaute Geländestreifen verschiedener Breite voneinander getrennt.

Nach der Feuersbrunst von 1380 scheint dann beim Wiederaufbau eine nicht unbedeutende Veränderung im Aussehen der Stadt vor sich gegangen zu sein. Sicherlich gaben die verheerenden Wirkungen, die das entfesselte Element gehabt hatte, jetzt öfter Veranlassung, feuersicherer zu bauen. Von den Häusern, die damals neu errichtet worden sind, kann eins, das Haus der Blankenfelde (Spandauerstraße 49) noch mit Sicherheit nachgewiesen werden. Es wurde erst im Jahre 1889 abgebrochen. In einer überlieferten Inschrift[6] wird ausdrücklich betont, daß es nach dem Brande in Ziegelbau neu aufgeführt worden ist.

Man nimmt ferner an, daß nach dem Brande auch die Eckhäuser um des besseren Feuerschutzes willen regelmäßig aus Stein hergestellt worden sind (Berlinische Chronik). Auf dem Stadtplan in den Lindholzschen Papieren vom Jahre 1660 (Abb. 5) sind die Einzelhäuser anscheinend mit ziemlicher Genauigkeit eingetragen, wenn man diesen Schluß aus der Mannigfaltigkeit der eingezeichneten Hausumrisse ziehen darf.[7] Es ist auffallend, daß auf diesem Plan die Eckhäuser der meisten Häuserblöcke verhältnismäßig groß sind, und man darf vielleicht hieran die Vermutung knüpfen, daß es sich hierbei um die vorgenannten, zum Schutze gegen die Feuersgefahr errichteten steinernen Häuser handeln könnte.[I]

Daß man sich in jener Zeit auch die Verbreiterung der Straßen und die Einführung einer Art Fluchtlinie für die Neubauten angelegen sein ließ, sei noch nebenbei erwähnt.

Auch im 15. und 16. Jahrhundert bis hinein in den Anfang des 17. Jahrhunderts veränderte Berlin wohl nicht sehr wesentlich sein Aussehen, wenigstens soweit der Eindruck der Straßen und der in ihnen stehenden Häuser in Frage kam. Daran änderte auch nichts der Umstand, daß die zum Schutze gegen feindliche Einfälle errichtete, aus Mauer, Wall und Graben bestehende Umwehrung fast lückenlos geschlossen worden war (Abb. 6).[7] Außerhalb dieser Befestigung gab es selbst um 1650, aus welcher Zeit der in Abb. 4 wiedergegebene, sehr zuverlässige Stadtplan des Ingenieurs Memhardt stammt, abgesehen von dem eben begonnenen Anbau des Werder, im wesentlichen keine Wohnhäuser, sondern nur Gärten; aber auch innerhalb der Mauern lagen noch viele unbebaute Flächen.

Die Zahl der Häuser betrug nach den ältesten Schoßkatastern in Berlin im Jahre 1567: 830, 1587: 883, in Kölln 1574: 395. Allerdings sollen die Schoßregister die Häuser nicht immer vollständig angeführt haben. Nach einer aus den Akten der Stadt Stendal stammenden Nachricht waren im Jahre 1564 in Berlin 908 und in Kölln 408 Feuerstellen vorhanden.

Als vornehmste Straße hatte sich in Berlin die Klosterstraße entwickelt. Hier, in der Nähe der alten kurfürstlichen Residenz (Hohes Haus, heutiges Lagerhaus)[II] (Abb. 7, 8), hatten sich die Inhaber der Burglehen[8], die Bischöfe, Äbte und reichen Bürger ihre zum Teil recht umfangreichen und vornehmen Häuser errichtet. Aus den ältesten Schoßbüchern kann man entnehmen, daß an der Klosterstraße auch acht kurfürstliche Häuser gestanden haben, die von Hofleuten und Beamten bewohnt wurden. Hier wäre also schon der leise Anfang einer landesfürstlichen Bautätigkeit, die im Hauptteil dieser Schrift behandelt werden soll, festzustellen. Aber auch eigene Häuser besaßen diese Herren schon, deren Zahl Clauswitz für Berlin und Kölln auf etwa 20 schätzt. Es machte sich die Tatsache, daß der kurfürstliche Hof in der Stadt Wohnung genommen hatte, auch bereits beim Wohnhausbau bemerkbar.

Man nimmt an, daß vor dem Ende des 15. Jahrhunderts ritterbürtige Leute in der Stadt nicht dauernd Wohnung genommen haben.[9] Denn mit dem Besitz eines eigenen Hauses war zwar eine ganze Reihe von Rechten verbunden, aber auch verschiedene Verpflichtungen, zu deren unangenehmsten die Schoßpflicht gehörte; das war die Pflicht, Steuern zu zahlen, die mit dem Hause, nicht mit der Person des Hausbesitzers verknüpft war.[III] Von dieser und anderen weniger angenehmen Lasten, die mit dem Hausbesitz verbunden waren, konnte zwar der Rat der Stadt Befreiung eintreten lassen, wozu er sich jedoch damals in eigenem Interesse nur selten und ungern entschloß. Nachdem aber der Kurfürst in der Stadt dauernd seine Residenz aufgeschlagen hatte, änderten sich die Verhältnisse insofern, als immer mehr Adelige, die im Dienste des Hofes standen, bürgerliche Grundstücke erwarben, für die der Kurfürst kraft seines Einflusses auf den Rat der Stadt mehr und mehr die Befreiung von den verschiedenen Lasten durchsetzte.[9] Auf diese Weise entstanden die »Freyhäuser«, also Häuser, die von Abgaben,

Hohes Haus, Klosterstraße
7 *Oben: Freigelegtes Portal beim Abbruch des Lagerhauses*
8 *Rekonstruierte Aufstellung im Märkischen Museum*

9 *Fischerstraße 21, Ecke Köllnische Straße »Zum Nußbaum«*

späterhin auch von der Einquartierung u. a. m. befreit waren.[10] Ihre Zahl wuchs in der Folgezeit recht schnell; während sich 1620 die Zahl der Burglehen und Freihäuser auf 31 belief, betrug diese 1654 in Berlin schon 60 und in Kölln 40, das waren 9 v. H. der gesamten Häuserzahl. Die Freyhäuser haben sich auch in den nachfolgenden Jahrhunderten erhalten und unter der Ansiedelungstätigkeit eines Friedrich Wilhelms I. und eines Friedrichs II. ganz bedeutend vermehrt, sodaß man noch heute in Berlin eine ganze Reihe von Häusern findet, die aus alter Zeit über der Eingangstüre das Wort »Freyhaus« tragen.[11]

Ähnliche vornehme Häuser wie in der Klosterstraße standen in Berlin noch in der Spandauer- und Stralauerstraße, in Kölln in der Breiten Straße (damals Große Straße genannt) wie auch in der Brüderstraße. Von diesen und ähnlichen Gebäuden ist nichts auf uns gekommen, was gestattete, daß wir uns ein genaueres Bild von ihnen machen könnten. Einige gewölbte Räume sind das einzige, was noch aus dieser Zeit erhalten ist; aber selbst diese spärlichen Reste lassen noch ahnen, wie prächtig und stolz sich diese vornehmen Häuser im Innern ausgenommen haben mögen.[12]

Ganz anders als diese vornehmen Patrizierbauten hat die große Masse der Bürgerhäuser ausgesehen. Einige ihr Aussehen kennzeichnende und für die weitere Entwicklung des Wohnhausbaues besonders wichtige Merkmale sind folgende:

1. Die Häuser waren nicht unmittelbar aneinander gebaut, sondern es befand sich immer zwischen zwei Häusern ein mehr oder weniger breiter Zwischenraum.

2. Die Häuser standen mit der Giebelseite (nicht mit der Traufseite) parallel zur Straße.

3. In einem Hause wohnte in der Regel nur eine Familie (mit den zugehörigen Dienstboten, Knechten usw.).

Die Zwischenräume oder »Gaten« zwischen den einzelnen Häusern dienten als Traufgänge und waren, wie schon erwähnt, von verschiedener Breite. Waren sie schmaler, so bildeten sie oft Schmutzwinkel schlimmster Art. Mündeten doch nicht selten sogar die »Sekrete« daselbst. Waren sie breiter, so errichtete man auch Scheunen und Wohnbuden auf ihnen.[13] Noch heute ist ein schmaler Durchgang durch den ganzen Baublock von der Fischerbrücke nach der Fischerstraße neben dem Hause Fischerbrücke 6 erhalten, der wahrscheinlich auf einen derartigen, ehemaligen Gaten zurückzuführen ist. Erst späterhin, als die freien Plätze innerhalb der Stadtmauer allmählich seltener wurden, rückten die Häuser dichter aneinander.

Daß die Gebäude mit dem Giebel der Straße zugekehrt waren, läßt sich in mannigfacher Weise belegen. So berichtet u. a. Merian[14] von den Häusern in Berlin: »Seynd alle mit Gibeln vornen herauss.« Noch heute erinnern die eigenartigen, schlitzähnlichen Erweiterungen mancher Berliner Hofräume an die alten Giebelhäuser Berlins; denn diese schlauchartigen, manchmal nur wenige Zentimeter breiten Hoferweiterungen wird man unbedingt als ehemalige Traufgänge der Giebelhäuser ansprechen dürfen.

Die Mehrzahl der Häuser war sicherlich nicht sehr groß. Wahrscheinlich ist, wie in vielen anderen Städten, das Dreifensterhaus das übliche Haus des ansässigen Bürgers gewesen. Für das Überwiegen der kleinen Häuser spricht jedenfalls auch wieder der schon erwähnte Lindholzsche Plan (Abb. 5).[15] Man darf ferner der Annahme zuneigen, daß die Häuser in der Regel kaum mehr als zwei Stockwerke besessen haben.

Die beiden einzigen Giebelhäuser, die uns heute noch aus jener Zeit erhalten sind, das Haus Zum Nußbaum, Fischerstraße 21 (nach einer früher vorhanden gewesenen alten Wetterfahne aus 1596, nach einer Jahreszahl am Kellereingang sogar schon aus 1571 stammend) (Abb. 9) und das Haus Fischerstraße 28 (Abb. 11, 12), haben nur zwei Stockwerke, obwohl wir sie sicherlich schon als stattlichere Vertreter aus ihrer Zeit ansprechen dürfen (Abb. 10). Und doch, wie klein und bescheiden stehen sie heute in ihren Abmessungen neben dem neuzeitlichen Nachbar mit seinen vier Stockwerken! Offenbar dasselbe Gepräge wie diese beiden Häuser hat das Haus besessen, das in dieser Zeit an der Ecke der Spandauer- und Königstraße gelegen hat und auf der Stridbeckschen Ansicht von der Spandauer Straße sehr gut zu erkennen ist (Abb. 39, 40).[16]

Daß die Häuser nur von den Eigentümern bewohnt worden sind und ein Vermieten von Wohnungen noch nicht bekannt war, schreibt auch Clauswitz[17], der in diesem Zusammenhang noch bemerkenswerte Mitteilungen über die Besteuerung der Häuser macht. Der »Schoß«[18] wurde nach dem Wert von Haus und Habe, ohne Rücksicht darauf, ob sie dem Eigentümer etwas einbrachten oder nicht, und nicht etwa nach dem Ertrage des Besitzers berechnet. Also schon damals herrschte die heute so bitter bekämpfte Steuer nach dem gemeinen Wert. Aber

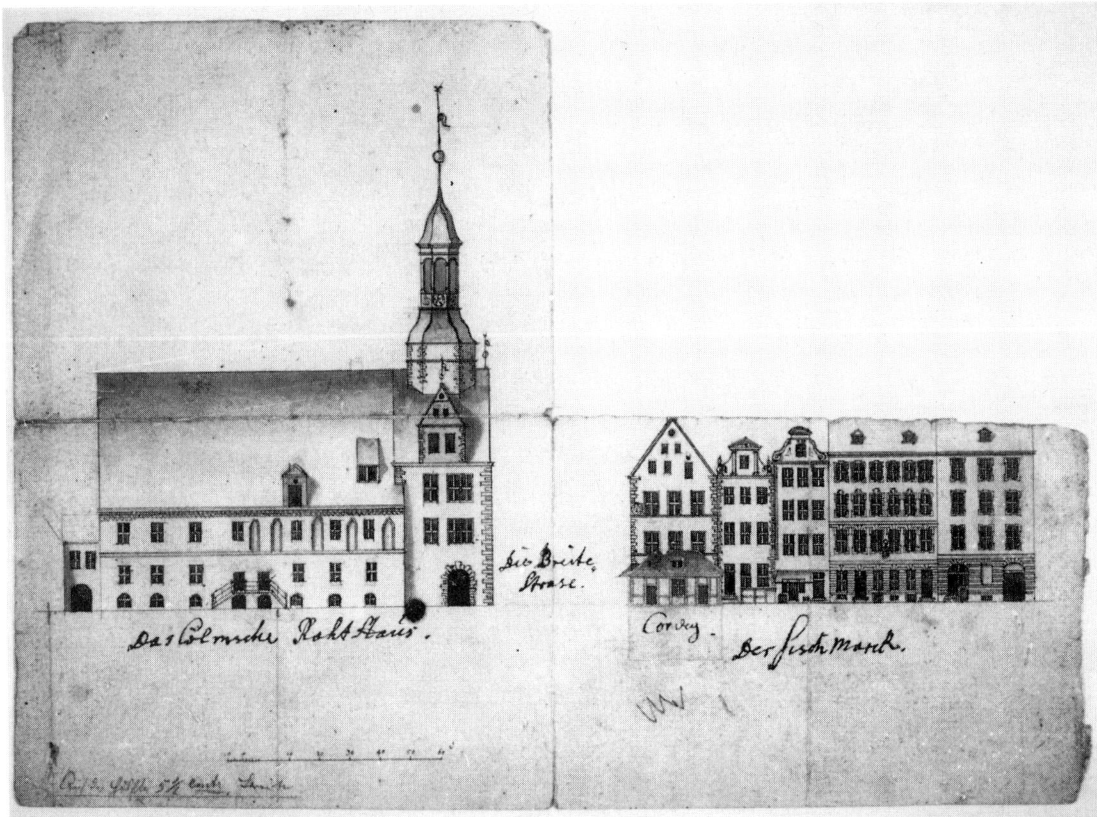

10 *Köllnischer Fischmarkt mit dem alten Köllnischen Rathaus, Lavierte Zeichnung um 1703*

11 *Fischerstraße 28, »Blüthgen-Haus«. Blick aus der Schornsteinfegergasse*

während man sie heute auf den Mieter abzuwälzen sucht, war das damals nicht möglich, da ja die Besitzer ihre Häuser allein bewohnten.

Für die einfache Bauart der Häuser findet sich mancher Beleg. So spricht Grazian in seiner Reisebeschreibung durch Deutschland[19] von Häusern an der Spree, »welche meist hölzern seien« (auch u.a. die in den Abb. 22, 23 und 31 mitgeteilten Häuser bestehen aus Fachwerk, das heute überputzt ist). Merian[20] urteilt: »Es ist diese Stadt nicht allzugroß und ist von schlechten[21] Gebäuen.«

Bezeichnend für das Wohnen in der damaligen Zeit war es, daß die Häuser bestimmter Stände und Erwerbsgruppen (z.B. der vornehmeren Bürger, der Schlächter, der verschiedenen Handwerker, der Juden usw.) in bestimmten Straßen standen, die zum Teil noch heute danach ihren Namen führen.

Für das Bauen selbst gab es vermutlich keinerlei Vorschriften. Allerdings saß schon im Anfang des 15. Jahrhunderts auch ein »buvemeister« (Baumeister) im berlinischen Rat, wie aus dem berlinischen Stadtbuch hervorgeht.[22] Aber im großen und ganzen konnte wahrscheinlich jeder bauen, wie er wollte, wenn er nur einigermaßen auf den Nachbar gebührende Rücksicht nahm.

Die Renaissancekunst, die unter Joachim II. (1535–1571) in dessen Schloßbau so prächtige Blüten getrieben hatte, ist auch auf den Wohnhausbau nicht ohne jeden Einfluß geblieben. Das beweist z.B. das heute noch erhaltene, wenn auch im Laufe der Jahrhunderte stark veränderte und inzwischen zum Marstall geschlagene ehemalige Ribbecksche Haus in der Breiten Straße 35 und seine bekannte, aus dem Jahre 1624 stammende Eingangstüre, die mit ihren kennzeichenden Verzierungen in Spätrenaissanceformen (Abb. 15, 16, 17) noch heute erhalten ist.[23] Das beweisen ferner die prächtigen Renaissancegiebel der Patrizierhäuser aus derselben Straße, die uns durch zwei alte Handzeichnungen (Abb. 14) überliefert worden sind (insbesondere die Häuser Nr. 17, 18 und 26). Das Haus Nr. 19 entspricht der in den vorhergehenden Ausführungen geschilderten, mehr mittelalterlichen Form, während Nr. 16 und 24 mit ihren zur Straße parallel stehenden Traufseiten schon in den nächsten Entwicklungsabschnitt gehören. Ein stattliches Haus mit zwei Giebeln in den Formen deutscher Renaissance ist auf der Ansicht von der Spandauer Straße in Stridbecks Skizzenbuch abgebildet. Aufrichtiges Bedauern beschleicht den Kunstfreund, daß von diesen prächtigen Häusern, die

12 Fischerstraße 28, »Blüthgen-Haus«, Bauaufnahme von 1924

doch sicherlich nicht eine Ausnahme in der besseren bürgerlichen Baukunst jener Tage gebildet haben, nicht ein einziges mehr auf uns gekommen ist.

Die Abb. 14, 15 zeigen aber auch, daß um diese Zeit die Zwischenräume, die früher zwischen den einzelnen Häusern bestanden hatten, schon verloren gegangen sind. Damit ist ein wichtiger Schritt zu der Hausform des nächsten Abschnittes getan, der auch bei den einfachsten Bürgerhäusern zur Durchführung gelangt (Abb. 15). Die Giebel stehen zwar zunächst noch nach wie vor in der Regel parallel zur Straße, aber ein Haus ist dicht an das andere gerückt. Betrachtet man den aus dem Todesjahre des Großen Kurfürsten (1688) stammenden perspektivischen Stadtplan von Schultz (Abb. 18)[24], so kann man noch eine große Zahl von Häusern erkennen, die genau dieser Hausform entsprechen.

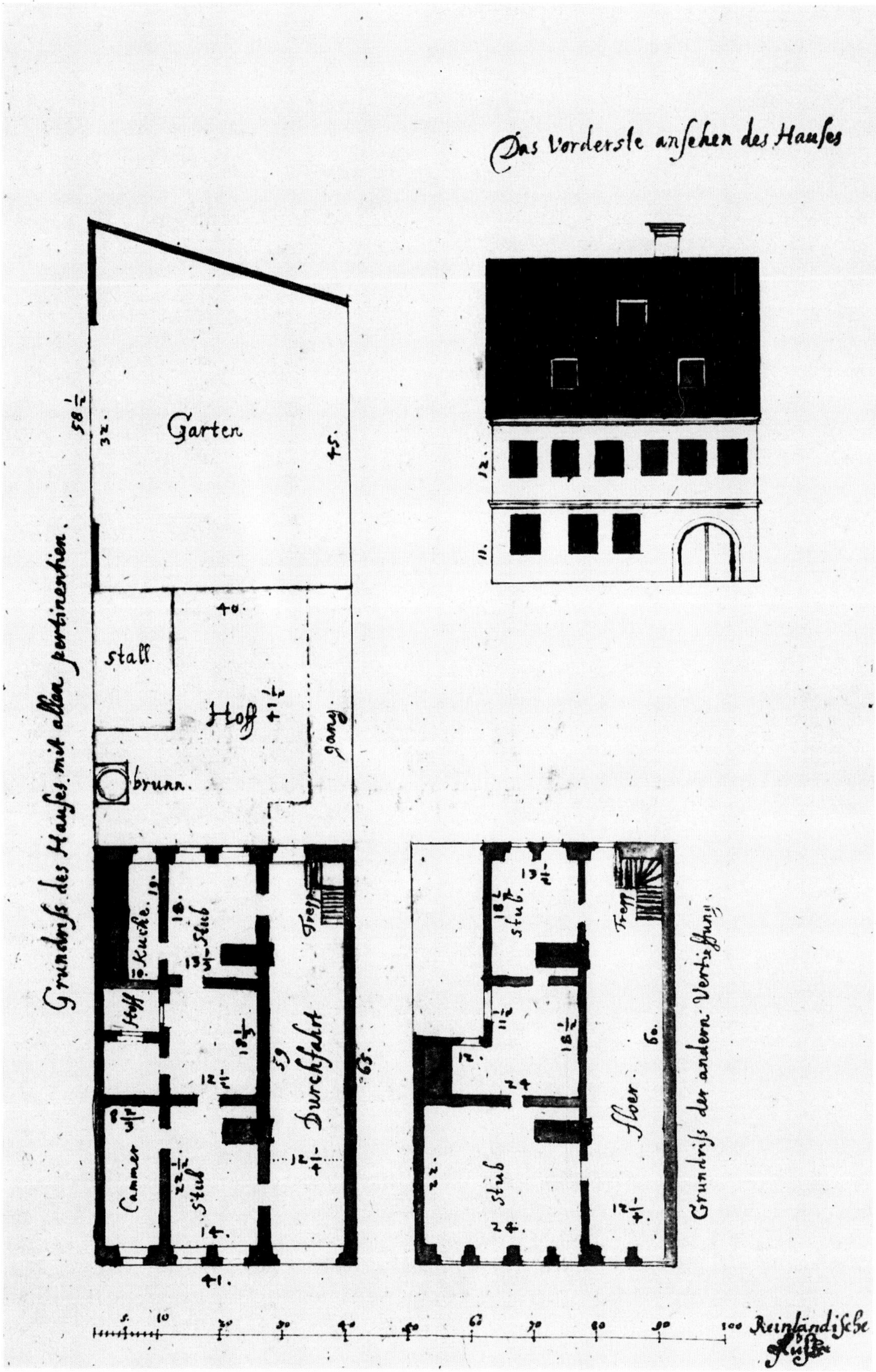

13 *Breite Straße, »Fromholdtsches Haus« Bauaufnahme von 1664*

Das ehemalige Nüsslersche hernach Barbiersche Haus (Nr. 26)

Das ehemalige Appelstaedsche hernach Jagwitzsches Haus (Nr. 25)

Das Mayersche Haus (Nr. 24)

Das Reisslersche Haus (Nr. 19)

Das Siewertsche hernach Lindtsche Haus (Nr. 18)

Das Harrassche hernach Wittichsche Haus (Nr. 17)

Das Klotzsche hernach Gilletsche Haus (Nr. 16)

***14** Wohnhäuser Breite Straße 16–19 und 24–26*
Zeichnung eines anonymen Verfassers um 1692. Numerierung vom Ende des 19. Jahrhunderts

***15** Breite Straße mit Ribbeckhaus, Ausschnitt aus dem Plan von B. Schultz, 1688*

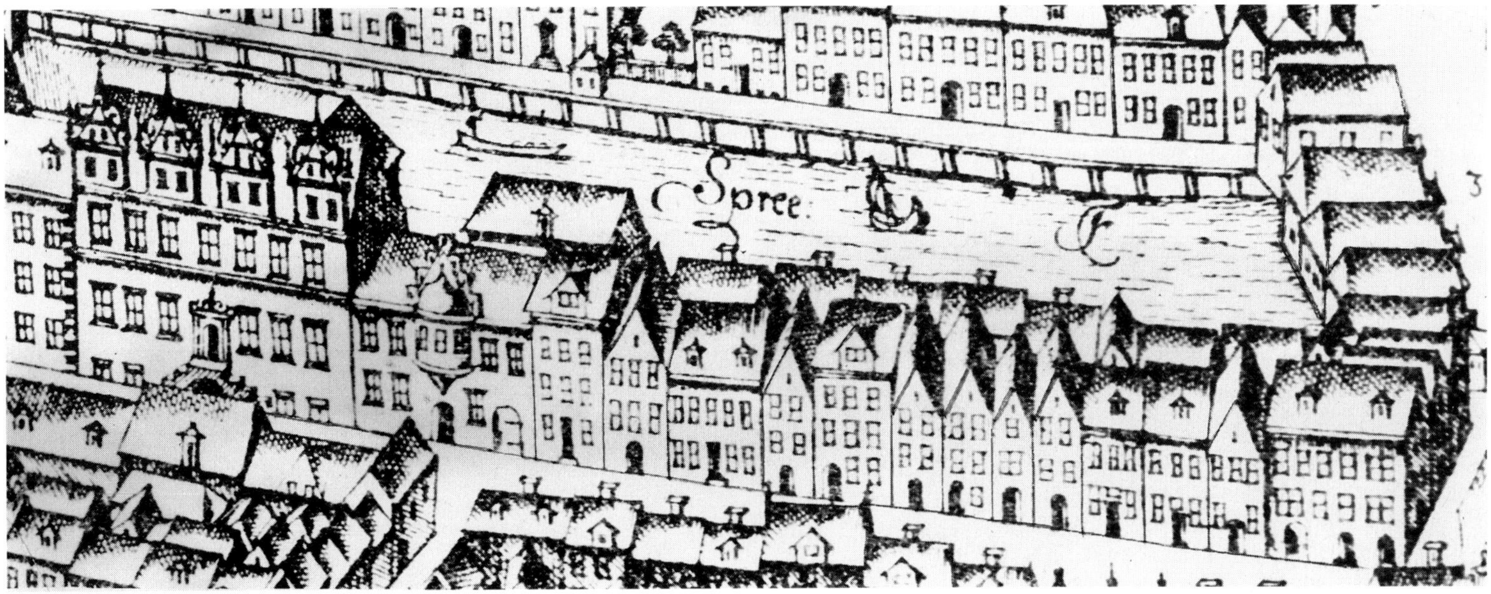

35
35

Linke Seite:
***16** Ribbeckhaus, Portal*

***17** Breite Straße 36, Ribbeckhaus*

Hauptteil

Beiträge zur Geschichte und Entwicklung des Berliner Wohnhauses in der Zeit der landesfürstlichen Bautätigkeit

(17. und 18. Jahrhundert)

1. Kapitel

Die Zeit der Regierung des Großen Kurfürsten

1640–1688

18 Perspektivischer Plan von B. Schultz, 1688

A
Aus der Geschichte der Stadt und des Wohnhauses

Mit dem Großen Kurfürsten setzt die Zeit der landesfürstlichen Bautätigkeit ein, und mit ihr beginnt gleichzeitig die neuere bauliche Entwicklung Berlins.

Die Verdienste des Großen Kurfürsten um die Stadt und den Wohnhausbau lassen sich erst richtig würdigen unter Berücksichtigung des Zustandes, in dem sich die Stadt nach dem Dreißigjährigen Kriege befunden hatte. Berlin und Kölln zählten im Jahre 1648 nur noch 1209 Häuser (Berlin 845, Kölln 364), von denen beinahe ein Drittel (350) leer stand. Über die Gründe, die während des Dreißigjährigen Krieges zum Leerstehen so vieler Häuser geführt haben, macht Clauswitz[25] nähere Mitteilungen: Die Kontributionen wurden wie der Schoß den Eigentümern der schoßbaren Häuser auferlegt. Dabei galten für die Häuser und Grundstücke die alten Kataster ungeachtet dessen, daß deren Wert und die Einnahmen der Eigentümer seit dem Kriege beständig sanken. Viele konnten bald die Zahlungen für die schnell aufeinanderfolgenden Kontributionssteuern nicht mehr leisten, sodaß nur der Verkauf des Hauses übrig blieb, wodurch man überhaupt steuerfrei wurde. Vom Kaufgelde zog der Rat die rückständigen Steuern und Kontributionsgelder ein. In der Hoffnung auf einen baldigen Frieden fanden sich zunächst noch Käufer, die dann demselben Schicksal wie die Vorbesitzer verfielen. Zuletzt fehlten die Käufer, und die Steuerschulden lasteten auf den Grundstücken weiter, die niemand erwerben oder auch nur als Bewohner übernehmen wollte, um nicht in die darauf ruhende Steuerschuld eintreten zu müssen.

Die leerstehenden Häuser waren zum größten Teil verfallen, aber auch der Zustand der bewohnten war nicht gerade der beste; viele waren baufällig oder aus mangelhaften Baustoffen hergestellt. Eine große Zahl war noch aus Holz erbaut und mit Stroh gedeckt[26]; die Schornsteine bestanden gleichfalls aus Holz oder Lehm, und die Straßen waren ungepflastert und wurden von den frei umherlaufenden Schweinen zerwühlt. Der Anblick der Stadt bot nach allen über jene Zeit vorliegenden Berichten ein Bild von Armseligkeit, Unreinlichkeit und Verwüstung, keineswegs aber ein Bild, das man sich von einer kurfürstlichen Residenz vorstellt.

Der Große Kurfürst ließ aus diesem verarmten Gemeinwesen während seiner Regierungszeit eine blühende Stadt entstehen (Abb. 18).[27] Seine bauliche Tätigkeit erstreckte sich in zwei Richtungen, nämlich auf den Wiederaufbau und die Verschönerung der alten Stadt sowie die Erweiterung dieser durch die Gründung von neuen Vorstädten. Hierzu kamen noch seine baupolizeilichen und gesetzgeberischen Maßnahmen.

Was den Wiederaufbau der alten Stadt anbelangt, so ließ der Kurfürst die in Verfall geratenen Häuser abreißen, bei anderen sorgte er dafür, daß sie ausgebessert wurden. Vor allen Dingen suchte er zu erreichen, daß die unbebauten Stellen wieder bebaut wurden. Allerdings war dies eine Aufgabe, die sich durch den einfachen Befehl zum Bauen nicht lösen ließ, weil man davor zurückschreckte, die mit dem Haus verbundene Steuerpflicht, vor allen Dingen aber auch die aus der früheren Zeit stammenden, an den Grundstücken haftenden rückständigen Schoß- und Kontributionslasten auf sich zu nehmen. Sehr bezeichnend ist z. B., daß der Kurfürst u. a. im Jahre 1665 an den Rat der Stadt Befehl ergehen ließ, dafür zu sorgen, daß die wüsten Stellen bebaut oder an Bauwillige abgegeben würden, und daß darauf der Rat der Stadt erwiderte: »Wir haben schon manche wüste Stelle verkaufet, aber es gehet wie einem alten, zerrissenen Kleide, wo, wenn man ein Loch zuflickt, vier neue wieder vorhanden sind.«

In umfangreicher Weise übte der Große Kurfürst das »Recht an der unbebauten Baustelle« aus[28], indem er unbebaute Bauplätze einzog und an Baulustige verschenkte.

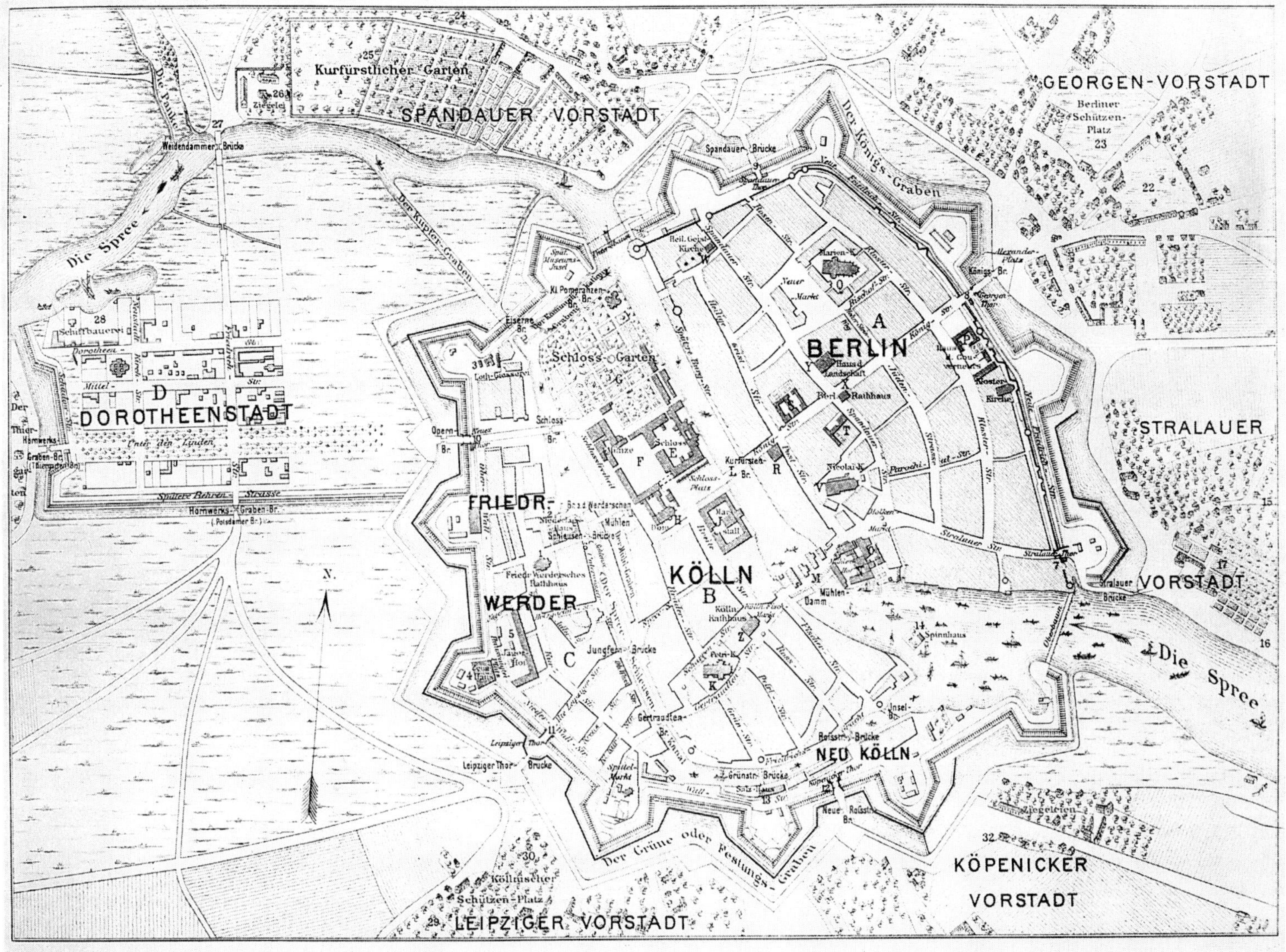

19 *Plan von Lavigne 1688, mit moderner Kennzeichnung der Stadtteile*

Wesentlich gebessert aber wurden die Verhältnisse vor allen Dingen durch die Einführung einer neuen Steuer auf Bier, Wein, Fleisch usw., der sogenannten Akzise. Im Turmknopf der Nikolaikirche hat sich eine Schrift des damaligen Bürgermeisters Zarlang vom Jahre 1671 gefunden, die folgende Sätze enthält: »Zu dieser Zeit ward, zum Troste der unglücklichen und verarmten Bürger, die bisher beobachtete höchst böse und verderbliche Besteuerungsart abgeschafft, nämlich nach einer jährlichen und bleibenden Abgabe von den Häusern und Wohnungen, dadurch fast in jedem einzelnen Monate, sowie auch jahrweise Bürger auf eine traurige Art zugrunde gerichtet wurden und ihre Häuser ganz verfielen, wogegen die Konsumtionsabgabe oder sogenannte Accise mit großem Vorteil und Nutzen der Bürger, um diese Zeit eingeführt ward. Dadurch sind in den verflossenen zwei Jahren und etwas darüber, mehr als 150 Gebäude zum Teil aus ihrem ganz verfallenen Zustande wieder hergestellet, auch zu einem nicht unbeträchtlichen Teil völlig von Neuem aufgeführet und die Stadt mit ebenso vielen bereichert und ausgeziert worden.«

Neue Häuser entstanden vor allem in den drei neu gegründeten Städten Friedrichswerder (1650–60), Neukölln (1681) und Dorotheenstadt (1674). Die beiden erstgenannten Städte[29] wurden von vornherein in die neuen Festungswerke, mit denen der Kurfürst die Stadt seit 1658

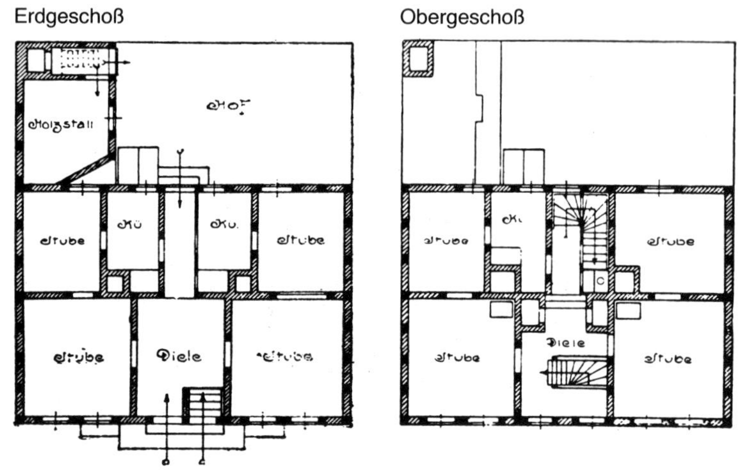

20–22 Köllnische Straße 9. Ansicht, Schnitt und Grundrisse

umgab, eingeschlossen, während die Dorotheenstadt erst später durch eine besondere Umwallung in den Festungsring einbezogen wurde (Abb. 19, 42).[30]

Den Bau von Häusern in Friedrichswerder und Neukölln suchte der Große Kurfürst in jeder Weise zu fördern. Im Werder wurden Hofbeamte in großer Zahl angesiedelt (im Jahre 1666 waren von 92 Anwohnern auf dem Werder 47 kurfürstliche Beamte[31]); die Bauplätze erhielten sie

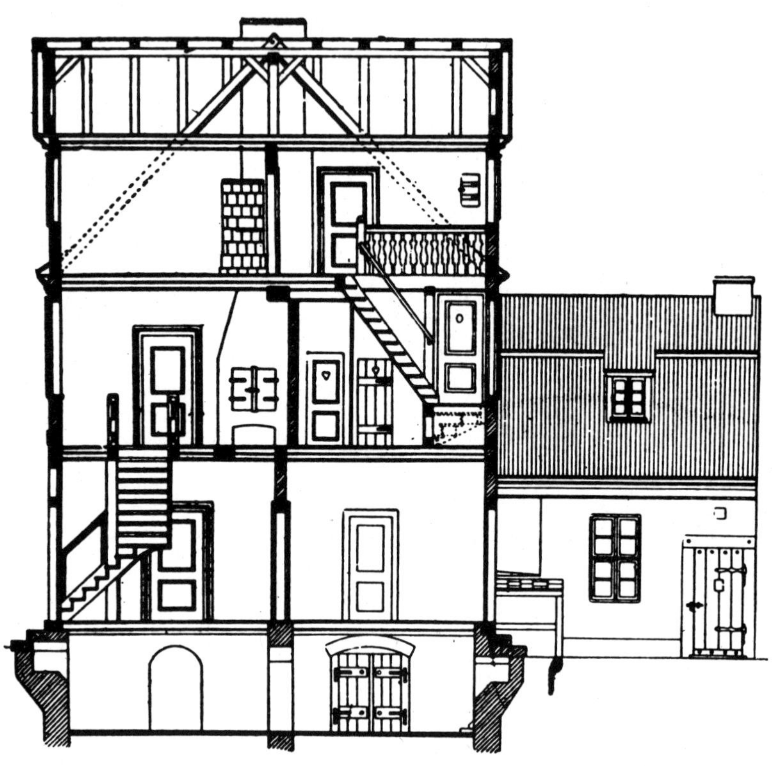

meistens geschenkt, jedoch mit der Verpflichtung, einen Neubau zu errichten. (Vgl. die Baustellenanweisungen.) Diese Verpflichtung war oft um so unangenehmer, als der Baugrund auf dem Werder, durchweg sumpfiges Gelände, alles zu wünschen übrig ließ und die schwierigsten Gründungen auf Pfählen notwendig machte.

Auch die Gründung der Dorotheenstadt bot dem Privatbau ein neues Feld zur Betätigung, um so mehr, als auch hier die Errichtung von neuen Häusern durch die Gewährung von Vergünstigungen aller Art wie Befreiung von Einquartierung und Servis usw. gefördert wurde. Grundzins und Akzise sollten die einzigen Abgaben sein. Die Kurfürstin selbst, nach der die Stadt späterhin ihren Namen erhielt, ließ es sich angelegen sein, die geraden Straßen, als deren schönste damals der erste Teil der Linden angelegt wurde (Abb. 41), nach einem bestimmten, von Blesendorf gefertigten Plan abstecken zu lassen. 1691 war die neue Stadt bereits auf 171 Häuser angewachsen.[IV]

Im Zusammenhang mit der Gründung der neuen Städte darf auch eine andere Maßnahme des Großen Kurfürsten nicht unerwähnt gelassen werden, die nicht ohne Einfluß auf den Wohnhausbau bleiben konnte, das war die planmäßige Vermehrung der Einwohnerschaft durch die Heranziehung und Seßhaftmachung von neuen Ansiedlern. Es sei hier nur an die Niederlassung der Refugies, der Pfälzer und der Schweizer erinnert.[V]

23 Petristraße 31 und 32, Ansicht

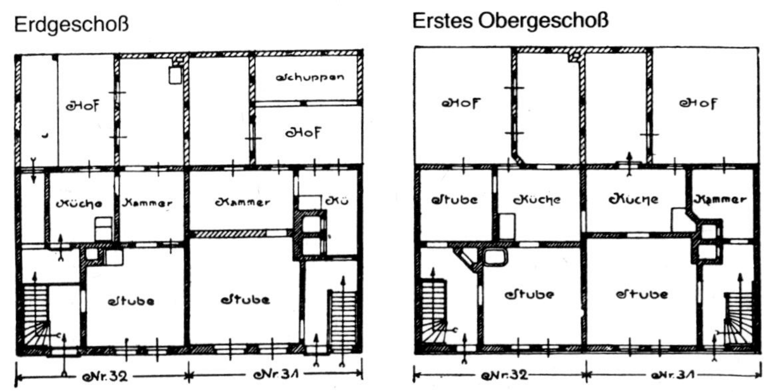

24 Petristraße 31 und 32, Grundrisse

Wie schon erwähnt, ging der Kurfürst darauf aus, die baulichen Zustände Berlins auch durch gesetzgeberische Maßnahmen zu beeinflussen. Zwar hatten die vier Magistrate, die in den Städten, aus denen die Residenz damals bestand, nebeneinander regierten, das Recht, Verordnungen zu erlassen. Vor allen Dingen aber erließ der Große Kurfürst selbst Verordnungen in allen möglichen Polizeisachen, die für die ganze Residenz rechtsgültig waren. Um diesen Verordnungen einigermaßen Geltung zu verschaffen, wurde ein Gouverneur eingesetzt, der vorzugsweise die Polizeigewalt ausübte, und dem auch schon einzelne Befugnisse der Baupolizei, die im übrigen im wesentlichen in den Händen des Magistrats lag, übertragen wurden.[32] So ergingen mehrere »Gassenordnungen« zwecks Säuberung und Reinhaltung der Straßen[33], Brand- und Feuerordnungen, durch die u.a. die Reinigung der Schornsteine angeordnet wurde, ferner Erlasse, welche die Entfernung der aus Lehm und Holz hergestellten Schornsteine anbefahlen usw. Friedrich Wilhelm erließ endlich auch die erste Bauordnung für Berlin, die am 30. November 1641 herauskam. Aus dieser Bauordnung lassen sich viele Schlüsse auf das damalige Wohnungswesen sowie auf den Zustand und das Aussehen der Häuser ziehen. Da sie überdies bis zum Jahre 1853, also für die ganze hier zur Besprechung stehende Zeit, die einzige Berliner Bauordnung geblieben ist, sei sie im nächsten Kapitel einer eingehenderen Betrachtung unterzogen.

25 Häuser am Nikolaikirchplatz, Radierung

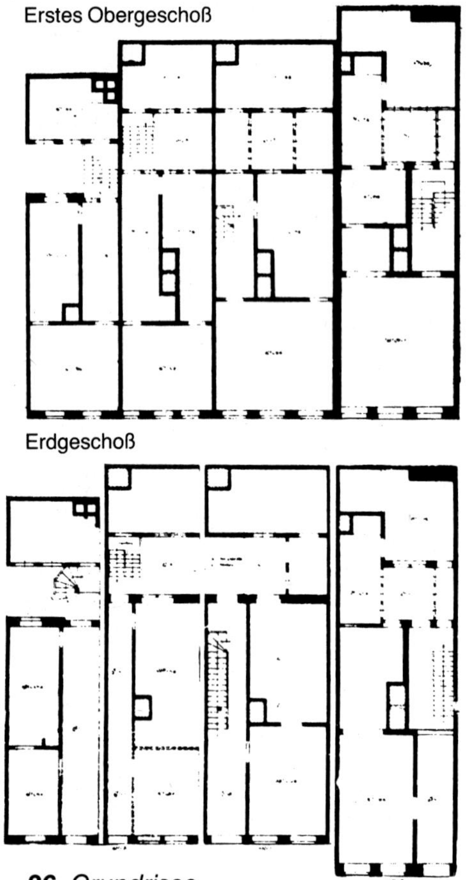

***26** Grundrisse, Nikolaikirchplatz 6–9*

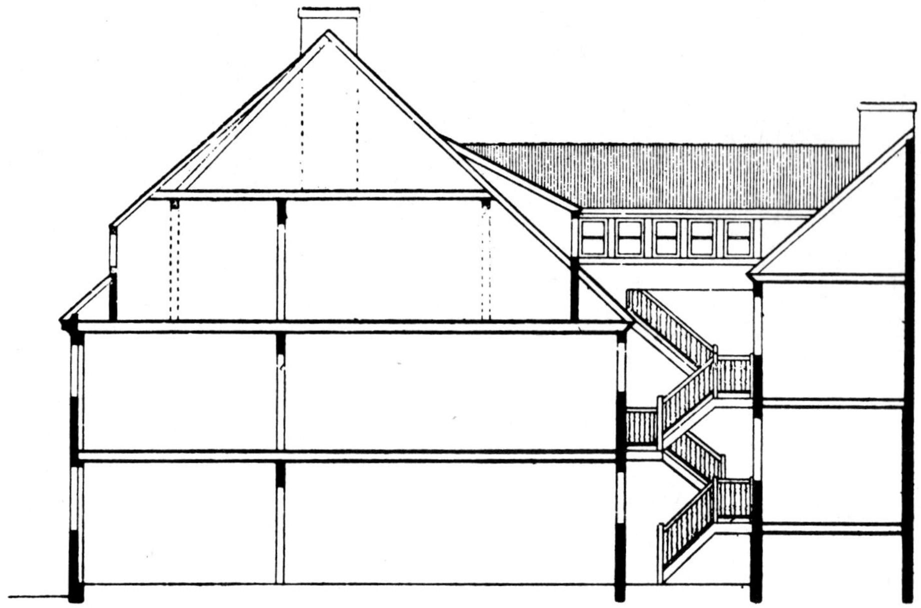

***28** Schnitt durch das Haus Nikolaikirchplatz 8*

***27** Ansichten, Nikolaikirchplatz 6–9 (Nr. 9 links)*

29 *Nikolaikirchplatz mit Blick in die Eiergasse, Aufnahme von 1888*

B
Die Bauordnung vom Jahre 1641

Aus dem Paragraphen 1 der Bauordnung vom Jahre 1641[34] kann man entnehmen, daß zum mindesten für die einfachen Bürgerhäuser der Fachwerkbau noch durchweg üblich gewesen ist. Dies läßt sich noch heute aus den aus jener Zeit erhaltenen Häusern einwandfrei nachweisen. Wer an Stelle eines solchen Holzhauses ein steinernes errichten wollte, erhielt die Erlaubnis, »die Mauer 1½ Stein oder Werkschuhe herauszurücken«, offenbar aus dem Grunde, daß der Eigentümer durch die stärkeren Mauern (vielleicht auch durch das Wegfallen der im Holzbau überkragenden Obergeschosse) keine Einbuße an nutzbarem Flächenraum erlitt. Wie aus den später angeführten Grundrißbeispielen ersichtlich ist, beschränkte man sich zunächst darauf, die Vorderwand und allenfalls noch die hintere Frontwand steinern herzustellen.

Die Erlaubnis, die Mauer herausrücken zu dürfen, bestand aber nur für die »breiten Gassen«, wie ausdrücklich betont wird. Überhaupt ging die Bauordnung darauf aus, eine Einengung der Straßen durch allerhand Vorbauten tunlichst zu unterbinden. So hatte niemand das Recht, ohne besondere Erlaubnis »einen Erkner herauszusetzen« oder einen Kellerhals anzulegen. Auch den Schweineställen, die von alters her vor den Häusern angebaut waren, wird im Paragraph 4 der Krieg erklärt: »Es unterstehen sich auch viele Bürger, daß sie auf den freien Straßen und ofte unter den Stubenfenstern, Säu- und Schweineställe machen, welche ein Edler Rath durchaus nicht leiden, noch haben will, und keineswegs verstattet werden soll.«

Daß in der damaligen Zeit schon eine gewisse Bauaufsicht bestand, läßt sich ebenfalls aus der Bauordnung entnehmen. Denn das Verbot, Kellerhälse herauszusetzen, findet im Paragraphen 2 eine Einschränkung dahin, daß es nicht »ohne Vorwissen eines Edlen Raths und der verordneten Bauherren« geschehen darf. Unter diesen »Bauherren« sind zweifellos Bauaufsichtsbeamte zu verstehen. Auch im Paragraphen 47, der von gefährlichen Schornsteinen handelt, ist noch einmal von diesen Bauherren die Rede: »Man findet in der ganzen Stadt an vielen Orten gefährliche Schornsteine, darüber sich die Nachbarn zum höchsten beklagen, wenn nun durch Befehl E. E. Rathes die Bauherren denselben Ort besichtigen und zum Abschied geben, solchen in kurzer Zeit zu bauen oder des Rathes Strafe gewärtig zu sein.« Wie weit diese Aufsicht gegangen ist, konnte nicht festgestellt werden.

Der Aufsicht unterstanden jedoch nicht die Freyhäuser, die im Paragraphen 43 ausdrücklich ausgenommen werden mit den Worten: »An den Freyhäusern hat E. E. Rath keine Bothmäßigkeit und die Bauherren seynd nicht schuldig, hinzugehen.« Den Nachbarn der Freyhäuser wird im Paragraphen 16 besonders Reinlichkeit zur Pflicht gemacht.

Die heutige Vorschrift, daß ein Gebäude an den Nachbargrenzen, und zwar an beiden Seiten, mit einer Brandmauer zu versehen ist, war damals noch völlig unbekannt. Gebräuchlich war es, bei aneinanderstoßenden Gebäuden nur auf einer Seite des Grundstücks eine Mauer zu errichten, und zwar »hält der gemeine Mann, daß mans, wie man hereingehet, auf der rechten zu setzen schuldig sei« (§ 5). Doch betont die Bauordnung ausdrücklich (das beweisen auch einige der weiter unten mitgeteilten Grundrisse): »Sie wird aber an vielen Orten anders befunden, wie es die Besichtigung gibt, wenn man dazu gefordert wird«. Um jedoch das Grundstück nur auf der einen Seite mit einer Mauer abschließen zu können, bedurfte es des ausdrücklichen Einverständnisses des Nachbarn (§ 6); denn dadurch, daß der andere unmittelbar heranrückte, wurde die bestehende Wand immerhin in Mitleidenschaft gezogen. Erklärte sich deshalb der Nachbar mit dem unmittelbaren Anbau nicht einverstanden, so mußte der andere eine »Gegenwand« haben.

Trotz dieser Einschränkungen ist sicherlich der einseitige Abschluß der Grundstücke durchaus gebräuchlich gewesen, wie auch noch im Paragraphen 48 die gemeinschaftliche Benutzung einer Mauer durch zwei Nachbarn ausdrücklich zugestanden wird: »Es wird auch oftmals befunden, daß für zween Nachbarn bei einander wohnen, einer in einem großen, der andere in einem kleinen Hause, der in dem kleinen bricht ab und bauet, und der in dem großen gibt ihm zwey mehr oder weniger Werkschuhe zu, dergestalt, wenn der in dem großen Hause über kurz oder lang sein Haus bauen will, daß er Macht hat, seine Balken auf den Benachbarten seiner Mauer einzustrecken und darauf zu ruhen Fug hat.« Als Beispiel für den Abschluß der Grundstücke mit einseitiger Brandmauer vgl. man Nikolaikirchplatz 7–9 (Abb. 26, 27) sowie Kreuzstraße 19 (Abb. 88, 89).

Standen die Nachbarhäuser nicht unmittelbar nebeneinander, sodaß die bereits früher erwähnten Gaten zwischen den Häusern lagen, dann mußten beide Besitzer für größte Reinlichkeit Sorge tragen. Aborte, die oft im Mittelalter auf diese Gänge gemündert hatten, und auch sonstige Anbauten waren verboten: »Es ist aber beyden verbothen, ein Sekret oben oder unten, oder sonsten Ställen daran zu machen, sondern derselbe muß den Gang rein halten, damit seinem Nachbarn an den Säulen[35] und Wänden kein Schaden geschehe« (§ 9).

Auf eine bezeichnende Gepflogenheit im Berliner Wohnwesen der damaligen Zeit, die vermutlich in erster Linie von der weniger bemittelten Bevölkerung geübt wurde, weist die Bauordnung in den Paragraphen 18, 37, 38, 52 und 53 hin:

§ 18: »Es werden auch etliche Keller gefunden, nicht in den Häusern, da sie darinnen wohnen, sondern unter ihres Nachbars Hause ...«

§ 37: »Auch findet man Wohnungen, die von dem großen Hause abgenommen und verkaufet sein, und die in den kleinen Häuslein wohnen, müssen das Oberdach halten.«

§ 38: »Gleichfalls findet man auch Kammern in anderen Häusern, müssen ihre Wände und Boden halten, der andere das Dach.«

§ 52: »Man findet auch Häuser, daß ein Stück davon verkaufet wird ...«

§ 53: »Auch findet man, daß ein Haus wird geteilet ...« Aus diesen Paragraphen geht hervor, daß das Zurmietewohnen zum mindesten noch nicht sehr verbreitet, vielleicht auch (abgesehen von den ärmsten Bevölkerungs-

30 *Friedrichsgracht 7 und 8, Ansicht um 1910*

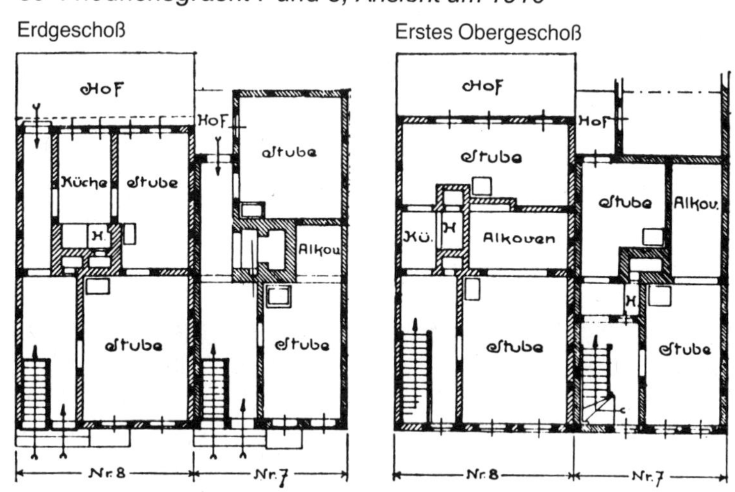

31 *Friedrichsgracht 7 und 8, Grundrisse*

32 *Friedrichsgracht 33–38, Ansicht um 1910*

schichten, die nach wie vor in Zinsbuden wohnten) überhaupt noch nicht gebräuchlich war. Wenn jemand nicht so viel Mittel besaß, daß er sich ein eigenes Haus erbauen oder erstehen konnte, dann kaufte er sich einen Hausteil[36] oder einzelne Räume, wobei es gar nicht darauf ankam, daß ein Teil der Räume in dem einen, ein anderer Teil in einem zweiten Hause lag. Die Furcht vor der Mietesteigerung und der Kündigung muß also in dem damaligen Berlin noch recht wenig bekannt gewesen sein! Die Eigentumsverschiebungen, die durch derartige Vorgänge naturgemäß erfolgen mußten, lassen sich mitunter noch heute feststellen. So gehört z. B. die Hälfte der hintersten Stube, die im Erdgeschoß im Hause Friedrichsgracht 7 liegt, im ersten Obergeschoß zu einem Hause in der Köllnischen Straße (Abb. 31). Vielleicht ist auch die eigenartige Weise, in der beim Hause Petristraße 15 die Stube rechts auf dem Hofe in das Nachbargrundstück hineinragt, auf diese Gepflogenheiten zurückzuführen (Abb. 120).

Einen breiten Raum nimmt in der Bauordnung die Behandlung der Fensterrechte ein. Sie liefen im Grunde genommen darauf hinaus, daß ein jeder seine Fenster, insbesondere in Giebelwänden an Nachbarhöfen, anlegen konnte, wie er wollte, wenn er sich mit seinem Nachbar darüber verständigte. Die Fenster mußten nur so hoch liegen, daß »er auf seines Benachbarten Hofe nicht sehen kann«. Das gewährte Fensterrecht konnte zeitlich begrenzt (§ 24) oder gegen Entgelt zeitlebens gewährt sein (§ 25). War jedoch der Nachbar störrisch, sodaß eine Einigung nicht zustande kam, dann hatte E. E. Rath so viel Macht, das Fenster zu erlauben. Daß die Wohnhäuser, die überhaupt keine Höfe hatten[37] und infolgedessen gezwungen waren, das Licht vom Nachbarhof in die Wohnräume einzuführen, durchaus nichts Seltenes waren, beweist der Wortlaut des Paragraphen 26: »Auch findet man, daß drei oder vier kleine Häuser nebeneinander stehn, sowohl auch in vornehmen Häusern, die Licht und Fenster in seines Benachbarten Hofe haben und alle Unsauberkeit dahin schütten und gießen ...«

Eine große Zahl von Paragraphen regelt dann noch nachbarliche Beziehungen jeder Art, die hier nicht alle aufgeführt werden können.

Vergleicht man die Bauordnung des Großen Kurfürsten mit unseren heutigen Bauordnungen, so läßt sich kaum ein größerer Gegensatz denken. Jene Gesichtspunkte, die heute bei der Aufstellung einer Bauordnung maßgebend sind, waren so gut wie vollständig unbekannt; die Bauordnung des Großen Kurfürsten war weiter nichts als eine Zusammenstellung der Gewohnheitsrechte, die sich im Laufe langer Jahre herausgebildet hatten, bei denen in erster Linie die nachbarlichen Beziehungen zu Worte kamen. Nur verschwindend wenige Bestimmungen lassen sich vom Standpunkte des Feuerschutzes und der Gesundheit der Bewohner erklären. Eine Beschränkung der Bebaubarkeit des Grundstückes oder etwas Ähnliches gab es nicht. Infolgedessen ist es auch natürlich, daß die Bauordnung auf die Gestaltung der Grundrisse fast keinen merkbaren Einfluß ausgeübt hat. Ihre Wichtigkeit liegt aber, abgesehen von den bereits erörterten Einzelpunkten und ihrer kulturgeschichtlichen Bedeutung, vor allen Dingen noch darin, daß auch heute ihre Bestimmungen, insbesondere soweit es sich dabei um Vorschriften handelt, die das Nachbarrecht betreffen, noch Gesetzeskraft besitzen.

31
Oswald Zimmer
29

C
Die Gestaltung des Äußeren

Das Äußere des Berliner Wohnhauses, wie es sich in der Zeit des Großen Kurfürsten darstellt, ist vollständig verschieden von dem, wie es in der Einleitung für die mittelalterliche Zeit geschildert worden ist. Wie die Stadt ihr Aussehen vollständig geändert hatte – die Handelsstadt, die aus der Kolonisationsstadt entstanden war, hatte sich zu einer starken Festung entwickelt –, so war auch die Erscheinung des Wohnhauses eine vollständig andere geworden. Auf dem Schultzschen Plan von 1688 kann man mancherlei erkennen, was dazu dienen kann, uns eine Vorstellung von der Gestaltung des Äußeren der damaligen Wohnhäuser zu ermöglichen (Abb. 18, 13).[38] Zwar finden sich auf diesem Plan noch hier und dort die alten Giebelhäuser (vgl. S. 29), aber sie bilden nicht mehr die Regel. Zwei Umstände sind es, die der überwiegenden Zahl der damaligen Bürgerhäuser ein völlig verändertes Aussehen verleihen:

1. Die Häuser stehen nicht mehr frei, sondern sind stets eng aneinander gebaut (eingebaut).

2. Die Häuser stehen nicht mehr mit dem Giebel, sondern mit der Traufseite parallel zur Straße.

Daß das Giebelhaus im Aussterben begriffen war, beweist auch die Bauordnung von 1641. Manchmal ist zwar der alte Traufgang zwischen den Giebelhäusern noch vorhanden (§ 9: »Es trägt sich auch zu wegen der Gänge, daß zwischen Nachbarn ein Gang ist und beyde Tropfen darein fallen«), aber immer mehr wird es gebräuchlich, den Gang verschwinden zu lassen und aneinander zu bauen (§ 8: »Es trägt sich auch zu, daß beide Nachbarn im Bau den Gang vergehen lassen und sich miteinander vergleichen, eine Brandmauer in der Mitte zu setzen, stehet ihnen frey ...«). Es ist ja auch schon oben davon die Rede gewesen, daß das Aneinanderbauen ganz genau geregelt war (vgl. S. 37), woraus gleichfalls zu erkennen ist, daß diese Bauart jetzt die gewöhnliche geworden ist. Dies wird schließlich auch noch schlagend durch den Wortlaut des Paragraphen 20 bewiesen: »Wenn einer einen Giebel an eines anderen Gehöft hat, und sein Nachbar auch bauen will, hat er Recht, hart an den Giebel an der Wand zu setzen oder zu bauen«. Damit ist der Reihenhausbau geschichtliche Tatsache geworden.

Durch diesen Vorgang wird nicht nur der Eindruck des einzelnen Hauses, sondern naturgemäß auch der des ganzen Straßenbildes gegen früher umgestaltet. Aber beinahe scheint es so, als wenn man sich nur ungern von dem Giebel an der Straße getrennt hätte, denn man schuf eine Art Zwischenstufe. Schon die Abb. 14 zeigte in den Bauten der Breiten Straße Nr. 18, 25 und 26 Häuser, die zwar noch einen Giebel haben, die aber trotzdem bereits mit der Traufseite parallel zur Straße stehen. Der Giebel beherrscht hier allerdings noch durch seine Masse das Haus und läßt dadurch nicht so stark das Bewußtsein aufkommen, daß sich das Haus um 90 Grad gedreht hat. Anders ist es bei dem Bürgerhaus aus der Zeit des Großen Kurfürsten. Hier erhebt sich über der Traufe gleichfalls in der Regel ein Giebel, der jedoch viel kleiner ist, aber durch glücklich abgestimmte Verhältnisse meistens auch den kleinsten und unscheinbarsten Häuschen etwas Trauliches verleiht. Die Giebel hatten meistens zwei Fenster, manchmal lag auch noch unter der Dachspitze ein kleiner einfenstriger Raum. Das als Beispiel angeführte Haus Köllnische Straße 9 (Abb. 21, 22) besteht, wie wahrscheinlich die meisten Häuser aus dieser Zeit, aus überputztem Fachwerk.

Wohnhäuser mit ähnlichem Giebelaufbau sind u. a. noch in den Abb. 23 und 30 zu sehen. Stridbecks Skizzenbuch enthält mehrere Beispiele der gleichen Art (Abb. 59, 60). Auch ein Blick auf den Schultzschen Plan (Abb. 18) zeigt, daß zahlreiche Häuser, insbesondere auf

***33** Parochialstraße 27–31, Ansicht um 1900*

34 *Parochialstraße 27–31, Fassadenabwicklung*

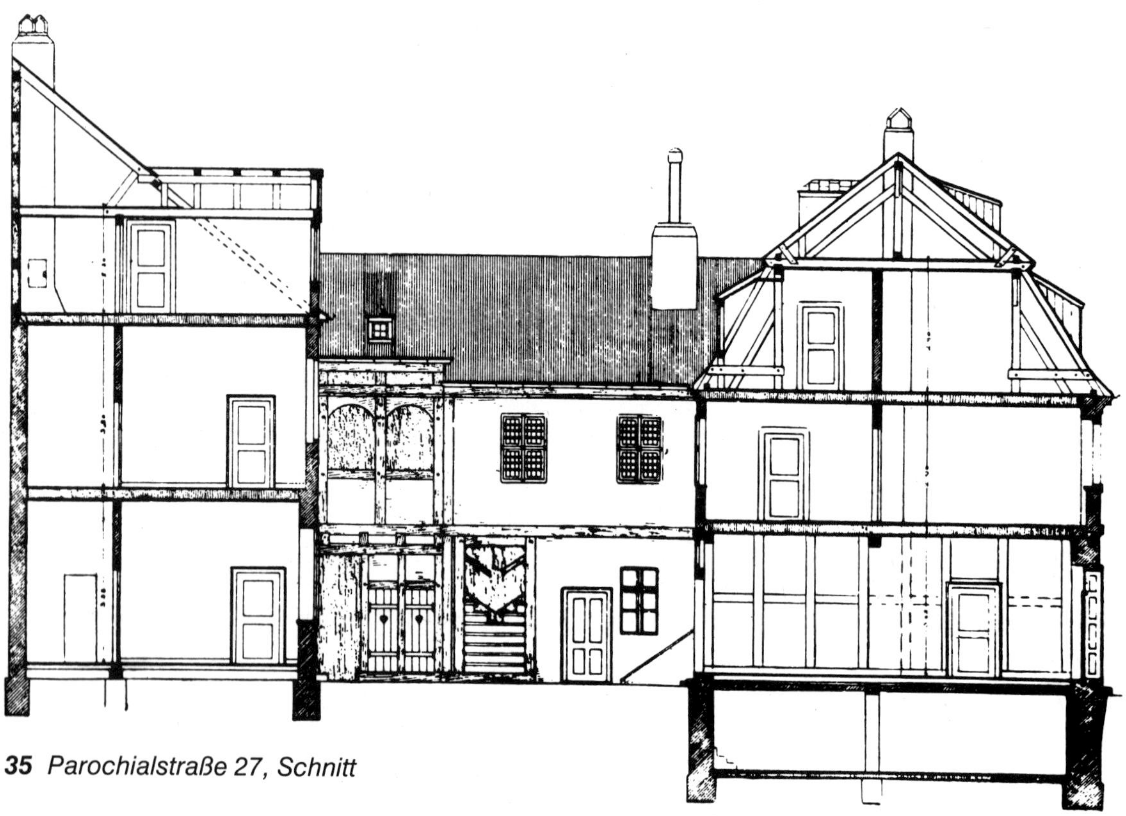

35 *Parochialstraße 27, Schnitt*

Rechte Seite:
36 *Parochialstraße 27–31, Grundrisse*

dem Friedrichswerder und in Neukölln (also Häuser aus der Zeit des Großen Kurfürsten) den beschriebenen Zwerggiebel aufweisen.[39]

Schon an dieser Stelle sei darauf hingewiesen, daß derartige Giebel in der Zeit Friedrich Wilhelms I. in Berlin, besonders aber auch in Potsdam, ihre Auferstehung feiern sollten. Damals lagen hinter jenen Aufbauten die Soldatenstuben (vgl. S. 111).

Zur Zeit des Großen Kurfürsten erhalten diese »holländischen« Giebel oft noch eine Erweiterung, indem nämlich rechts oder links, oft sogar rechts und links vom Giebel, gegen die eigentliche Haus- und Giebelflucht zurücktretend, ein bewohnbares Dachgeschoß, meistens von einem, manchmal auch von zwei Fenstern Breite angeordnet wurde (vgl. die Abb. 23, mit einem Fenster; Abb. 30, mit Fenstern auf beiden Seiten).

Die vorher geschilderte neue Stellung der Häuser war an und für sich eine Folgeerscheinung des Aneinanderbauens, denn sonst hätte man Schwierigkeiten beim Ableiten des Regenwassers gehabt. Das Aneinanderbauen war wiederum eine Folge des immer geringer werdenden Platzes, der innerhalb einer bestimmt umgrenzten Fläche – nämlich der Festungsmauern – zum Bauen zur Verfügung stand. Ob außer diesen rein praktischen Erwägungen vielleicht auch noch stilistische Gründe, etwa italienische Einflüsse, maßgebend gewesen sein können, bedürfte einer besonderen Untersuchung. Ein Hinweis darauf könnte unter Umständen in einer Beschreibung des Franzosen Patin von der Stadt Berlin aus dem Jahre 1676 gefunden werden, in der dieser schreibt: »Die Stadt besteht aus drei anderen, deren Gebäude sehr regelmäßig, und der größere Teil in italienischem Geschmack«.[40] – Was aber bei der veränderten Stellung des Hauses viel mehr als beim Giebelhaus zum Ausdruck kam und dann im Laufe der folgenden Jahrzehnte und Jahrhunderte seine weitere Entwicklung fand, war der Geschoßbau (Stockwerkbau). Aus dem Schultzschen Plan (Abb. 18) kann man entnehmen, daß die Mehrzahl der Häuser jetzt zwei, seltener drei Stockwerke hatte. Die meisten Häuser hatten ferner drei, manchmal auch vier bis sechs, seltener sieben Fenster Front. Dabei muß man in Betracht ziehen, daß der Schultzsche Plan inbezug auf die Fensterzahl der Häuser nicht mehr ganz zuverlässig ist[41], und daß man ziemlich allgemein annimmt, daß zu wenig Fenster gezeichnet

Erdgeschoß

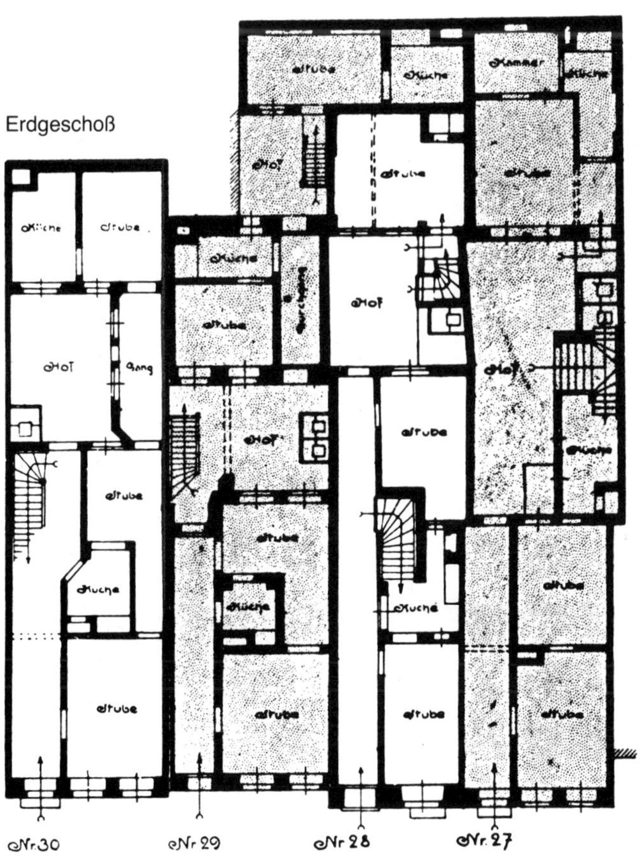

Erstes Obergeschoß

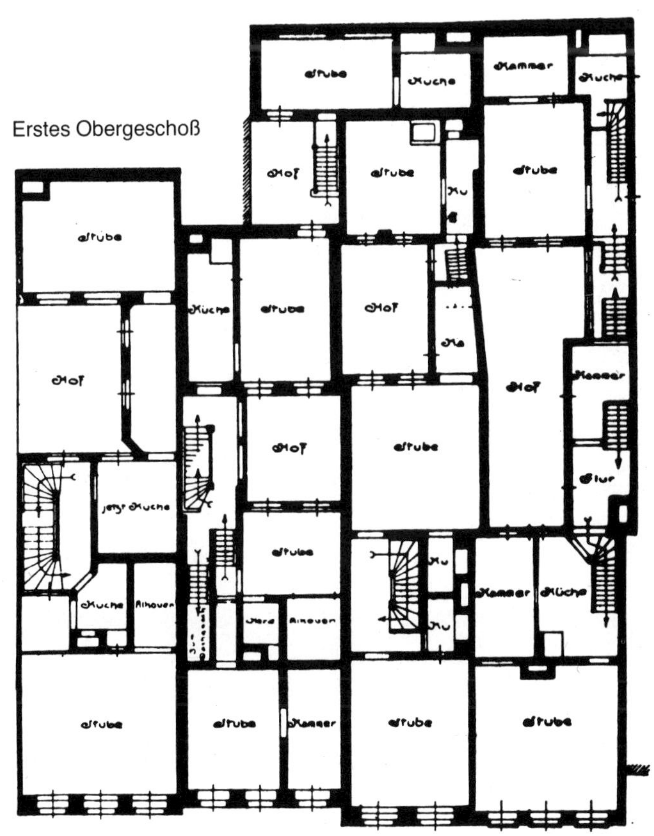

sind. Auf jeden Fall ergibt sich aber aus dem Plan, daß das breitgelagerte Stockwerkhaus bereits erfolgreich begonnen hat, das hochstrebende Giebelhaus zu verdrängen. In der ästhetischen Entwicklung der Wohnhausfassade war zunächst die Wagerechte an die Stelle der Senkrechten getreten.

Selbstverständlich ist dieser Vorgang nicht so aufzufassen, daß nun mit einem Schlage an die Stelle der alten Giebelhäuser lauter Gebäude der neuen Art getreten wären, sondern es ging die Entwicklung allmählich vor sich. Auch konnten die mittelalterlichen Hausstellen, die in der Regel sehr schmal, aber sehr tief geschnitten waren, nicht auf einmal verschwinden oder zusammengelegt werden. Aber daß die Absicht zweifellos in der geschilderten Richtung ging, kann man vielleicht in Straßen, in denen solche mittelalterlichen Hausstellen liegen, noch eher erkennen, als in solchen, die erst in der Zeit des Großen Kurfürsten neu angelegt worden sind. Denn man empfindet den Widerstreit, der zwischen den schmal zugeschnittenen Hausstellen (bei denen man das Gefühl hat, als müßten sie von vornherein nur für Giebelhäuser zugeschnitten gewesen sein) und dem die Wagerechte betonenden Stockwerkhaus liegt, hier viel bewußter und viel stärker. Ein Blick z. B. in die Parochialstraße (Abb. 33, 34, 37), in der solche Hausstellen in größerer Zahl noch heute vorhanden sind, beweist das Gesagte. Bei der Schmalheit der Grundstücke mußte trotz der Absicht, der Ausdehnung nach der Breite möglichst Rechnung zu tragen, oft die Höhenentwicklung überwiegen, wobei aber gleich bemerkt sei, daß die dritten und vierten Stockwerke, die die Baumassen für das Auge erst so stark in die Höhe schießen lassen, bei diesen Häusern sehr oft in bedeutend späterer Zeit aufgestockt worden sind (vgl. S. 74 und 188). Wenn man dies berücksichtigt, wird man selbst in solchen Straßen das Gefühl haben, daß diese Häuser eine ruhige gelagerte Masse bilden[42].

Es sind indessen auch alte Stadtansichten überliefert, aus denen das Gesagte gleichfalls bewiesen werden kann. Ein Blick in die Spandauer Straße um das Jahr 1700 (Abb. 39) zeigt klar und deutlich die ausgesprochene Breitenausdehnung der normalen Häuser. Auf derselben Abbildung ist rechts noch ein Haus vorhanden, das der Hausform des vorhergehenden Abschnittes entspricht. Andere Stadtansichten aus der gleichen Zeit wie auch Stridbecks Skizzenbuch enthalten gleichfalls Beispiele dieser breitgelagerten, zweistöckigen, fünf- bis siebenfenstrigen Hausform.

Auch bei der Frage nach dem Ursprung des Geschoßbaues soll wieder dahingestellt bleiben, wieweit stilistische Einflüsse von außerhalb bei der Entwicklung im Spiele gewesen sein mögen. Als feststehend darf man jedenfalls erachten, daß auch rein praktische Gründe (wie insbesondere die bessere Ausnutzung des Bauplatzes), die ja schon bei dem Aneinanderrücken der Häuser maßgebend gewesen waren, zu dem Aufbau in mehreren Geschossen hingeleitet haben. Dazu kam noch der Umstand, daß das Zurmietewohnen sich allmählich mehr und mehr verbreitete. Die bürgerlichen Bewohner der Stadt bestanden nicht mehr nur aus Ackerbürgern, Handwerkmeistern und dgl., sondern auch zahlreiche Beamte, Offiziere – man denke an den kurfürstlichen Hof! – und Vertreter ähnlicher Berufsstände verlangten Unterkunft. Daß der Stockwerkbau auch aus diesen veränderten gesellschaftlichen Verhältnissen entstanden sein muß, dafür sprechen jedenfalls verschiedene Überlegungen. Man wird richtig gehen, wenn man annimmt, daß der größere Teil der damaligen Hausbesitzer unter den Handwerkmeistern, Kaufleuten und ähnlichen einfacheren Berufsständen zu suchen ist. Hatten doch sogar schon im 16. Jahrhundert viele Zünfte die Vorschrift, daß zur Meisterschaft der Besitz eines eigenen Hauses Voraussetzung sei (um dadurch einer übergroßen Vermehrung der Zahl der Meister entgegenzutreten). Oder aber die Hauseigentümer waren Mitglieder der oberen Stände, die in der Lage waren, sich für die mit dem Besitz eines Hauses in der damaligen Zeit unvermeidlich verbundenen Handlangerdienste – es gab damals z. B. keine Kanalisation usw. – die erforderlichen Hilfskräfte zu halten. Die besseren »Beamten«, die kein eigenes Vermögen hatten, werden dagegen für den Hausbesitz in der damaligen Zeit weniger in Frage gekommen sein. Für sie war das Mieten einer Wohnung das Gegebene, und man wird nicht fehl gehen, wenn man zu dem Schluß kommt, daß bei diesen zweistöckigen Häusern das Erdgeschoß von dem Eigentümer, das Obergeschoß von dem Mieter bewohnt wurde. Inwieweit diese Verhältnisse auch bei der Form des Grundrisses mitgesprochen haben, wird weiter unten geschildert.

In diesem Zusammenhang sei noch eine andere Eigentümlichkeit besprochen, die als bezeichnend für den Hausbau zur Zeit des Großen Kurfürsten angeführt werden kann, wennschon sie sich noch lange Jahrzehnte danach erhalten hat, eine Eigentümlichkeit, die gleichzeitig für die äußere Erscheinung der einfacheren Häuser nicht unwichtig war. Es kam nämlich häufig vor, daß man für das

Erdgeschoß

Obergeschoß

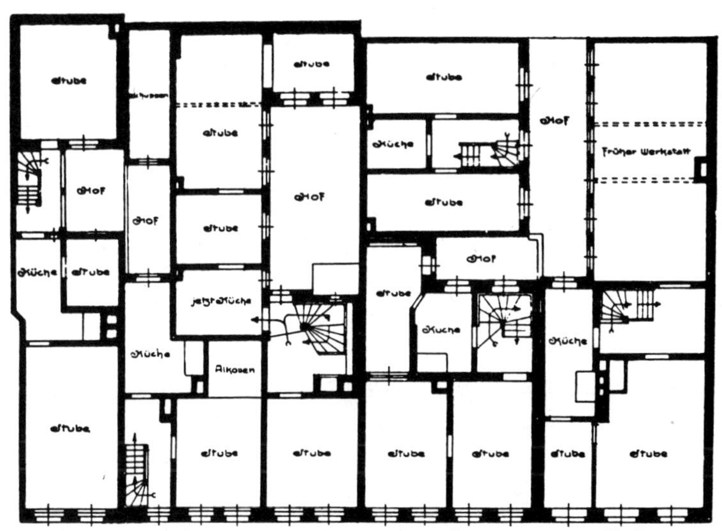

37 *Parochialstraße 19–23, Fassadenabwicklung und Grundrisse*

38 *Mühlendamm, rechts die Hausvogtei*

Erdgeschoß wie auch für das obere Geschoß je einen besonderen Eingang anlegte. Die beiden Türen dieser Eingänge, die man stets zusammenlegte, beeinflußten das Gesamtbild des Äußeren bei seiner sonstigen bescheidenen Ausbildung sehr oft bestimmend (man vgl. hierzu die Abb. 21, 23, 30). Diese doppelten Türen könnten als Beweis dafür angesehen werden, daß das obere Stockwerk in der Regel vermietet worden ist. Doch folgt aus dieser Anordnung noch nicht, daß die oberen Stockwerke als selbständige Hausteile im Sinne der Bauordnung vom Jahre 1641 anzusehen wären (vgl. S. 36f.). In jedem Fall erbringt die Anlage jedoch den Beweis, daß die Häuser in dieser Zeit im Gegensatz zum Mittelalter (vgl. S. 19) in der Regel von mehr als einer Familie bewohnt worden sind.

Noch eine weitere Eigentümlichkeit Berliner Hausfassaden, die schon in der Zeit des Großen Kurfürsten aufkam, sei erwähnt; sie hat sich ebenfalls noch lange Jahrzehnte hindurch erhalten und bestand in einer eigenartigen Gestaltung des Daches. Man setzte nämlich über dem Hauptgesims sehr oft noch nicht das volle Dach an, sondern nur einen Teil des Daches. Hinter diesem Dachteil folgte dann erst das letzte Geschoß mit einem Rücksprung, ähnlich einem zurückgesetzten Drempel, der seinerseits das sattelförmig gebildete Hauptdach aufnahm. Solche Rücksprünge der Frontwand sind u. a. zu sehen auf den Abb. 25, 27, 33, 34, 111.[VI]

In den bisherigen Ausführungen ist in erster Linie von der Erscheinungsform der einfachen und einfachsten Bürgerhäuser die Rede gewesen. Man pflegt in der Berliner Kunstgeschichte den Beginn des Barockstils in der Baukunst unter holländischem Einfluß etwa vom Jahre 1648 an (Westfälischer Friede) zu setzen. Inwieweit schon unter dem Großen Kurfürsten der Barockstil auf die Gestaltung der reicheren Wohnhausfassaden seinen Einfluß ausgeübt hat, ist heute schwer festzustellen. Man wird annehmen können, daß sich dieser Einfluß in derselben Richtung bewegt hat, wie unter seinem Nachfolger Friedrich III., unter dem er ja erst voll zur Geltung gekommen ist. Aus diesem Grunde sei an dieser Stelle auf weitere Ausführungen verzichtet und auf die betreffenden Darstellungen im nächsten Entwicklungsabschnitt verwiesen (S. 55)

D Die Gestaltung des Grundrisses

Es ist heute eine schwierige Aufgabe geworden, aus der nicht allzu großen Zahl der noch aus der Zeit des Großen Kurfürsten erhaltenen Wohnhäuser Rückschlüsse auf die Gestaltung der Grundrisse zu ziehen. Besonders erschwert wird die Aufgabe durch die mannigfachen baulichen Änderungen, Erweiterungen, Hofanbauten und Stockwerkerhöhungen, welche diese Häuser im Laufe von beinahe drei Jahrhunderten erfahren haben.[43] Unmöglich ist es, da für die meisten Häuser jegliche Zeitbestimmung fehlt, für jeden Grundriß mit Sicherheit den Nachweis seiner Entstehung in der Zeit des Großen Kurfürsten zu erbringen. Es sollen im Nachfolgenden einige Hausgrundrisse vorgeführt werden, von denen mit Sicherheit angenommen werden kann, daß sie zur Zeit des Großen Kurfürsten gebräuchlich waren, unbeschadet dessen, daß der eine oder der andere auch schon vor dieser Zeit vorhanden gewesen sein mag.

Es ist schon gesagt worden, daß die Bauordnung vom Jahre 1641 auf die Grundrisse kaum einen merkbaren Einfluß ausgeübt haben kann (vgl. S. 39). Bei der Grundrißgestaltung der bürgerlichen Wohnhäuser jener Zeit wird man meistens so verfahren haben, wie man es für praktisch hielt, oder wie es überliefert war. Daß die Überlieferung in der Tat sehr stark gewesen sein muß, dafür spricht die häufige Wiederkehr gleichartiger Bildungen, die sich noch heute einwandfrei feststellen lassen.

1. Reine Vordergebäude

Das Haus Petristraße 31 (Abb. 23) enthält Wohnungen von Stube, Kammer und Küche.[44] Der Zugang erfolgt über einen kleinen Flur, der jedoch nicht bis zum Hof durchgeführt ist. Eine solche Lösung ergab sich von selbst, wenn ein Hof nicht vorhanden war (was im alten Berlin sehr häufig der Fall gewesen ist, da die Straße den Hof vertreten hat); im anderen Falle erfolgte der Zugang zum Hof durch die Küche. Getrennte Eingangstüren führen zum Erdgeschoß und zum Obergeschoß, wie es in der damaligen Zeit vielfach üblich war (vgl. S. 46). Die steile Treppe führt ohne jeden Absatz sofort von der Vorderfront in einem einzigen Lauf nach oben. Der ganze Grundriß nimmt ungefähr eine Fläche von 7:7 m ein.[45]

Einen ähnlichen Grundriß zeigt das Haus Parochialstraße 22 (Abb. 38) mit dem Unterschied, daß der seitlich liegende Flur bis zum Hof durchgeführt ist. An die Stelle der Schlafkammer ist in diesem Beispiel ein Alkoven getreten, der sich sehr häufig vorfindet und bis tief ins 18. Jahrhundert hinein beibehalten wird. Er ist sehr oft, besonders in besseren Häusern, von der davorliegenden Stube durch eine verglaste Holzwand getrennt, die namentlich in späteren Zeiten nicht selten Gelegenheit zur Verwendung schöner Tischlerarbeiten bot. Es ist ein nie zu vergessendes Verdienst unserer Baupolizei, daß sie mit der Benutzung derartiger licht- und luftloser Räume zum dauernden Aufenthalt von Menschen endgültig aufgeräumt hat.[46] Im Erdgeschoß ist auch die Küche vollkommen dunkel, was jedoch im vorliegenden Fall mit den eigenartigen Grundstücksverhältnissen zusammenhängt. Abmessungen: 5,50:6,80 m.[47]

Der Grundriß des Hauses Petristraße 32 (Abb. 23) unterscheidet sich von dem eben beschriebenen dadurch, daß der seitlich liegende Flur nicht mehr in einer Breite durchgeführt ist, sondern in der vorderen Hälfte, da, wo die Treppe liegt, eine Verbreiterung erfahren hat. Dadurch ist der Eingang geräumiger und etwas stattlicher geworden. Abmessungen des Vorderhauses: 6,50:7m. Dieser Grundriß scheint sehr verbreitet gewesen zu sein, denn noch heute läßt er sich in größerer Zahl nachweisen. So findet er sich z. B. auch bei den Häusern Friedrichsgracht 7 und 8 (Abb. 31), die beide wieder den doppelten Eingang aufweisen. Die Grundrisse der letztgenannten Häuser verdienen außerdem noch besondere Beachtung durch die gut erhaltenen alten Küchen- und Kaminanlagen, das Haus Nr. 7 überdies noch durch die eigenartigen Eigentumsverschiebungen, die bei dem hintersten Raum rechts in den verschiedenen Stockwerken stattfinden (vgl. hierzu S. 36 und 39). Frontbreiten: 5,20 und 6,10 m, Gebäudetiefe etwa 10 m.

Bei den bisher beschriebenen Grundrissen hat es sich um ganz bescheidene Wohnungsverhältnisse gehandelt, wie ja schon aus den Gebäudeabmessungen hervorgeht. Im Gegensatz zu diesen Zwerggrundrissen stellt das Haus Köllnische Straße 9 das Beispiel eines guten Bürgerhauses dar (Abb. 22). Sein Grundriß verdient schon aus dem Grunde besonders hervorgehoben zu werden, weil er der einzige ist, der eine Diele besitzt. Diese liegt in der Mitte der vorderen Flucht und ist mit dem Hof durch einen Stichflur verbunden. Im Obergeschoß wiederholt sich der Raum, verliert allerdings durch die Führung der Treppe an Geschlossenheit. Das Haus enthielt wahrscheinlich drei oder vier Wohnungen, im Erdgeschoß zwei (nämlich links und rechts vom Eingang je eine, bestehend aus zwei Stuben und Küche) und im Obergeschoß eine (bestehend aus vier Stuben und Küche) oder zwei (bestehend aus je zwei Stuben und gemeinschaftlicher Küche). Erdgeschoß und Obergeschoß haben wieder selbständige Eingänge. Daß es sich um ein besseres Bürgerhaus handelt, beweisen schon die größeren Abmessungen der einzelnen Räume wie auch die Abmessungen des ganzen Hauses (11,80:8,40 m). Jedenfalls wird man das Haus Köllnische Straße 9 auch im Hinblick auf die Hausformen, welche der Schultzsche Plan von 1688 aufweist (vgl. S. 29) als eine besonders wichtige übliche Hausform ansprechen dürfen.

2. Vordergebäude in Verbindung mit Hofgebäuden

Die Frage der Bebauung des hinter dem Vordergebäude belegenen Geländes erheischt für Berlin besondere Beachtung. Der Verfasser neigt der Ansicht zu, daß in demjenigen Zeitabschnitt, von dem hier die Rede ist, hintere Wohngebäude im allgemeinen nicht üblich gewesen sind. Eine Bebauung, wie sie die Grundrißpläne der Abb. 36 und 38 aus der Parochialstraße zeigen, ist (unter Berücksichtigung der im Nachstehenden gemachten Einschränkungen) sicherlich erst im Laufe von langen Jahrzehnten allmählich entstanden. Erst um die Mitte des 18. Jahrhunderts setzte die planmäßige Bebauung des hinter den Vordergebäuden liegenden Garten- und Hofgeländes mit Wohngebäuden (Seitenflügeln und Quergebäuden) ein, wovon noch weiter unten die Rede sein wird (vgl. S. 118 und 185f.). Falls in der zur Besprechung stehenden Zeit auf dem hinteren Gelände Gebäude errichtet worden sind, hat es sich sicherlich nur um Wirtschaftsgebäude, Stallgebäude, Holzställe und dgl., vielleicht auch um einzelne Wohnbuden gehandelt. Auf dem wiederholt erwähnten Plan aus den Lindholzschen Papieren (Abb. 5), auf dem die einzelnen Häuser anscheinend ziemlich genau eingezeichnet sind, fehlen Hintergebäude so gut wie gänzlich. Der Schultzsche Plan vom Jahre 1688 (Abb. 18) weist zwar im Innern einzelner Baublöcke einzelne Gebäude auf; es steht aber der Annahme durchaus nichts im Wege, daß es sich dabei um die vorerwähnten Gebäudearten handelt, um so mehr, als sie durchweg einstöckig sind und mit den Vorderhäusern fast nie (etwa in der Form von fest verbundenen Seitenflügeln) in unmittelbarer Verbindung stehen.

Diese Ausführungen bedürfen in einer Beziehung einer Einschränkung. Schon aus den im vorhergehenden Abschnitt besprochenen Grundrissen hat sich ergeben, daß Grundstückbreiten von 4–5 m in Berlin in damaliger Zeit durchaus nicht selten gewesen sind (man vergleiche auch den Lindholzschen Plan, Abb. 5).[48] Sogar heute finden sich noch vereinzelte Frontbreiten von 2–3 m. Es wird sich vermutlich bei diesen Grundstücken um mittelalterliche Hausstellen handeln; darauf läßt auch die zu der geringen Breite verhältnismäßig so bedeutende Tiefe der Grundstücke (18–25 m) schließen. Diese eigenartige Form der Baustellen mag von selbst dazu geführt haben, neben dem Vordergebäude noch ein hinteres Wohngebäude zu errichten, ein Vorgang, wie er sich ja im 18. und 19. Jahrhundert in Berlin – nicht zu seinem Vorteil – wiederholt hat. Wie jedoch diese Aufgabe in der zur Besprechung stehenden Zeit gelöst worden ist, erweckt besondere Beachtung.

Als erstes Beispiel einer derartigen Bebauung sei der Grundriß der Häuser Nikolaikirchplatz 8 und 9 besprochen (Abb. 26 und 28). Bezeichnend für diese Grundrisse ist ein außerordentlich tiefes Vordergebäude mit einem seitlich liegenden langen Flur. Auch die neben dem Flur liegenden beiden Räume besitzen stets recht anständige Abmessungen, besonders in der Tiefenrichtung bis zu 6 m und mehr; die Küche im Obergeschoß von Nr. 8 ist 7 m lang. Auf das Vordergebäude folgt der stets sehr kleine Hof (5, 6 und 7 qm) und auf diesen ein Gebäude, das in jedem Geschoß nur einen einzigen Raum enthält. Zwischen diesen

***39** Blick in die Spandauer Straße mit Spandauer Tor, um 1700*

***40** Blick in die Spandauer Straße, Ansicht um 1910*

beiden Gebäuden liegt auf dem Hof im Freien die Treppe, die sowohl den Zugang zu den oberen Räumen des Vordergebäudes wie auch zu denen des Hofgebäudes vermittelt. Bei Nr. 9 tritt die Treppe im Erdgeschoß mit Wendelstufen an, und erst weiter oben geht sie in zwei gerade Läufe über, die sich bei Nr. 8 schon im untersten Geschoß finden. Wie die Treppe nach oben läuft und mit einem Pultdach zum Schutz gegen den Regen abgedeckt ist, zeigt der Schnitt durch das Haus (Abb. 28). Der Zugang zu den in den Hintergebäuden liegenden Räumen erfolgt von den Zwischenabsätzen aus, sodaß diese Räume immer um ein halbes Stockwerk tiefer liegen, als diejenigen im Vorderhause.

Wie die eigenartige Anordnung dieser Räume, insbesondere das Verhältnis des Vorderhauses zum Hintergebäude zu erklären ist, dafür hat der Verfasser keinen Anhalt finden können. Ob die Räume im hinteren Gebäude vielleicht als Werkstätten für im Vordergebäude wohnende Handwerkmeister gedient haben, oder ob sie als selbständige, einräumige Wohnungen an kleine Mieter abgegeben worden sind, oder ob noch eine dritte Lösung in Frage kommt, kann heute nicht ohne weiteres entschieden werden. Dr. Osborn[49] spricht die Vermutung aus, daß die Hintergebäude zuerst errichtet worden seien, und erst später, als der Nikolaikirchhof in seinen Abmessungen eingeschränkt wurde, wären die Vordergebäude erbaut worden.
Diese Annahme erscheint nicht stichhaltig; denn dann wären die Räume in den oberen Geschossen des Hintergebäudes vor Errichtung des Vorderhauses überhaupt nicht zugänglich gewesen, da sie keine eigene Treppe besitzen; vor allen Dingen aber findet sich derselbe Grundriß noch heute an verschiedenen anderen Stellen Berlins, an denen man eine derartige Entwicklung nicht voraussetzen kann (z. B. Petristraße 25, Parochialstraße 6 und die nachfolgenden Beispiele). Größere Wahrscheinlichkeit hat dann die Vermutung für sich, daß es sich vielleicht um die zu den Vorderwohnungen gehörigen Küchen handelt, wennschon diese heute im Vordergebäude liegen (vgl. auch den Grundriß von Molkenmarkt 8, Abb. 201, 202).[VII]

Dieselbe Grundrißlösung wie die eben geschilderte zeigen die Häuser Parochialstraße 29 und 23 (Abb. 36, 38), nur mit der Abwandlung, daß die Treppe in jedem Geschoß nur einen einzigen Lauf besitzt, so daß vor ihr nach dem Hofe zu noch eine Galerie entsteht. Bei dieser Lösung liegen die Räume des Vordergebäudes und des Hintergebäudes in gleicher Höhe.[50]

Noch eigenartiger als in den vorherbeschriebenen Fällen ist die Zugängigkeit der Räume des Vordergebäudes und des Hintergebäudes durch eine Treppe beim Grundriß des Hauses Parochialstraße 27 gelöst (Abb. 36). Auch hier liegt wieder die Treppe im Hof zwischen Vorder- und Hintergebäude. Sie ist jedoch so geführt, daß sie zunächst senkrecht zur Tiefenrichtung des Grundstücks läuft, sich dann teilt und rechts zu den Räumen im Vordergebäude und links zu den Räumen im Hintergebäude führt. Durch den in Abb. 35 dargestellten Schnitt wird diese Lösung noch deutlicher veranschaulicht.

Der Grundriß des Hauses Nikolaikirchplatz 7 (Abb. 27) ähnelt den eben besprochenen Grundrissen in der Tiefenausdehnung des Gesamtplanes, in dem langen seitlichen Flur und der gleichen Anordnung der Räume. Die Treppe liegt jedoch nicht mehr auf dem Hof, sie ist jetzt im Hause, jedoch als vollkommen unselbständiges Raumgebilde, im Flur untergebracht und führt in einem einzigen langen Lauf von 19 ununterbrochenen Stufen nach dem Obergeschoß. Man möchte zu der Annahme neigen, daß die letzte Lösung aus den vorher beschriebenen hervorgegangen ist, indem die Treppe vom Hofe, wo sie wegen ihrer offenen Lage manchen Nachteil mit sich brachte, in das Haus wanderte; doch ist ein Beweis für eine derartige Annahme heute nicht mehr zu erbringen.[51] In jedem Fall bedingt die letzte Lösung mindestens einen seitlichen Flügelbau (Voraussetzung ist gleichzeitige Errichtung von Vorderhaus und Hinterhaus), weil sonst das Hintergebäude in seinen oberen Stockwerken nicht zugänglich gewesen wäre.

Um diese Entwicklungsreihe zu schließen, sei auch gleich der Grundriß des Hauses Nikolaikirchplatz 6 (Abb. 27) besprochen, der vermutlich aus etwas späterer Zeit stammt. Hier geht der seitlich liegende Flur nicht mehr in einer Breite durch, sondern ist an der Stelle, an der die Treppe liegt, verbreitert. Diese selbst wird jetzt schon zweiläufig nach oben geführt.

Die besprochenen Grundrisse haben Aborträume nicht aufgewiesen. Diese waren damals und noch auf lange Zeit hinaus auf den Höfen untergebracht. Die Bauordnung bestimmte, daß Sekrete auf den Höfen von dem Brunnen des Nachbarn 20 Werkschuhe entfernt bleiben mußten, um eine Verjauchung des Trinkwassers zu verhindern.

2. Kapitel

Die Zeit der Regierung des Kurfürsten Friedrich III. (König Friedrich I.)

1688–1713

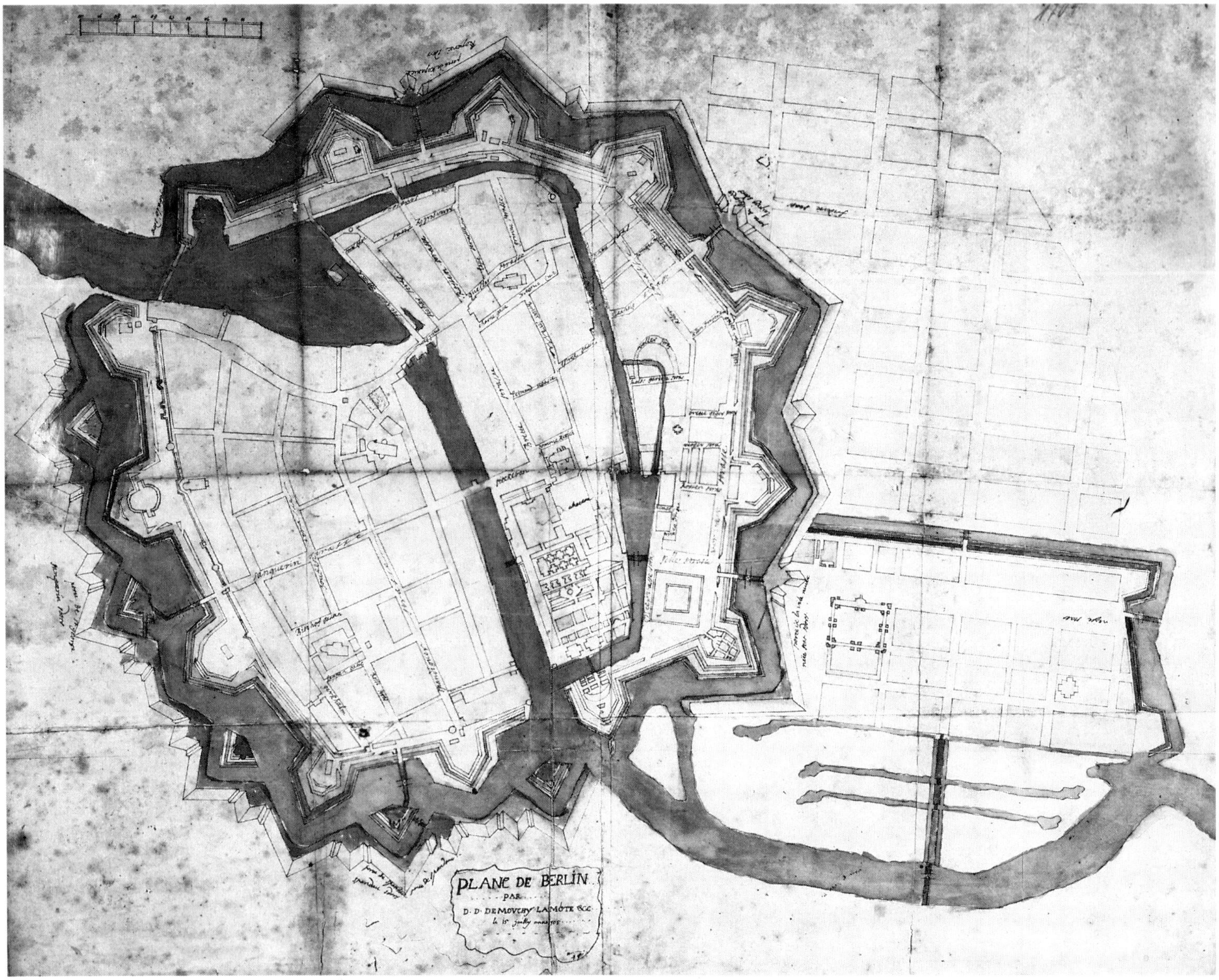

41 *Plan von Lamot, 1703*

A
Aus der Geschichte der Stadt und des Wohnhauses

Die landesfürstliche Bautätigkeit, die mit der umfangreichen Fürsorge eingesetzt hatte, die der Große Kurfürst dem Wohnhausbau hatte angedeihen lassen, fand unter dem Kurfürsten Friedrich III., dem nachmaligen König Friedrich I., ihre Fortsetzung. Aber was dort noch Auftakt gewesen war, wurde nun zum großzügigen Gesetz.

Friedrich III. legte drei neue Stadtteile an. Nach der Berlinischen Seite hin erfolgte die Erweiterung durch zwei neue Vorstädte, die Spandauer und die Stralauer Vorstadt. Den Plan für eine besonders großartige Stadterweiterung, die schon durch ihren Namen stets mit dem des Königs verknüpft bleiben wird, nahm er jedoch schon in seinem ersten Regierungsjahr (1688) auf. Das war die Friedrichstadt (Abb. 122).

Nördlich von den Linden hatte der Große Kurfürst die Dorotheenstadt errichtet (Abb. 42), südlich von den Linden wurde jetzt der erste Teil der Friedrichstadt bis zur Mauerstraße in Angriff genommen, eines der bekanntesten und bezeichnendsten Beispiele landesfürstlicher Stadtbaukunst jener Zeit und jener Richtung, welche sich durch die Anlage gerader und nur sich rechtwinklig kreuzender Straßen[52] kennzeichnet. Es war der erste größere und einheitliche Bebauungsplan Berlins seit seiner Gründung[53] und zugleich durch die Abmessungen der Straßen und Häuserblöcke (Länge 120–150 m, Tiefe etwa 75 m) und die vorgesehene Randbebauung unter Freilassung des Blockinneren für Gärten eine hervorragende städtebauliche Leistung (Abb. 84, 85).

Bei der Anlage der Friedrichstadt bediente sich Friedrich einer Kommission, bestehend aus dem Geheimrat v. Danckelmann, dem Obermarschall v. Grumbkau und den beiden Baumeistern Smids und Nering. Der letztere vor allem entfaltete auf dem Gebiete des Privatbaues eine äußerst eifrige Tätigkeit. Nikolai[54] berichtet: »Neringen ward nicht allein die Anlage der Straßen aufgetragen, sondern es mußten auch, bis an seinen Tod, alle Häuser, nach dessen eignen oder doch von ihm gebilligten Zeichnungen, gebauet werden. Es ergiengen 1689 bis 1691 wiederholte Befehle, daß Niemand anders als nach Nerings Rissen Bauen sollte, mit der Drohung, widrigenfalls die Häuser wieder abbrechen zu lassen.« (Vgl. die Baustellenanweisungen) Als Nering im Jahre 1695 starb, waren in der Friedrichstadt nicht weniger als 300 neue Häuser nach seinen Entwürfen gebaut worden. Diese so überaus rege Bautätigkeit war allerdings nicht immer auf eine vollkommen freie und unbeeinflußte Entschließung der Erbauer zurückzuführen. Denn einerseits wurden die Bürger durch die freie Lieferung von Baustoffen und durch die Zuwendung sonstiger Vorteile zum Bauen verlockt, anderseits schreckte man auch nicht vor Gewaltmaßnahmen zurück, die vor unseren heutigen Begriffen von Recht und Gerechtigkeit nicht mehr bestehen würden.

Die sich hierin äußernden Anschauungen von der landesfürstlichen Machtvollkommenheit kamen u. a. auch in dem im Jahre 1709 erschienenen »Königlichen Reskript von der Kombinierung der rathäuslichen Kollegien« zum Ausdruck, einer Verordnung, welche die Vereinigung der vier Stadtgemeinden Berlin, Kölln, Friedrichswerder (einschließlich der verwaltungsrechtlich hier angeschlossenen Friedrichsstadt) und Dorotheenstadt zu einer einzigen Stadtgemeinde, dem künftigen Berlin, befahl. Diese Verwaltungsmaßnahme sei deshalb erwähnt, weil sie für die weitere Entwicklung der Stadt, auch in baulicher Beziehung, von besonderer Bedeutung war.

Die Baupolizei erfuhr unter Friedrich I. eine Neuregelung. Hatte sie früher in den Händen des Magistrats gelegen, der die Baugesuche zu prüfen und die Bauerlaubnis zu erteilen hatte, so war sie schon bei der Entstehung der Festungsanlagen teilweise in die Hände des Gouverneurs übergegangen. Der weitere Übergang in die Gewalt der

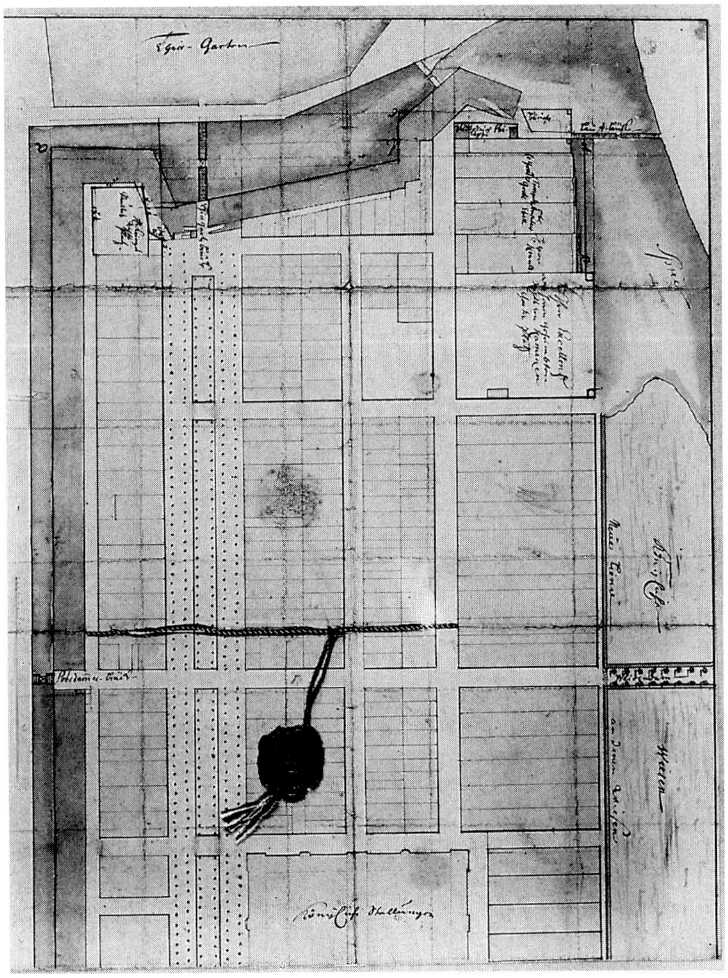

42 *Vermessungsplan der Dorotheenstadt um 1704*

Regierung vollzog sich von da ab verhältnismäßig rasch. Schon 1691 kam eine Verordnung des damaligen Kurfürsten über die Baufreiheit heraus, und zugleich wurde eine Baukommission eingesetzt, die nicht nur die Aufgabe hatte, Baustreitigkeiten zu schlichten, sondern auch nach einer im Jahre 1693 erschienenen Verfügung, die schriftlichen Baubescheide ausfertigen, Besichtigungen vornehmen und Gutachten ausarbeiten mußte. Im Jahre 1706 erschien dann eine Kabinettsorder[55], durch die dem Gouverneur von Berlin, mit anderen Worten also der Regierung, die Mitaufsicht über alle Neubauten übertragen wurde; die Baulustigen hatten ihr Gesuch fortan zuerst an den Gouverneur zu richten. Die Prüfung der Baugesuche erfolgte durch einen Offizier seitens des Gouvernements und durch einige zu diesem Zweck ernannte Mitglieder des Magistrats. Im Jahre 1710 erfuhren die genannten Bestimmungen noch eine Erweiterung, indem auch alle baulichen Veränderungen nur nach vorheriger Besichtigung seitens der Baukommission vorgenommen werden durften. 1712 erfolgte nochmals eine Erweiterung der Befugnisse des Gouvernements, indem dieses nunmehr auch zum Verkauf von Baustellen seine Einwilligung zu geben hatte. Auch das Hypothekenwesen erfuhr im Jahre 1693 eine Regelung durch Einrichtung eines Erb- und Lagerbuchs auf dem Rathause der Residenzstädte. In dieses wurden alle Grundstücke eingetragen.

Die Gesamtzahl der Wohnhäuser Berlins war inzwischen, d.h. bis zum Jahre 1711, auf 4100 gestiegen; vielleicht 2500 hiervon stammten allein aus der Zeit nach 1685. Die Bevölkerung war von 17500 Seelen im Jahre 1685 auf 61000 Seelen im Jahre 1712 gewachsen. Diese Zahlen bedeuten, daß in jedem Jahre etwa hundert Häuser neu errichtet und etwa 2350 Personen untergebracht worden waren. Auf jedes Haus entfielen somit durchschnittlich 22–23 Bewohner. Wenn man sich derartige Zahlen klarmacht, weiß man nicht, was man mehr bewundern soll, die großzügige Bevölkerungspolitik oder die glänzenden Maßnahmen, mit denen man diese unterstützte!

Hand in Hand mit einer zielbewußten Organisation ging die Kleinarbeit, die sich in den königlichen Befehlen zur Beseitigung der immer noch nicht ganz verschwundenen feuergefährlichen Stroh- und Schindeldächer und zur Entfernung der mitten auf den Straßen stehenden Brunnen kundgab, die aber auch – damit das heitere Element nicht ausgeschaltet wurde – beispielsweise für den Schutz der Straße Unter den Linden vor Verunreinigung durch die frei umherlaufenden Schweine Sorge trug.

B
Die Gestaltung des Äußeren

Bei der Schildung der Fassadengestaltung zur Zeit des Großen Kurfürsten ist bereits darauf hingewiesen worden, daß in der Berliner Architektur Ende des 17. Jahrhunderts der Barockstil zur Geltung gekommen ist. Obwohl sich sein Einfluß an einfachen Wohnhausbauten naturgemäß in geringerem Maße kennzeichnete als an den Häusern der Reichen und Vornehmen, kann man selbst bei bescheidenen Hausfronten noch heute an gewissen stilistischen Merkmalen für die Entstehung die Zeit um 1690 und 1700 nachweisen. Dies erklärt sich ohne weiteres aus dem Umstande, daß eine bedeutende Zahl von Wohnbauten auf unmittelbaren Befehl des Kurfürsten oder wenigstens mit seiner Unterstützung errichtet worden ist. Der Herrscher übte auch unmittelbaren Einfluß auf die Gestaltung der Häuser aus, und zwar durch die Hand der von ihm bestellten Architekten und Künstler. Bei der großen Zahl von Privathäusern, die jene im Namen des Kurfürsten und später im Namen des Königs entweder selbst errichteten (vgl. das über Nering Gesagte, S. 53) oder wenigstens begutachteten, wäre eine weitgehende Beeinflussung der Fassaden im Sinne einer gewissen Einheitlichkeit auch bei den einfacheren Häusern ohne weiteres verständlich gewesen. Aber darüber hinaus ging man darauf aus, einen derartigen Einfluß mit allen zur Verfügung stehenden Mitteln auszuüben.[VIII]

Es ist eine ganze Reihe von Vorgängen bekannt, die das Gesagte belegen. Am 26. Mai 1698 erhielt z. B. der Apotheker Lamblet für sein Haus in der Domgasse (Schloßplatz 3, Abb. 49, 50) Baustoffe zugebilligt, jedoch mit der Auflage, daß er es nach dem von dem Hofbaumeister Grünberg gefertigten Modell, in gleicher Linie und auf gleiche Art mit dem an der Ecke der Brüderstraße zu erbauenden (heute durch einen Umbau und Aufsetzen eines Geschosses veränderten) Hause Schloßplatz 2 errichte-te.[56] (Abb. 48) Unter diesen Verhältnissen werden sich auch die wenigen Eigentümer, die selbständig und unbeeinflußt – soweit dies überhaupt bei den bestehenden Gesetzen und Vorschriften möglich war – ihre Häuser errichteten, kaum von den allgemein befolgten Grundsätzen und Anschauungen haben freimachen können.

Die große Masse der einfacheren Wohnbauten wird man als zweistöckige Häuser errichtet haben, für die stattlicheren Gebäude sind dagegen schon meistens drei Geschosse üblich gewesen, während vier Geschosse für die damalige Zeit unbedingt eine Ausnahme gebildet haben. Eine einfache, bescheidene Wohnhausfassade ohne irgendwelche stilistischen Einflüsse, dagegen mit manchen Anklängen an die unter dem Großen Kurfürsten beschriebenen Hausfassaden, besitzt das Haus Friedrichsgracht 14 (Abb. 111). Zu diesen Anklängen gehören z. B. der Rücksprung der Frontwand hinter dem Dachansatz und die aus Holzwerk hergestellten Tür- und Fensterumrahmungen.[IX]

Der Einfluß des Barockstils machte sich bei den einfachen Bürgerhäusern, wie schon angedeutet, in sehr bescheidener Weise geltend, zunächst vor allem dadurch, daß man sich bemühte, die Fronten möglichst symmetrisch auszubilden, und daß man auch sonst eine möglichst regelmäßige Gestaltung und Aufteilung der Außenseiten herbeizuführen suchte. Zu diesem Zweck gliederte man die Fassaden durch geringes Vorspringen einzelner Teile, sogenannter Risalite. Insbesondere war es auch bei schlichteren Bauten nicht schwierig, wenigstens durch ein Mittelrisalit die Fläche zu beleben, eine Möglichkeit, die auch reichere Fassaden nicht verschmähten. Die Abtreppung, die das Mittelrisalit in der Fassadenfläche herbeiführte, wurde nicht selten durch mehrfache Wiederholung der Vor- und Rücksprünge weiter gesteigert.[57] Sie war ein bequemes Mittel, um einzelne Teile der Hausfront hervorzuheben und andere zurücktreten zu lassen. Ungleiche

43 An der Schleuse 12, Ansicht um 1910

44 An der Schleuse 8–11, Ansicht um 1910

LEIPZIG.

45 *Klosterstraße 38*

46 *Stralauer Straße 45*

Teile konnte man auf diese Weise abtrennen, durch Unsymmetrie störende Bauglieder (z. B. unsymmetrisch liegende Eingangstüren usw.) in ihrer Wirkung zurückdrängen (Abb. 66).

Das Haus An der Schleuse 12 (Abb. 43), aus dem letzten Jahrzehnt vor 1700 stammend, zeigt das erwähnte Mittelrisalit. Eine Erinnerung aus der Zeit des Großen Kurfürsten bildet der sich über der Traufe erhebende Giebel. An die Stelle dieser noch ganz entfernt an die malerische Bauweise der deutschen Renaissance erinnernden Giebel tritt jetzt – falls man nicht überhaupt ganz auf Giebelaufbauten verzichtet, was die Regel ist – der flache, langgestreckte, klassische Giebel, der sich auch sinngemäß und folgerichtig stets über dem Mittelrisalit erhebt und dessen Abschluß bildet. Das Erdgeschoß des Hauses An der Schleuse 12 ist durch Putzquaderung hervorgehoben; der Eingang wird durch eine reichere architektonische Umrahmung betont (Abb. 43); am Rundbogen des Einganges befindet sich ein Schlußstein mit einem Kopf: drei architektonische Merkmale, die sich an vielen Gebäuden aus jener Zeit wiederholen.

Die Fenster haben meistens Umrahmungen. Diese können glatt oder profiliert sein. Will man sie besonders betonen, so erhalten sie sogenannte »Ohren«, die durch die Verkröpfung der Gewände entstehen. Nicht selten nimmt man auch eine Abstufung der Fenstergrößen vor, indem man diejenigen des dritten Geschosses manchmal bis zum Quadrat verkleinert. Schon dadurch werden meistens die Fenster der unteren Geschosse hervorgehoben, doch führt man die Betonung der Fenster des ersten Obergeschosses gern noch weiter durch, indem man sie wie in dem angeführten Beispiel durch eine waagerechte Gesimsbekrönung, ebensogern aber auch durch eine giebel- oder bogenförmige Bekrönung (beide mitunter auch abwechselnd) auszeichnet. Fast alle die eben besprochenen Mittel zur architektonischen Ausgestaltung der Fassade kann man an dem Hause An der Schleuse 12 feststellen (Abb. 43). Es gibt in Berlin noch heute mehrere Hausfassaden, die der beschriebenen sehr ähnlich sind (Abb. 45)[X]. – In dieselbe Gruppe, wenn auch aus späterer Zeit stammend, gehört das Haus Stralauer Straße 45 (Abb. 46). Das Mittelrisalit, die profilierten Fensterumrahmungen mit den Ohren, die rechteckigen Fensteröffnungen des ersten und die quadratischen des zweiten Obergeschosses gehören zu den bezeichnenden Stileigenheiten.

Das Motiv des Mittelrisalits verschmähte man selbst bei

47 *Stralauer Straße 39–41*

Fr. Carl Thieme.
A. Meilicke
Putzfedern Färberei
RÄUCHERWAREN
LOUIS FRÖWALDT
Cigarren Fabrik Lager
Eduard Löwenthal
E. Doerksen Handschuh Fabrik
E. Doerksen Karlshorst Berlin
Handschuh-Fabrik
Karlshorst E. DOERKSEN. Berlin
HERTZ & WEGEN
Norddeutsches
Trikotagen u Strumpfwaren-Haus
Engros. Julius Bernstein u Co. Export.
Unterröcke
Corsettes
Schürzen
Kragen Manchetten
Täglich
2 mal frische
Milch.
Milch. Sahne. Butter
Herren Damen
Kinder Wäsche
eigener
Fabrik
Landbrot
Eier
Backware.
Trikotagen
Strumpfwaren
Handschuhe
Cravatten
En gros
und
Export
MAGGI
A. ZAMORY

***48** Schloßplatz 2 / Ecke Brüderstraße, Ansicht um 1910*

Dreifensterhäusern nicht, wie das Haus Jüdenstraße 31 zeigt (Abb. 53, 54), obwohl für das Mittelrisalit naturgemäß nur die Breite von einer einzigen Fensterachse in Frage kommt. Die Fassade dieses Hauses zeigt noch sinnfälliger als die vorhergehende, welche Abwandlungen und Weiterbildungen die Formen bald nach dem Beginn des 17. Jahrhunderts erfahren haben. Jetzt machte sich nämlich erst so recht der barocke Einfluß geltend. Der etwas flaue Eindruck, welche die Außenseiten noch bis dahin aufgewiesen hatten, verschwand, indem man den Gesimsen kräftigere Wirkung gab, die Ausladungen vergrößerte und das ganze Relief der Architekturglieder lebhafter gestaltete. Auch dem plastischen Schmuck räumte man, vornehmlich bei reicheren Bauten, eine immer wichtigere Rolle ein; besonders in Form von Kartuschen und Vasen, von liegenden und schwebenden Figuren betonte man die wichtigsten Punkte, während die Attika oft von Vasen und Bildwerken gekrönt wurde. Die über den Fenstern angebrachten dreieckigen und bogenförmigen Giebelverdachungen werden mitunter in der Mitte durchbrochen. Einen Teil dieser Mittel sieht man beim Hause Jüdenstraße 31 schon angewendet, wenn auch, der Einfachheit der Fassade entsprechend, in bescheidener Weise. Die geriffelten Konsolen unter den Fenstern und die geriffelten Felder im ersten Stock stammen erst aus der Zeit um 1800.[XI]

Noch größeren Reichtum in dem eben geschilderten Sinne weist das aus noch etwas späterer Zeit stammende Haus Königstraße 68 auf. Das Mittelrisalit von der Breite einer Fensterachse hat dadurch, daß es nicht mehr aus der Fläche selbst gebildet ist, sondern den seitlichen Fensterwandungen folgt, ein außerordentlich lebhaftes Profil erhalten. – Das Haus Stralauer Straße 40 (Abb. 47) weist noch einmal in zusammenfassender Weise alle die besprochenen, kennzeichnenden Merkmale wie das Mittelrisalit, die Gesimsverdachungen, die in der Größe abgestuften Fenster des ersten und zweiten Stockwerks, die Fensterumrahmungen (teils mit, teils ohne Ohren), das starke Relief, die kräftigen Gesimse[58] usw. auf; es ist auch ein beachtenswertes Beispiel dafür, wie man durch die Abtreppungen die unsymmetrische Lage des Einganges und die unsymmetrische Aufteilung der Fassade zu verbergen versuchte, indem man die rechte Fensterachse einfach absonderte. Sodann aber zeigt es auch, wie man bei reicheren Bauten die beiden oberen Stockwerke an den Risaliten durch Pilaster zusammenfaßte, und dadurch bildet es den Übergang zu der folgenden Gruppe der Patrizierhäuser. – Der genannte Grundgedanke der die Risalite einfassenden Pilaster findet sich nämlich bei einer bestimmten Gruppe dieser oft schon palastähnlichen Gebäude, deren Fassadensystem zweifellos unter holländischem Einfluß entstanden ist.[59] Das Bezeichnende bei dieser Gruppe ist die Zusammenfassung der beiden oberen Geschosse durch Pilaster auf einem Unterbau (vgl. hiermit z. B. auch das Moritzhaus im Haag). Zwei der bekanntesten Beispiele sind die Häuser Friedrichsgracht 57 und 58 (Abb. 61, 62), als deren Erbauer nach Borrmann[60] vielleicht Smids in Frage kommt; sie sind zwar in späterer Zeit teilweise verändert worden, jedoch nicht so stark, daß sie nicht auch heute noch die für den geschilderten Zeitabschnitt bezeichnenden mehrfachen Abtreppungen und die Pilastereinfassungen erkennen ließen. Beide Häuser sind sowohl in Stridbecks Skizzenbuch[61] enthalten (Abb. 60), als auch schon auf dem Schultzschen Plan von 1688 zu erkennen (Abb. 18). Aus beiden Ansichten ergibt sich, daß Nr. 58 statt der Attika früher einen flachen, griechischen Giebel besessen hat.

Zwei Risalite, die in ganz ähnlicher Weise durch korinthische Pilaster eingefaßt waren, besaß das Haus Spandauerstraße 29, welches auf der aus dem Jahre 1690 stammenden Ansicht von der Spandauerstraße aus dem Stridbeckschen Skizzenbuch (zweites Haus links,

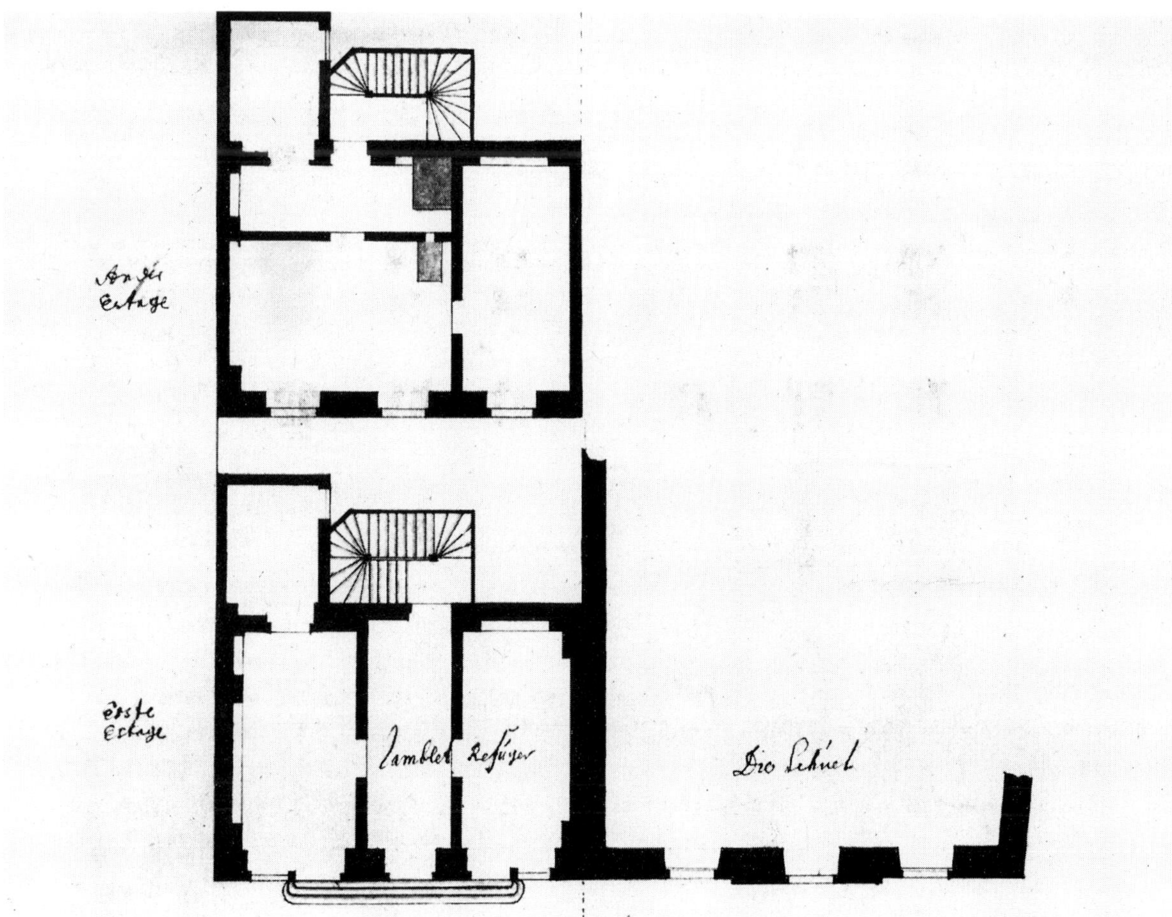

49, 50 *Schloßplatz, Haus des Apothekers Lamblet, Bauzeichnungen von M. Grünberg um 1694*

***51** Die Kaufkolonnaden am Mühlendamm*

Abb. 59) sehr deutlich zu erkennen ist.[62] Sämtliche eben genannten Häuser besitzen auch die kennzeichnende Quaderung des Erdgeschosses.

Für eine zweite Gruppe vornehmer Wohnhausfassaden seien die folgenden fünf Beispiele angeführt: Das heute noch erhaltene, aber stark veränderte Haus Brüderstraße 10 (Mittelrisalit, gequadertes Erdgeschoß, Schlußstein über dem Eingang, vortreffliche Schmiedearbeiten am Oberlicht daselbst und an den Kastengittern im Erdgeschoß, Abstufung der Fenstergrößen (Abb. 65).

Das Haus Spandauer Straße 27 (Abb. 59) zeigte fast genau dieselbe Gesamtaufteilung (abgebildet bei Stridbeck, Ansicht der Spandauer Straße, viertes Haus linke Seite).

Eine außerordentliche Ähnlichkeit mit diesem Gebäude scheint das bekannte v. Derfflingersche Haus, Köllnischer Fischmarkt 4, gehabt zu haben, von dem wegen seiner starken Verbauung und Erhöhung um ein Stockwerk nur noch ganz spärliche Reste erhalten sind. Der ursprüngliche Zustand läßt sich auf der Rosenbergschen Darstellung des Köllnischen Fischmarktes erkennen (Abb. 1). Als Erbauer wird vielfach Nering angesehen.[63 XII]

Ein weiteres vortreffliches Beispiel der gleichen Gruppe ist das Haus Neukölln am Wasser 10 (Abb. 56, 58).

52 *Die Kaufkolonnaden bei Beginn des Abbruchs 1886*

Während Brüderstraße 10 die Zeit vor 1700 kennzeichnet, sprechen die Formen dieses Hauses die Sprache der Zeit nach 1700. Die architektonische Umrahmung des Eingangs, die kräftigen Abschlüsse der Fenster und vor allem das auf starke Schattenwirkungen berechnete Hauptgesims und der Segmentgiebel weisen auf diese Zeit hin, während das gequaderte Erdgeschoß, das Mittelrisalit und die abgestuften Fenster der oberen Geschosse die wiederholt beschriebenen, allgemein üblichen Grundlagen für die architektonische Gliederung bilden.

Schließlich sei in diesem Zusammenhang noch das sogenannte Nikolaische Haus, Brüderstraße 13, das wahrscheinlich bei einem im Jahre 1803 erfolgten Umbau stark verändert worden ist, erwähnt (Abb. 63, 64, 74).

Im Zusammenhang mit den Ausführungen über die Gestaltung des Äußeren muß noch verschiedener Maßnahmen gedacht werden, die für die architektonische Kunstübung damaliger Zeiten außerordentlich bezeichnend sind. Gemeint sind jene baupolitischen Bestrebungen, die darauf hinausliefen, die Gestaltung der Fassaden nach Art einer (für unsere heutigen Verhältnisse allerdings sehr weitgehenden) Bauberatung im Sinne einer gewissen architektonischen Einheitlichkeit und einer auf dieser beruhenden architektonischen Monumentalität zu beein-

Restauration
Auguste Schnur
Restauration
Restauration.
kalles & warmes
rühstück
eiss & air.
Kaiser räu
Pfungstadt
elles Lagerbier
à Seidel Pf.
rälzer Bier.
Fernsprecher Amt I. 1510
31
30
Expres
Schneider
des
Centrums

Linke Seite:
53 *Jüdenstraße 31, Aufnahme von 1910*

54 *Jüdenstraße 31, Ansicht*

56 *Neukölln am Wasser 10, Ansicht*

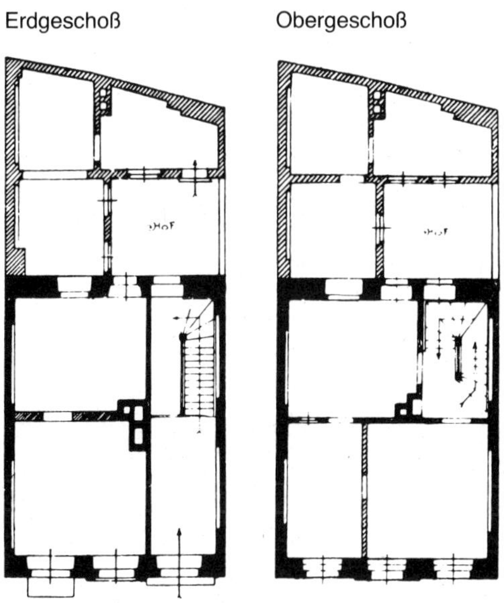

55 *Jüdenstraße 31, Grundrisse*

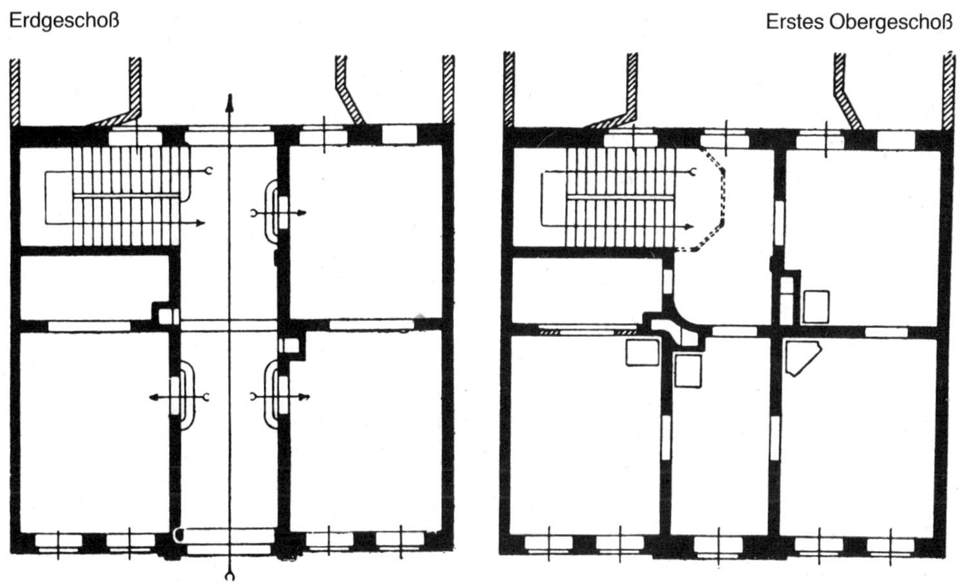

57 *Neukölln am Wasser 10, Grundrisse*

10
Überseeische
Rohproduckte
1,0
0,1
Export-Import
SHANGHAI
E. Brass
BERLIN
Tapezier
Decorat

Linke Seite:
58 *Neukölln am Wasser 10, Aufnahme um 1910*

59 *Die Spandauer Straße, Zeichnung von J. Stridbeck, 1690*

60 *Die Friedrichsgracht, Zeichnung von J. Stridbeck, 1690*

flussen, um eine möglichst gute architektonische Gesamtwirkung zu erzielen. Sehr oft erstreckte sich dieser Einfluß nur auf Einzelheiten, aber er wurde auch bis auf die einheitliche Ausgestaltung einer ganzen Blockfront ausgedehnt. Eine Verordnung vom 2. August 1708 über den Wiederaufbau der abgebrannten Stadt Krossen[64] besagt, daß es der Wille Seiner Majestät sei, daß sämtliche Häuser auf dem Markte drei Stockwerke hoch und die in den Gassen zwei Stockwerke hoch gebaut werden sollten. Es durfte kein Zimmermann auf ein Haus ein Dach setzen, falls diese Vorschrift nicht innegehalten war, wenn außerdem die einzelnen Geschosse nicht die vorgeschriebene Höhe besaßen, und alle Fenster und Gesimse nicht »mit Egalität massiv aufgeführet waren«. Wenn auch derartige Erlasse m. W. für Berlin heute nicht mehr bekannt sind, so muß man ähnliche Verordnungen auch hier unbedingt voraussetzen.

Die auf Seite 55 mit bezug auf das Haus Schloßplatz 3 mitgeteilte Verordnung ist ja im Endergebnis auch nur ein Erlaß in dem vorstehenden Sinne, wenn er in dem fraglichen Falle auch nur zwei einzelne Gebäude betrifft. Das bekannteste und hervorragendste uns überlieferte Beispiel einer Fassadengestaltung in dem besprochenen Sinne betrifft die großartige, von de Bodt errichtete, leider in den Jahren 1865 und 1888 abgerissene Gebäudegruppe an der Stechbahn (Abb. 71). Hier, an der Westseite des

61 *Friedrichsgracht 57 (zuletzt Nr. 47), »Schindlersches Waisenhaus«, Aufnahme um 1910*

62 *Friedrichsgracht 58 (zuletzt Nr. 48) »Possartsches Haus«, Aufnahme um 1910 nach dem Umbau*

Rechte Seite:
65 *Brüderstraße 10, »Galgenhaus«*

63 *Die Brüderstraße, Zeichnung von J. Stridbeck, 1690*

64 *Brüderstraße 13, »Nikolaihaus«*

10
Bouillon
Kaffee
Fernsprecher

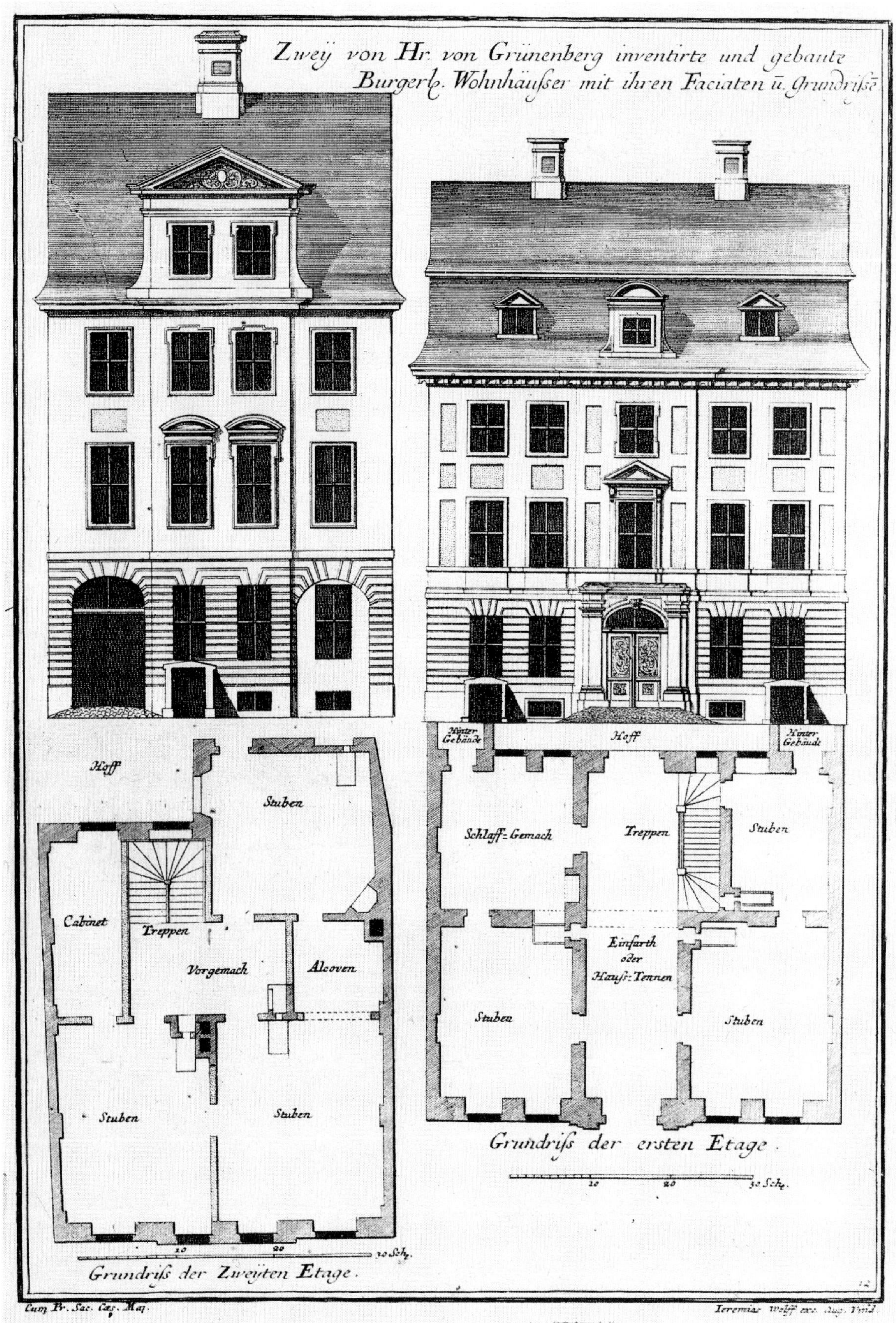

66 *Zwei bürgerliche Wohnhäuser, nach Entwürfen von M. Grünberg, veröffentlicht 1730 bei J. Wolff, Augsburg*

67

Dachgeschoß 68

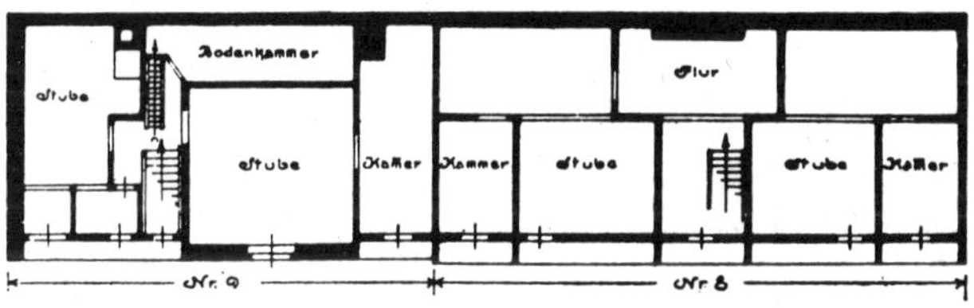

Erstes und zweites Obergeschoß — Alte Stadtmauer

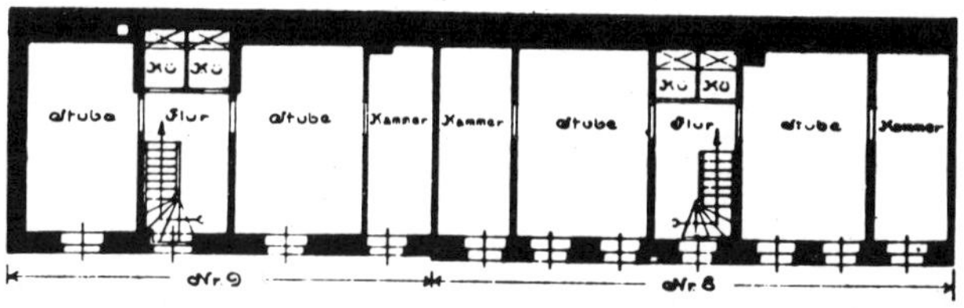

Erdgeschoß — Alte Stadtmauer

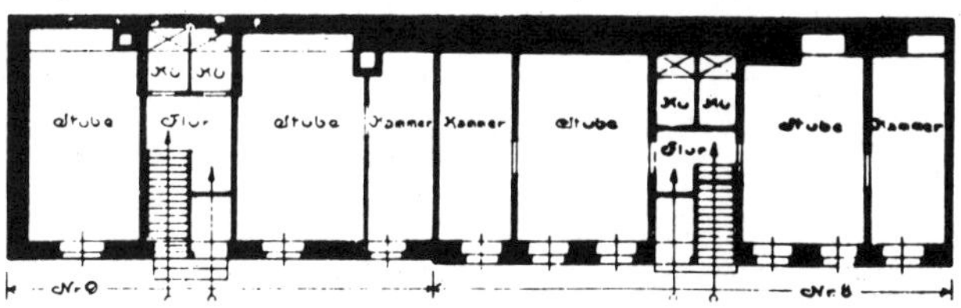

Kellergeschoß — Alte Sta:tmauer

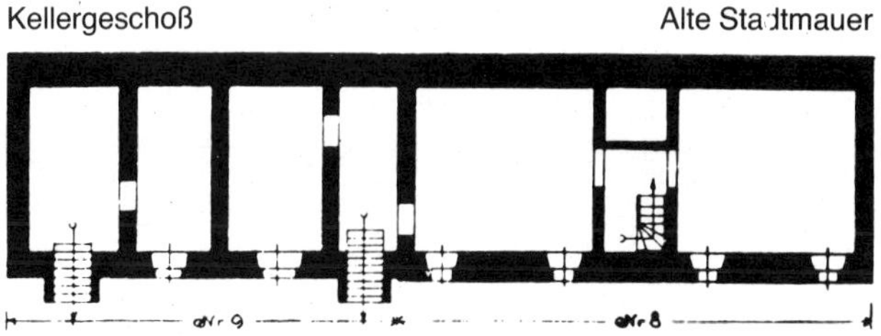

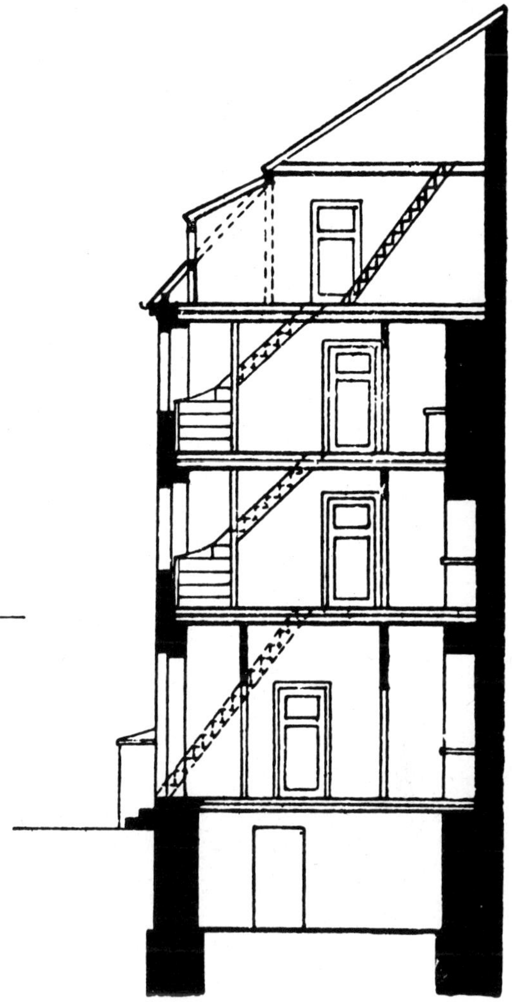

69 *Waisenstraße 9, Schnitt*

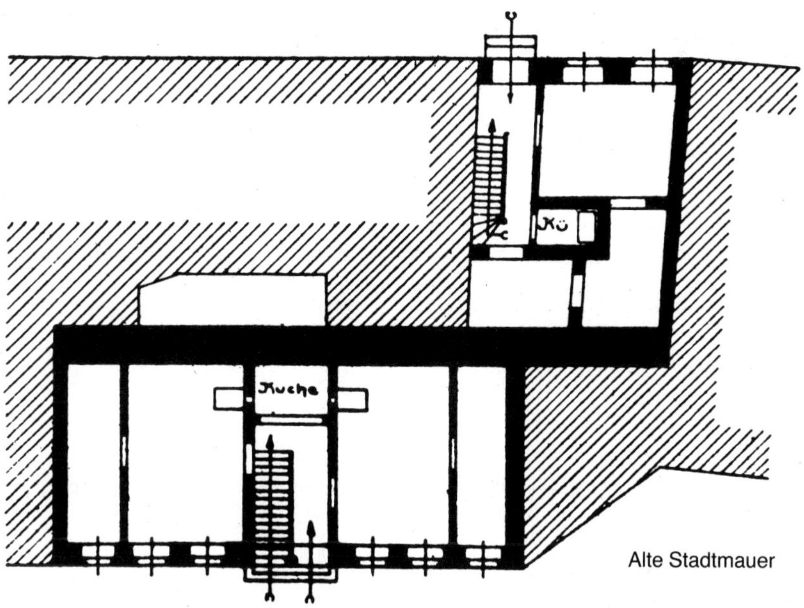

67, 68 *Waisenstraße 8 und 9, Ansichten und Grundrisse*

70 *Waisenstraße 18 – Neue Friedrichstraße 91, Lageplan*

71 An der Stechbahn, 1868/89 abgebrochen

Schloßplatzes, hatten ursprünglich zahlreiche »Boutiquen« gestanden, an deren Stelle jetzt eine stattliche Front von sieben dreistöckigen Geschäfts- und Wohnhäusern trat. Die Häuser gehörten verschiedenen Besitzern, trotzdem erhielt das Erdgeschoß sämtlicher Häuser eine durchgehende Reihe einheitlicher Bogenhallen auf Pfeilern, während die beiden oberen Geschosse durch eine jonische Pilastersteller in eindrucksvoller Weise zu einer kraftvollen Gesamtwirkung zusammengefaßt wurden. Der Architekt ist bei der Gestaltung dieser Häuser zweifellos durch Vorbilder in Frankreich wie z. B. die Platzwandungen der ehemaligen Place Royale (der heutigen Place des Vosges), des im Jahre 1612 vollendeten ersten Monumentalplatzes in Paris, der gleichzeitig angelegten Place Dauphine, der aus den Jahren 1685–87 stammenden Place des Victoires und vor allem der 1701 errichteten Place Vendome in Paris beeinflußt worden.[65] Jedenfalls haben die Häuser an der Stechbahn eine Anlage von glänzendem architektonischem Eindruck gebildet, wie Berlin etwas gleich Ähnliches aus früheren Zeiten nicht mehr aufzuweisen hatte.[66 XIII]

Von ähnlicher Wirkung muß auch die architektonische Ausgestaltung des Mühlendammes gewesen sein, mit der schon 1683 begonnen worden war.[67] Die Anlage ist aber erst 1708 vollständig fertig geworden. Auch hier sind die Straßen auf beiden Seiten mit Krambuden besetzt gewesen, an deren Stelle nun dorische Bogengänge (steinerne Verkaufsläden) von zwei Geschossen mit streng einheitlich durchgeführten Bauformen entstanden. Den ursprünglichen Zustand zeigt eine Ansicht in Stridbecks Skizzenbuch.[68]

Später wurden die Bogenhallen mit mehreren Geschossen überbaut; 1887–90 erfolgte der Abbruch der durch die ungleichmäßige Überbauung in ihrem Gesamteindruck stark geschädigten Anlage (Abb. 51, 52).

Eine ähnliche Bogenanlage befand sich ehemals auch noch an der Südseite des Königlichen Schlosses und an der Nordwestecke am ehemaligen Münzturm.

C
Die Gestaltung des Grundrisses

Daß die Entstehungszeit der Grundrisse vieler Häuser heute sehr schwer zu bestimmen ist, darauf ist schon auf Seite 47 hingewiesen worden. Besonders schwierig ist diese Aufgabe bei den Kleinwohnungshäusern einfachster Art, da sie oft überhaupt keinen Anhalt für ihre Altersbestimmung gewähren. Das trifft z. B. auch für die meisten Häuser in der Waisenstraße zu (Abb. 67–70). Das Äußere dieser Häuser ist meistens so einfach und bescheiden, daß sie irgendein stilistisches Merkmal überhaupt nicht aufweisen. Vielfach sind auch die Fassaden, hier sowohl wie auch in anderen Straßen, in der Zeit um 1800 in den damals üblichen Formen erneuert und verändert worden (z. B. Waisenstraße 8, Abb. 67). Meistens sind diese Veränderungen Hand in Hand gegangen mit der Aufstockung eines dritten oder vierten Geschosses, was auch schon daraus hervorgeht, daß heute noch eine ganze Reihe zweistöckiger Beispiele von demselben Aussehen in der gleichen Straße erhalten ist. Gelegentlich dieser Aufstokkung sind die Wände, die früher vollständig aus Fachwerk hergestellt gewesen sind, teilweise massiv erneuert worden, was bei der Betrachtung der Grundrisse und Schnitte (Abb. 68, 69) nicht vergessen werden darf. Nachweislich ist eine derartige Erneuerung u. a. beim Hause Waisenstraße 2 im Jahre 1795 vorgenommen worden. Bei den meisten sind zwar die baulichen Änderungen, nicht aber ist der Zeitpunkt dieser heute noch festzustellen. Es mag sein, daß die größere Zahl der Häuser aus der Waisenstraße aus dem zur Besprechung stehenden Zeitabschnitt stammt, einzelne mögen vielleicht noch älteren, andere etwas jüngeren Ursprungs sein. Jedenfalls weisen sie alle mehr oder weniger dieselbe Grundrißanordnung auf.

Die Häuser sind mit der Rückseite unmittelbar an die alte Stadtmauer angebaut und mit Pultdächern abgedeckt. Sie haben in der Regel keine Höfe. Wie auch von der anderen Seite (der Neuen Friedrichstraße) die gleichfalls fast stets hoflosen Häuser gegen die alte Stadtmauer gestoßen haben, zeigt die Abb. 70. Stube, Kammer und eine Kochstelle sind die Bestandteile der größten Wohnungen, sehr viele haben sogar nur Stube und Kochstelle (Abb. 68). Getrennte Eingänge führen zum Erdgeschoß und zum Obergeschoß. Die Treppe zum Obergeschoß ist stets nur einläufig und halsbrecherisch steil (Abb. 68). Hier wie bei allen ähnlichen Treppen alter Berliner Häuser haben die ersten Stufen viel weiter in die Straße hineingelegen, erst im Anfang des 19. Jahrhunderts mußten alle derartigen, den Bürgersteig beengenden Vorbauten so weit wie möglich eingeschränkt werden. Die Treppe mündet auf einen verhältnismäßig geräumigen Vorflur, an dem rechts und links je eine Wohnung liegt, während hinten die vollkommen luft- und lichtlosen Küchen (besser: Kochstellen) liegen. Sie sind meistens erst in späterer Zeit infolge baupolizeilichen Einschreitens durch eine Wand feuersicher gegen den Treppenflur abgeschlossen worden. Auf der geschilderten Anordnung beruhend finden sich nun entlang der alten Stadtmauer alle nur möglichen Zusammenstellungen, wie z. B.: eine Stube und eine Kammer nur auf einer Seite des Treppenhauses (kleinster Grundriß, unvorteilhaft, selten); je eine Stube auf jeder Seite des Treppenhauses; auf der einen Seite des Treppenhauses eine Stube, auf der anderen Stube und Kammer (Waisenstraße 9, Abb. 68, 69); auf jeder Seite des Treppenhauses Stube und Kammer (Waisenstraße 8, Abb. 68 und Waisenstraße 18, Abb. 70). Je nachdem, welcher von diesen Grundrissen in Frage kam, lagen die stets vorhandenen Doppeltüren (vgl. Abb. 70) ganz auf der Seite oder nach der Mitte, im letzteren Falle symmetrisch oder unsymmetrisch zur Mittelachse des Hauses. In den meisten Fällen sind zwei Kochstellen auf dem Treppenflur oder (wie bei Waisenstraße 18, Abb. 70) eine gemeinschaftliche Küche an derselben Stelle vorhanden.

Erdgeschoß

Obergeschoß

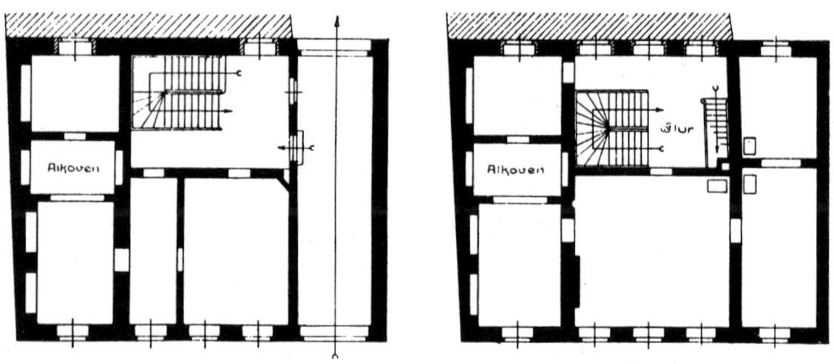

72 *Poststraße 15, Grundrisse*

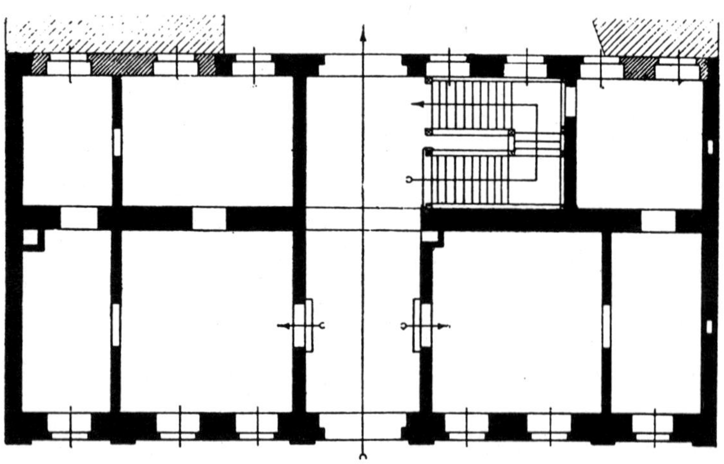

73 *Brüderstraße 13, Grundriß des Erdgeschosses, Bauaufnahme von 1916*

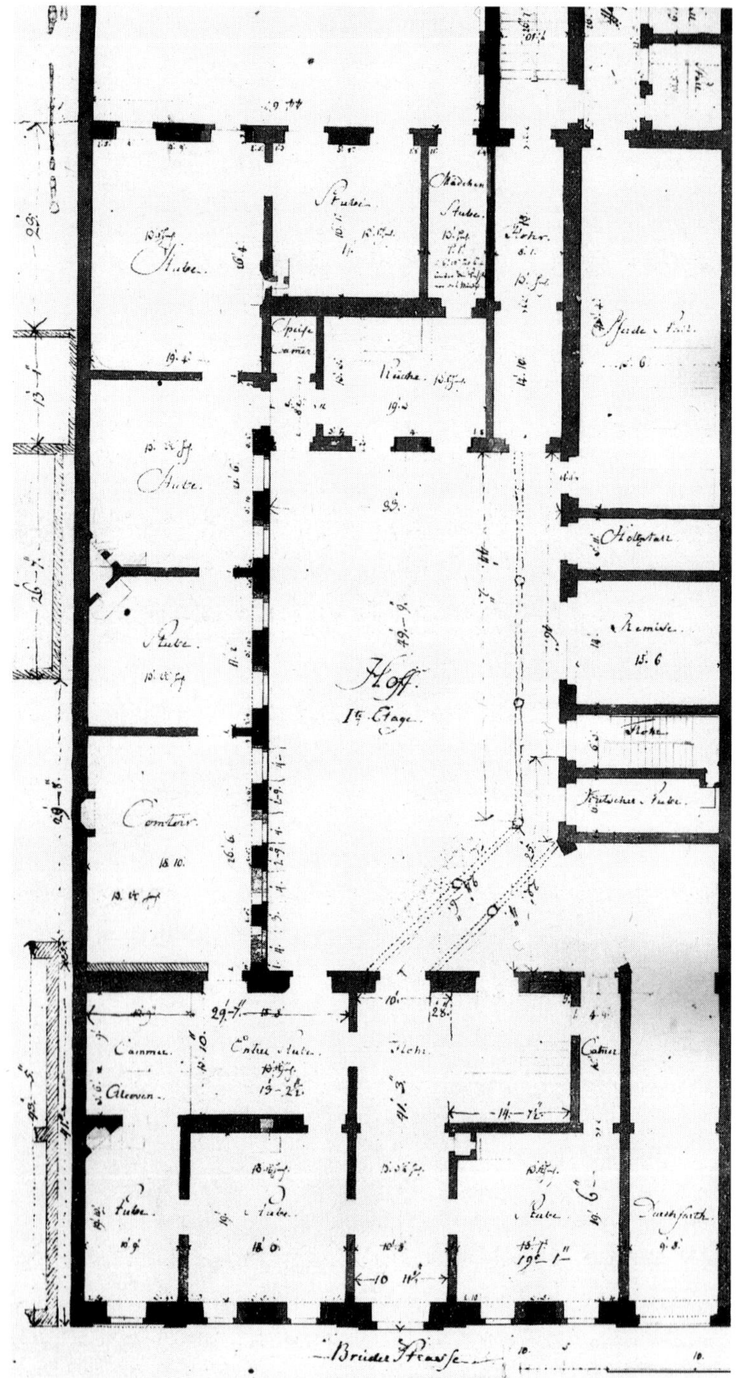

74 *Brüderstraße 13, Grundriß des Erdgeschosses, Bauaufnahme vor dem Umbau 1803*

75
Brüderstraße 13, Hof

76 *Brüderstraße 10, Treppenhaus*

***77** Heiligegeiststraße 35, Hausflur*

***78** Heiligegeiststraße 35, Treppenhaus*

In diesem Zusammenhang mag auch die kulturgeschichtlich so außerordentlich wichtige Abortfrage einer Betrachtung unterzogen werden. Die Häuser in der Waisenstraße hatten, wie alle in der damaligen Zeit und noch lange Jahrzehnte später errichteten Wohngebäude in Berlin – gleichgültig, ob es sich um Kleinwohnungen oder die Wohnungen der oberen Stände handelte –, keine Aborte. Die Errungenschaft der Wasserspülung lag noch in weiter Ferne. Hatten die Häuser Höfe, so waren die Aborte in der Regel auf diesen untergebracht. In vornehmen Häusern wird man sich schon frühzeitig der Nachtstühle bedient haben. Auch bei den vorbeschriebenen Kleinwohnungshäusern in der Waisenstraße sind Nachtstühle oder Nachteimer im Gebrauch gewesen, da Höfe nicht vorhanden waren.

Es ist klar, daß ein derartiger, ungesunder Brauch viele Schäden mit sich brachte. In einer Anzeige an das Polizeipräsidium vom Jahre 1884 heißt es noch: »Es ist kein Abort im ganzen Hause, der Nachtstuhl steht bei der Kochmaschine, einige Mieter haben sogar den bloßen Eimer im Kochgelaß zu stehen, sodaß die Übelgerüche sich dem ganzen Hause verbreiten, sogar einige Mieter den Unrat im Keller schütten.« Die amtliche Feststellung ergab: »Aborte hat das Haus allerdings nicht, weil demselben der Hof fehlt, jeder Mieter besitzt aber seinen Nachtstuhl mit gutschließendem Deckel, deren Eimer wöchentlich zweimal abgeholt und sonst gründlich desinfiziert werden, sodaß auch kein übler Geruch im Hause wahrzunehmen ist.« In den dargestellten Häusern sind Aborte erst im Jahre 1913 eingebaut worden.

Die Häuser, die an der Spree oder einem der zahlreichen Kanäle lagen, besaßen meistens am Wasser, entweder vor oder hinter dem Hause (die Häuser »An der Schleuse« z.B. an dem dahinter liegenden Mühlengraben) eine Galerie, die zum Waschen benutzt wurde. Auf diesen Galerien standen aber auch die Aborthäuschen, welche unmittelbar ins Wasser entleerten (Abb. 95). Um die Mitte des 19. Jahrhunderts wurden auch diese gesundheitlich nicht einwandfreien Anlagen verboten. – Asche und Müll wurden in Steintöpfen oder Blecheimern gesammelt und innerhalb der Wohnungen aufbewahrt, bis sie von dort abgeholt wurden. In einzelnen Straßen standen auch offene Müllkästen (z. B. in der Waisenstraße vor dem Hause Nr. 10 noch im Jahre 1799), die durch sogenannte

79 *Heiligegeiststraße 35, Decke im Erdgeschoß*

***80** Heiligegeiststraße 35, Decke vom Treppenhaus, 1. Obergeschoß*

81 *Brüderstraße 13, »Nikolaihaus«, Treppenhaus*

82 *Molkenmarkt 3, »Schwerinisches Palais«, Treppenhaus*

»Modderkarren« von Zeit zu Zeit entleert wurden, wofür jeder Hausbesitzer etwas bezahlen mußte.

Auch Wasserleitungen gab es in den Häusern selbstverständlich noch nicht. Das für die Haushaltungen erforderliche Wasser entnahm man den Brunnen auf den Höfen. Waren Höfe nicht vorhanden, so sorgten öffentliche Brunnen auf den Straßen für die Wasserversorgung (in der Waisenstraße standen beispielsweise solche Brunnen vor den Häusern Nr. 7 und 28). Die Schmutzwässer goß man in den Rinnstein der Straße.

Einen Grundriß für einfache Bürgerwohnungen vermittelt das Haus Jüdenstraße 31 (Abb. 55). Bezeichnend ist die Gestaltung des Vorderhausgrundrisses; Seiten- und Quergebäude sind wahrscheinlich später angebaut, da man bei gleichzeitiger Errichtung unter keinen Umständen die hintere Frontwand auf die Breite des Seitenflügels in gleicher Stärke durchgeführt hätte. Der Grundriß besitzt einen seitlichen Flur, der in unverminderter Breite bis zum Hof durchgeführt ist. Im hinteren Teil des Flures liegt das Treppenhaus, und zwar hat man jetzt in der Tat die Berechtigung, schon von einem Treppen-»Haus« zu sprechen. Denn erstens wird die Treppe nicht mehr in einem einzigen geraden Lauf ausgebildet, sondern sie wird schon, wenn auch vorläufig noch in gewendelter Form und noch nicht als ausgesprochen zweiläufige Treppe, bewußt um 180 Grad gedreht. Die gerade, einläufige Treppe, die in ihrer Form bis zu einem gewissen Grade an die Ableitung von der Leiter erinnert, und die bisher ihre Fortsetzung zum nächsten Geschoß meistens an einer ganz beliebigen, gleichgültigen Stelle gefunden hatte (man vergleiche z. B. die Treppenführung bei einzelnen Häusern in der Parochialstraße, Abb. 36 und 38), wird allmählich immer seltener und später dann nur noch in Kleineleutegrundrissen (Waisenstraße!) verwendet. Jetzt dagegen geht man immer mehr dazu über, die Treppe in einem vollkommen abgeschlossenen, selbständigen Raum unterzubringen, und so erhalten auch die einfacheren Häuser ein Treppenhaus. Nachdem diese Stufe der Entwicklung erreicht ist, beschränkt sich die weitere Entwicklung, wie noch gezeigt werden soll, im wesentlichen auf eine Ausgestaltung der Form dieses Treppenhauses.

Eine ähnliche Grundrißgestaltung zeigt das Haus Parochialstraße 30 (Abb. 36), nur daß man hier, weil der seitliche Flur wegen der Schmalheit des Grundstücks ebenfalls

83 *Klosterstraße 36, »Palais Kreutz«, Treppenhaus*

sehr schmal werden mußte, gezwungen war, eine Erweiterung des Flurs am Ende vorzunehmen, um das in gleicher Weise wie vorher gebildete Treppenhaus unterbringen zu können. Auf die alte Anlage der Küche und die Alkovenbildung sei besonders hingewiesen.

Eine glänzende Entwicklung nimmt in dieser Zeit der Grundriß des vornehmen Patrizierhauses, wie ihn beispielsweise die Häuser Brüderstraße 10 (Abb. 76), Neukölln am Wasser 10 (Abb. 57), Brüderstraße 13 (Abb. 73) und Heiligegeiststraße 35 (Abb. 78, 79) aufweisen. Auch das heute im Grundriß stark veränderte Haus Breitestraße 23 hat, wenn nicht alles trügt, früher einen ganz ähnlichen Grundriß wie die vorgenannten Häuser besessen.

Kennzeichnend für diese Grundrißanordnungen ist eine in der Mittelachse des meistens fünf-, seltener siebenfenstrigen (Brüderstraße 13) Hauses liegende, breite Durchfahrt, die nur selten (wie bei Heiligegeiststraße 35) überwölbt gewesen ist (Abb. 77). Im hinteren Teil des Hauses, seitlich von der Durchfahrt, liegt die durchweg in großzügigen Abmessungen gehaltene Treppe. Sehr selten scheint man diese nur in zwei Läufen nach oben geführt zu haben, zwischen denen dann aber stets ein geräumiger Absatz lag (Beispiel: Heiligegeiststraße 35, Abb. 78); in der Regel schob man noch einen dritten Lauf im rechten Winkel dazwischen, sei es, daß man sich wie bei Brüderstraße 13 mit nur wenigen Stufen begnügte (Abb. 73, 81), oder, um einen reicheren Einruck hervorzurufen, durch die Anordnung eines vollen Laufes ein geräumiges Treppenloch und damit die reizvollsten Durchblicke schuf (Beispiel Brüderstraße 10, Abb. 76).

Die Regel scheint gewesen zu sein, daß das Treppenhaus mit der Durchfahrt in unmittelbarer, offener Verbindung gestanden hat, nur selten hat man es gegen die Durchfahrt wie in der Brüderstraße 10 (Abb. 76) durch eine Mauer abgeschlossen. Während vor 1700 die Treppengeländer kräftig profilierte Baluster zeigen, wie in den Häusern Heiligegeiststraße 35 (Abb. 78), Brüderstraße 10 (Abb. 76) und Breitestraße 23, liebt man es nach der Jahrhundertwende, an deren Stelle reich geschnitzte Treppengeländer treten zu lassen, wie z. B. bei Brüderstraße 13[69], Molkenmarkt 3, Klosterstraße 68 und Klosterstraße 36 (Abb. 81, 82, 83).

Die Anordnung der einzelnen, meistens in guten Abmessungen gehaltenen Räume ist sehr einfach, indem es nur Vorder- und Hinterräume gibt, die durch eine glatt durchlaufende, balkentragende Mittelmauer ohne jeden Zwischenflur getrennt sind.

Diese Grundrißanordnung muß sehr beliebt gewesen sein. Das beweist ihre große Verbreitung, die sich schon daraus ergibt, daß sich selbst heute noch viele Belege dafür erbringen lassen. Für ihre Beliebtheit spricht aber auch der Umstand, daß man sie sogar für bedeutend beschränktere Verhältnisse nachzubilden versucht hat, wie dies offenbar beim Hause Friedrichsgracht 14 der Fall ist (Abb. 112). Die Durchfahrt wird hier zum Flureingang, aber das bezeichnende Treppenhaus liegt wieder mit seiner dreiläufigen Treppe seitlich vom Flur, mit diesem in unmittelbarer Verbindung stehend.

Daß es auch Fälle gegeben hat, in denen man die Durchfahrt seitlich anlegte, beweist das Haus Poststraße 15 (Abb. 72). Auch hier liegt das Treppenhaus seitlich von der Durchfahrt, aber in einem vollkommen selbständigen, gänzlich abgetrennten Raum. Die Großzügigkeit in der Grundrißgestaltung, die sich hier äußert und die auch allen vorbesprochenen Grundrissen mehr oder weniger anhaftete, kommt noch weiter dadurch zum Ausdruck, daß die Treppe ohne einen ersichtlichen Zwang in drei parallel nebeneinander liegenden Läufen ausgebildet ist. Märchenhaft erscheinen solche Abmessungen und Verhältnisse dem heutigen Berliner, dem in seinen Wohnungen die Zentimeterrechnung beigebracht worden ist; wie außerordentlich eindrucksvoll wirken aber auch diese Treppenhäuser! Nimmt doch z. B. im Hause Poststraße 15 das Treppenhaus allein etwa ein Drittel der gesamten Grundrißfläche einschließlich der Durchfahrt ein! Die Großzügigkeit dieser Abmessungen ist auch bei den einzelnen Räumen beibehalten, aber trotzdem – auch in diesem Hause fehlt der Alkoven nicht.

3. Kapitel

Die Zeit der Regierung Friedrich Wilhelm I.

1713–1740

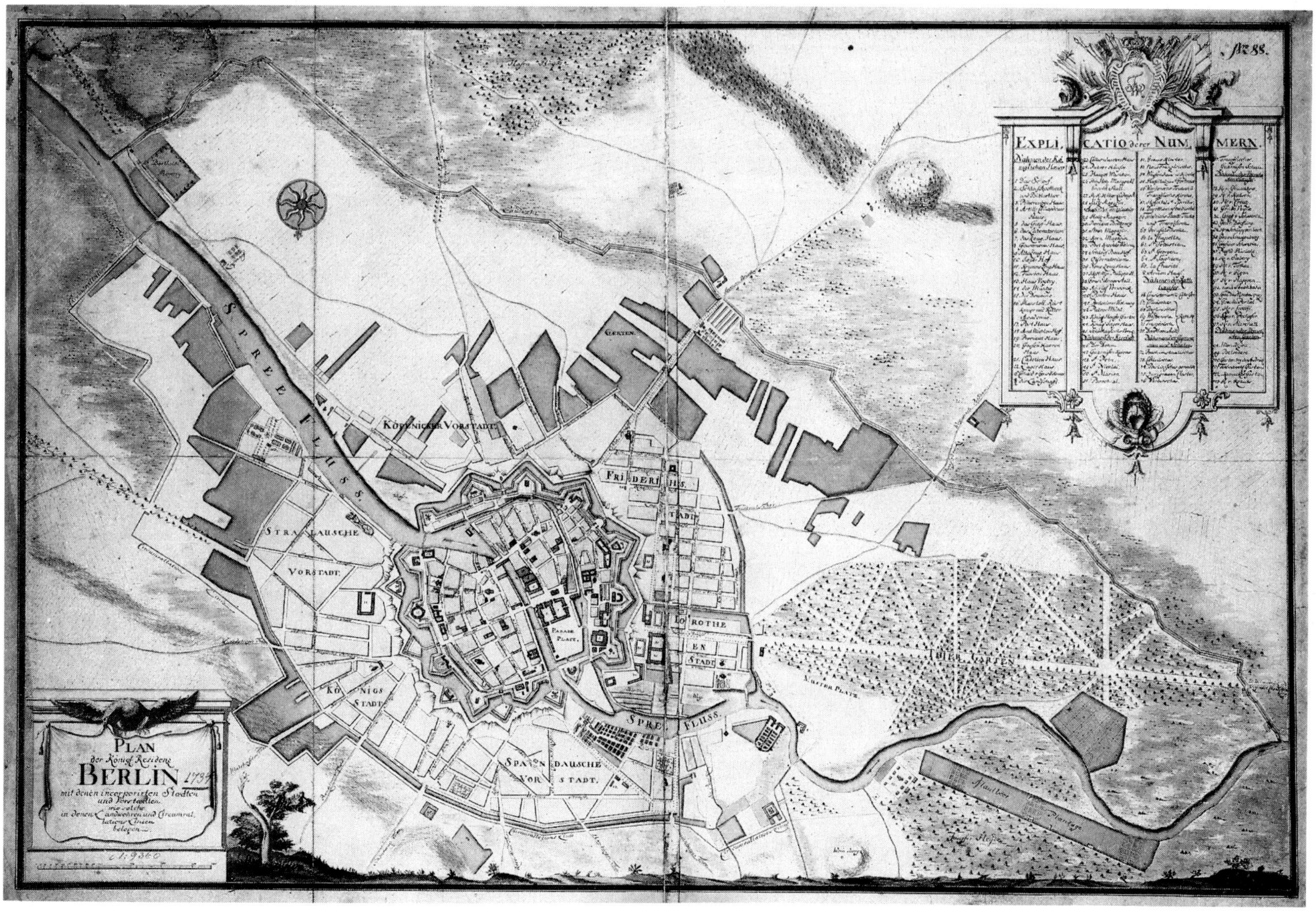

***84** Plan v. G. Dusableau, 1723*

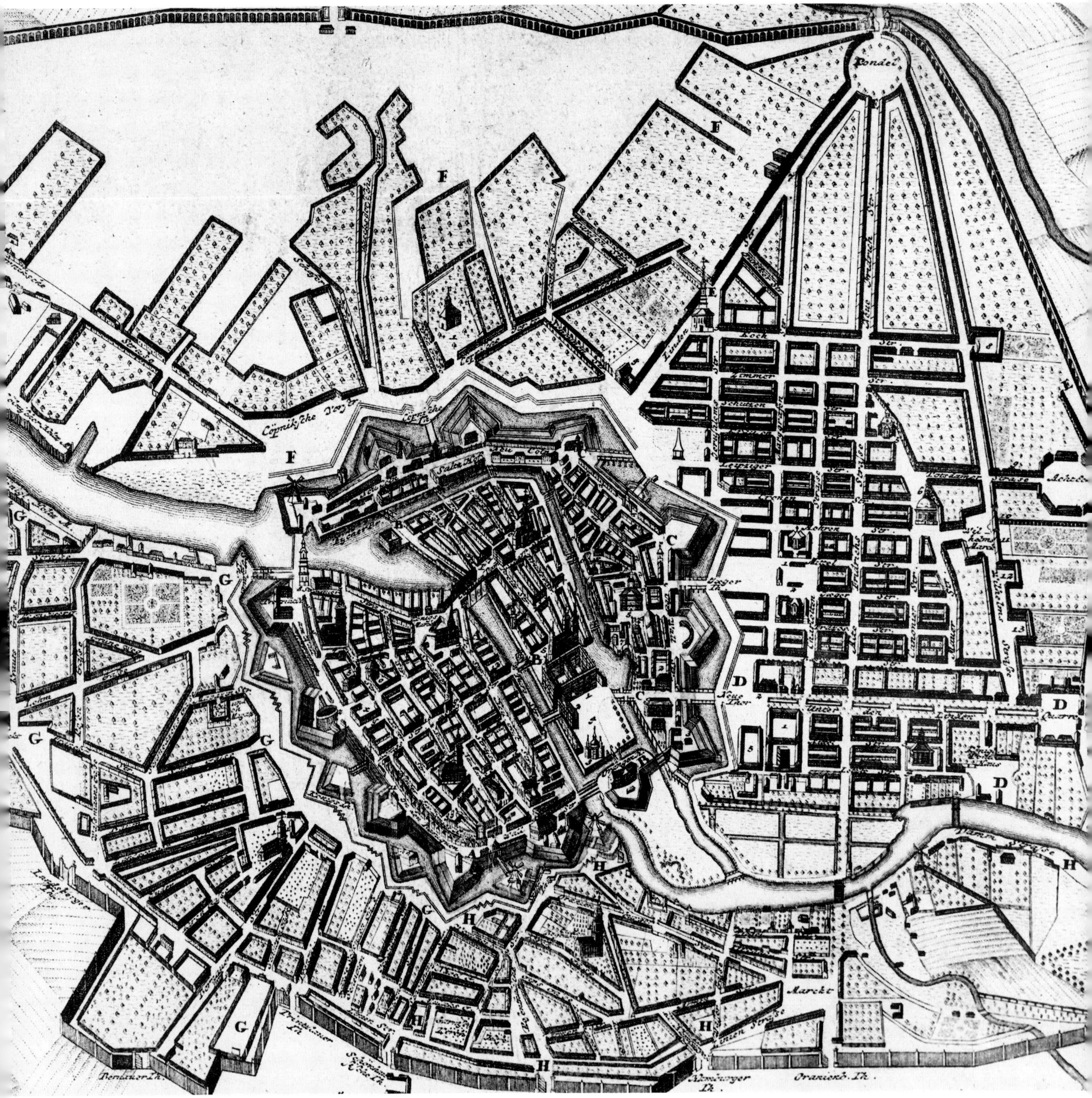

85 *Plan von J. F. Walther, 1737*

A
Aus der Geschichte der Stadt und des Wohnhauses

Die weise Sparsamkeit, die Friedrich Wilhelm I. bald nach seinem Regierungsantritt in so mancher Beziehung eingeführt hatte, kannte er auf dem Gebiete des Wohnungswesens nicht. Hier wurde im Gegenteil mit allen nur denkbaren Mitteln gearbeitet, um den Anbau von Wohnhäusern zu ermöglichen und zu beschleunigen. Hand in Hand mit dieser Beförderung des Anbaues ging wieder eine weitausschauende Bevölkerungs- und Ansiedlungspolitik.[XIV]

In der von Friedrich I. so großzügig angelegten Friedrichstadt gab es noch sehr viele leere Baustellen, deren Beseitigung dem König sehr am Herzen lag. Vom Jahre 1721 an wurde unter der Oberleitung des Architekten Gerlach besonders tatkräftig vorgegangen und der Ausbau der leeren Stellen binnen elf Jahren so gefördert, daß im Jahre 1732 bzw. 1734 eine neue bedeutende Erweiterung der Friedrichstadt und der Dorotheenstadt begonnen werden konnte. Der Wall, der früher die Friedrichstadt und die Dorotheenstadt getrennt hatte (vgl. Abb. 18, 84), war schon im Jahre 1712 abgetragen und das hierbei gewonnene Gelände zum Anbau von Häusern auf der südlichen Seite der Linden benutzt worden. Die neue Erweiterung der beiden Städte bestand darin, daß sie in westlicher Richtung unter Verlängerung der bis dahin nur bis zur Schadowstraße gehenden Linden bis zur heutigen Budapesterstraße (Königgrätzerstraße)[XV] ausgedehnt wurden, während die der Friedrichstadt sich außerdem noch in südlicher Richtung bis zum Halleschen Tor erstreckte. Von bekannteren Straßen wurden u. a. die Zimmer- und Kochstraße, das westliche Ende der Leipziger Straße sowie die Wilhelmstraße mit ihren heute noch größtenteils vorhandenen, vornehmen Adelspalästen angelegt. Damals entstanden ferner die bekannten großen Plätze (Abb. 85), nämlich das Quarré (der heutige Pariser Platz), das Achteck (der heutige Leipziger Platz) und das Rondel (der heutige Belle-Alliance-Platz). Auch bei diesen Arbeiten lag wieder die Oberleitung in den Händen Gerlachs sowie des Obersten v. Derschau und des Bürgermeisters Koch.[70 XVI]

Bei den neuen Stadterweiterungen ging man durchaus planmäßig vor. Friedrich Wilhelm I. veranlaßte durch Kabinettsorder vom 20. Januar 1723 die Aufstellung eines geordneten Bebauungsplanes, indem er bestimmte: »Damit aber das General-Ober-Finanz-, Krieges- und Domainer-Directorium desto besser sehen und judizieren könne, was eigentlich zu diesem Werke und dessen glücklicher Ausführung erfordert werde, so hat ermeldetes Directorium von den Gegenden, welche noch bebaut werden sollen, accurate Pläne aufnehmen zu lassen, selbige nachgehends in Straßen, Häuser und Gärten einzuteilen und alsdann weiter einen Überschlag von Allem zu machen und beides Uns alleruntertänigst einzusenden.«

Die genannten Stadterweiterungen waren zwar die bedeutendsten, aber nicht die einzigen unter Friedrich Wilhelm I. Auch die Spandauer Vorstadt erfuhr z. B. eine Erweiterung. 1716 waren bereits alle Straßen bis an das Oranienburger Tor abgesteckt. Desgleichen wurde in der Königs- und der Stralauer Vorstadt die Bebauung eifrig gefördert. Wie machtvoll sich das Stadtbild Berlins gegen Ende der Regierung Friedrich Wilhelms I. ausgedehnt hatte, zeigt der Stadtplan von Walther vom Jahre 1737 (Abb. 85).[71]

Eine Maßnahme des Königs, durch welche wichtige Teile der inneren Stadt (z. B. der Gendarmenmarkt nebst seinen östlichen Zugängen) in ihrer heutigen Gestalt vorbereitet wurden, darf an dieser Stelle nicht vergessen werden: Friedrich Wilhelm I. begann 1734 als erster die Fesseln zu sprengen, welche die Stadt noch immer einengten, indem er einen Teil der Festungswerke auf der köllnischen Seite einebnen und an ihrer Stelle gleichfalls Straßen und Baustellen anlegen ließ. Die Straßen auf dem neu gewonnenen Gelände waren zum großen Teil schmal und ohne

***86** Blick in die Mauerstraße von Norden, Stich von J. G. Rosenberg, 1786*

jedes System. Bei aller Hochachtung für die städtebauliche Tätigkeit Friedrich Wilhelms I. (wie auch für die seines Vorgängers und seines Nachfolgers) kann man nicht verkennen, daß bei der damaligen und der später fortgeführten Entfestigung Berlins schwere städtebauliche Unterlassungssünden begangen worden sind, unter deren Folgen Berlin noch heutigen Tages sehr zu leiden hat. Man kann dies um so weniger verstehen, als man durch die Aufstellung eines Bebauungsplanes bei der Erweiterung der Friedrichstadt so planmäßig vorgegangen war.

Um die neuen Stadtteile zu bevölkern, ging der König darauf aus, nach Möglichkeit neue Ansiedler nach Berlin zu ziehen. Die Friedrichstadt erhielt z. B. einen bedeutenden Zuwachs durch die Ansiedlung der ihres Glaubens wegen vertriebenen Böhmen, die sich im Jahre 1732 besonders in der Gegend zwischen der Kronen- und der Schützenstraße niederließen (Böhmische Kirche!). Auch Einwohner aus Salzburg und Berchtesgaden wurden angesiedelt.

Vor allen Dingen waren es die Kreise der besseren Bürger, Gewerbetreibenden und Fabrikanten, deren Zuzug der König besonders gern sah und außerordentlich begünstigte. Aus einer Bekanntmachung[72] vom Jahre 1732 (also dem Jahre, in dem die Erweiterung der Friedrichstadt begonnen wurde) kann man entnehmen, daß die Zuziehenden und sich neu Ansiedelnden nicht nur freies Bürger- und Meisterrecht erhielten, sondern auch die weitestgehenden Unterstützungen in Form von Steuererlaß, Fuhrkostenermäßigung, freier Zuwendung von Baustoffen und sogar baren Zuschüssen an Geld. Schon 1725 war bekannt gemacht worden, daß die anscheinend viel verbreitete Annahme, die gewährten Gelder seien nur Vorschüsse und würden hypothekarisch eingetragen, eine irrige sei, sondern daß die Gelder ein »wahres Geschenk zum Anbauen« darstellten, sodaß die Besitzer mit ihren Häusern machen könnten, was sie wollten, ob sie diese nun zu bewohnen, zu vermieten oder zu verkaufen gedächten.

87 *Blick in die Mauerstraße von Süden, im Hintergrund die Dreifaltigkeitskirche, Stich von J. G. Rosenberg, 1786*

Die im Jahre 1721 zur Leitung der Bauangelegenheiten eingesetzte Kommission hatte nicht nur die Aufgabe, die Bauten zu überwachen, sondern vor allen Dingen auch die, Baulustige ausfindig zu machen und heranzuziehen. Wenn es nicht im guten gelang, die Leute zum Bauen von Häusern zu bewegen, so schreckte der König auch nicht vor Akten der Willkür und Gewalt zurück, um sein Ziel zu erreichen. Jeder Bürger, der nur halbwegs die erforderlichen Geldmittel zu besitzen schien, jeder Beamte, ja sogar arme Handwerker und niedere königliche Bedienstete erhielten einfach den Befehl, auf der Friedrichstadt ein Haus zu bauen. Es geschah nicht selten, daß den Betreffenden der Bauanschlag zugesandt wurde, nach dem sie sich zu richten hatten, und gegen den Befehl eines Friedrich Wilhelms I. gab es keine Widerrede. Jedenfalls durften Minister und Generale, die reichen Fabrikanten und Kaufleute, wohlhabende Beamte und begüterte Privatleute der äußersten Gnade des Königs sicher sein, wenn sie sich nur entschlossen, ein recht schönes Haus zu bauen, wie z. B. der Geheime Rat Pieper den Adel erhielt, lediglich, »weilen er ein schön magnifique Haus erbaut.«

Auch der Berliner Magistrat wurde zur Mitwirkung herangezogen. Im Jahre 1722 ging ihm nicht nur ein Befehl zu, ganz allgemein für möglichste Beförderung der Bautätigkeit Sorge zu tragen, sondern der König verlangte von ihm sogar die alljährliche Errichtung von 200 neuen Häusern.

Das Ergebnis dieser vielfältigen Bemühungen konnte nicht ausbleiben. Die Bevölkerung wuchs in der Zeit von 1721 bis 1740 um rund 20000, das Militär (einschließlich der dazu gehörigen Familien) um 11000 Köpfe, das bedeutete eine Steigerung der Gesamtbevölkerung um 50 vH. Als der König starb, war die Bevölkerung auf 90000 Seelen angewachsen. In der Friedrichstadt hatte man im Jahre 1725 neben 719 Häusern noch 149 unbebaute Stellen gezählt. Jetzt waren allein hier in der Zeit von 1721–1737, also innerhalb 16 Jahren, 985 Häuser errichtet worden, die Gesamtzahl der Häuser belief sich in die-

88 *Kreuzstraße 19, Ansicht*

90 *Neukölln am Wasser 21, Ansicht*

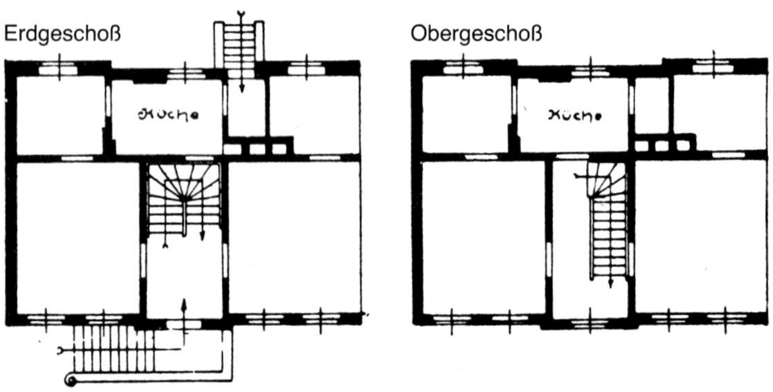

89 *Kreuzstraße 19, Grundrisse*

sem Stadtteil im Jahre 1737 auf 1682. Die Errichtung so vieler neuer Gebäude verminderte natürlich nicht unbedeutend ihren Wert, sodaß dieser manchmal sogar unter den aufgewendeten Baukosten geblieben sein soll.

Die Baupolizei lag auch unter Friedrich Wilhelm I. in den Händen des Gouverneurs, der sie unter Mithilfe einer Immediatkommission ausübte (vgl. Abb. 106, 107).

Eine neue Feuerordnung erschien im Jahre 1727. Sie bestimmte vor allem, daß alljährlich eine Besichtigung der Gebäude in bezug auf die Feuersicherheit stattzufinden habe, und zwar war diese durch die sogenannte »Feuer-Visitations-Kommission« vorzunehmen, die sich aus dem Polizeileutnant, dem Ratszimmermeister und Ratsmaurermeister, dem Schornsteinfegermeister und dem Stadtwachtmeister zusammensetzte.

B
Die Gestaltung des Äußeren

Die große Masse der Wohnhausbauten hat zur Zeit Friedrich Wilhelms I. nach allem, was man noch heute feststellen kann, ein besonders einfaches Gepräge zur Schau getragen. Wenn der König auf der einen Seite auch aus seiner Vorliebe für stattliche Wohnhausfassaden – besonders wenn es sich um die Häuser von vornehmen Adeligen und hohen Beamten handelte – kein Hehl machte, so hat er doch auf der anderen Seite zahlreiche Beweise dafür erbracht, daß er auch mit einfachster Ausführung durchaus zufrieden zu stellen war; ja oft genug hat er eine solche – in diesen Fällen allerdings vielleicht mehr dem Zwange der Verhältnisse als den eigenen Wünschen folgend – geradezu angeordnet. Gab er sich doch z. B. in der Friedrichstadt schon zufrieden, wenn selbst nur einstöckige, ganz bescheidene Häuser errichtet wurden, »damit der Anbau so mehr facilitiret wurde«. In der Friedrichstadt scheint sogar der zweistöckige Häuserbau die Regel gewesen zu sein, wenn man die perspektivischen Pläne von Walter und Schleuen in dieser Beziehung für zuverlässig halten darf.[73] Die besseren Bürger- und Patrizierhäuser hatten jedoch wie auch früher sehr oft drei Stockwerke, und auch vier Geschosse kamen jetzt schon häufiger vor.

Auf große Abwechslung in den Fassaden scheint der König nicht immer unbedingten Wert gelegt zu haben, wie aus allen Mitteilungen von Zeitgenossen hervorgeht. Ein Dr. juris Klose[74] schreibt z. B. im Jahre 1731: »Die Friedrich Stadt ist gantz neu und von dem itzigen König erst angelegt worden. Die Straßen sind über die Maaßen breit, schnurgerade, prangen mit Häusern, die alle einerley Bauart haben.« (Abb. 103)

Wir können uns von diesen Häusern heute noch eine recht gute Vorstellung auf Grund der überlieferten alten Stadtbilder machen. Auf dem Kupferstich von Rosenberg mit der Darstellung der Mauerstraße (Abb. 86, 87) sehen wir solche ein- und zweistöckige Bauten, von denen eben die Rede gewesen ist. Die bescheidenen Mittel, mit denen die Fassaden dieser Häuser ausgeziert wurden, bestanden in einem einfachen, die beiden Hauptstockwerke trennenden Gesimsband, in glatten oder ganz einfach profilierten Fensterumrahmungen, die mitunter noch einen hervorgehobenen Schlußstein erhielten, sowie in vertieften oder erhöhten Feldern über und unter den Fenstern (Abb. 90).

Das Haus Parochialstraße 19 (Abb. 37) stammt etwa aus der gleichen Zeit. Die Türumrahmung und die Fensterumrahmungen haben hier schon eine etwas liebevollere Ausbildung erfahren. Dieselben Mittel sehen wir aber nicht nur an den einfachen Häusern, sondern auch bei den guten Bürgerbauten angewendet, wie z. B. das Haus Kreuzstraße 19 beweist. Nur der Eingang ist durch eine Umrahmung etwas reicher ausgestattet worden. Offenbar wegen der Nähe der Spree hat das zweistöckige Haus ein besonders hohes Kellergeschoß und eine hohe Freitreppe erhalten (Abb. 88).

Zu den geschilderten einfachen Verzierungsmöglichkeiten trat dann noch die Putzquaderung, mit der leicht ein etwas reicherer Eindruck erzielt werden konnte. Sie wurde mit Vorliebe (wie schon im vorhergehenden Zeitabschnitt) im Erdgeschoß angewendet. Daß man mit diesen wenigen und so bescheidenen Mitteln bei richtiger Anwendung und vor allen Dingen bei richtigen Verhältnissen aller übrigen Bauteile recht befriedigende Wirkungen erzielen konnte und erzielt hat, zeigt das Haus Neukölln am Wasser 21 (Abb. 90). Gerade dieses Haus vermittelt uns mit seiner gelagerten Baumasse, seiner einladenden Freitreppe und seinen trefflichen Verhältnissen einen guten Eindruck von dem anständigen Bürgerhaus jener Zeiten.

Die bis hierher geschilderte Art architektonischer Kunstübung hatte sich im großen und ganzen von der Anwendung besonders bezeichnender stilistischer Merkma-

91 *Klosterstraße 72, Aufnahme um 1910*

92 *Gertraudenstraße 16, »Schicklersches Wohnhaus«*

le ferngehalten. Neben den mehr unpersönlichen Lösungen hat es jedoch in der Zeit Friedrich Wilhelms I. noch zwei Gruppen von Wohnhausfassaden gegeben, die in formaler Beziehung einen ganz bestimmten architektonischen Einschlag aufweisen. Beide Gruppen können als barock bezeichnet werden, aber während sich die ältere Richtung unter dem Einfluß bedeutender Künstler (insbesondere eines Gerlach) durch eine gewisse Einfachheit und Zweckmäßigkeit der Formen und Ausdrucksmittel auszeichnete, entwickelte die zweite Richtung, vornehmlich gegen das Ende der Regierungszeit Friedrich Wilhelms I., nach und nach die ganze Fülle und den ganzen Reichtum barocker Formensprache. Unter dem Einfluß der ersten Richtung wurden jetzt selbst die Fassaden bedeutenderer Wohnhausbauten und Paläste einfacher gestaltet als im Anfang des Jahrhunderts. Die Einfachheit äußerte sich in der Anwendung von weniger kräftigen Gesimsen und in der geringeren Verwendung bildnerischen Schmucks. Die Fenster erhielten statt der geraden oder gebogenen Giebelverdachungen, wenn überhaupt, meistens nur waagerechte Gesimsabschlüsse. Stets verteilte man diese Schmuckformen sehr sparsam, ja man ging sogar bis zur vollkommenen Schmucklosigkeit herunter. In erster Linie handelte es sich hierbei um rein örtliche stilistische Wandlungen; in einzelnen Fällen mag auch der in Frankreich damals herrschende style régence seinen Einfluß ausgeübt haben; sicherlich wird auch der so sehr auf das Zweckmäßige und Praktische gerichtete, nüchterne und sparsame Sinn des Königs nicht ohne Einfluß geblieben sein. Es entsprach aber diese maßvolle und gemessene Bauweise überhaupt einem Grundzuge der Berliner Kunst. Hatte sie doch schon seit den Tagen des holländischen Einflusses unter dem Großen Kurfürsten die ersten Wurzeln geschlagen (Nering)[75] (vgl. Abb. 66, 106, 107).

Einen Übergang zu dieser Gruppe von Bauten bildet das im Jahre 1715 erbaute Haus Klosterstraße 72 (Abb. 91), da es mit einigen Merkmalen wie dem Schlußstein über dem Torweg und den Fensterbrüstungen im ersten Stock noch an den vorigen Zeitabschnitt anklingt, während ihm das bezeichnende Mittelrisalit dieser Zeit gänzlich fehlt. Die Fensterumrahmungen im ersten Stock und die Konsolen unter den Fenstern im zweiten Stock dagegen erinnern in ihrer Formengebung schon außerordentlich an die glänzendste Schöpfung der ersten der beiden vorerwähnten Gruppen, an das im Jahre 1735 von Gerlach erbaute Haus Gertraudenstr. 16[76]. Die einfache schlichte Eigenart, die sich in der Fassade dieses vornehmen Patrizierhauses (Abb. 92) ausdrückt – die übrigens auch dem fast zur gleichen Zeit von demselben Baumeister und fast in denselben Formen in der Lindenstraße erbauten Kollegienhause (Kammergericht) anhaftete –, war noch manchem stattlichen Wohnhausbau aus dieser Zeit eigen. Ja, man verschmähte es sogar nicht, zu noch einfacheren Ausdrucksmitteln zu greifen, wie die zugleich städtebaulich außerordentlich bemerkenswerte, 1738 erbaute Gruppe der Predigerhäuser der Dreifaltigkeitskirche an der Ecke der Tauben- und Kanonierstraße beweist (Abb. 96). Selbst die stattlichen Neubauten in der Wilhelmstraße, die Wohnhäuser vornehmen Adels und hoher Beamter, wiesen oft die geschilderte Einfachheit der Formen auf. Aber gerade aus den beschriebenen Bauten spricht die schlichte Natur des Soldatenkönigs am deutlichsten zu uns, und wenn man die einfachen zweistöckigen Hausfassaden der vornehmen Geschlechter betrachtet, die in der damaligen Zeit am Pariser Platz errichtet worden sind (Abb. 93), die außer ihren glatten Fensterumrahmungen, ein paar glatten Pfeilervorlagen und einem durchlaufenden Gesimsband nichts mehr von sogenannter »Architektur« aufzuweisen hatten als das bezeichnende, aus Frankreich übernommene, nur durch einige Lukarnen belebte Mansardendach, dann fühlt man sich ohne weiteres im Geiste in jene Zeiten zurückversetzt.

Eine zweite Gruppe von Bauten nimmt, an die Kunst vom Anfange des Jahrhunderts anknüpfend, den fast schon verloren gegangenen Faden des auf reiche, malerische Wirkung ausgehenden Barockstils wieder auf. Die zur Verwendung gelangenden architektonischen Schmuckmittel erinnern nicht selten an die Bauten süddeutschen Barocks. Zu diesen Mitteln gehören vor allem kräftigere und ausdrucksvoller profilierte Gesimse, ferner schwere, in der Mitte unterbrochene, giebelförmige oder bogenförmige Fensterverdachungen, Konsolen unter den Fensterbänken und den Gesimsen, Kartuschen mit Behängen, kräftig profilierte Fensterumrahmungen, Balusterstellungen an den Fensterbrüstungen u. a. m. Daneben treten, besonders in der allerletzten Zeit, schon Blumen- und Blättergewinde, Muschelformen und ähnliche Zierformen auf, die den Stil des nachfolgenden Abschnittes, das Rokoko, vorbereiten. Hatte doch schon ein so durch und durch Gerlachscher Bau wie Gertraudenstraße 16 sich nicht mehr diesem Einfluß entziehen können und über den Fenstersturzen des dritten Geschosses ähnliche Formen verwendet (Abb. 92).

Die Entwicklung geht nun so vor sich, daß von den genannten zahlreichen Zierformen an demselben Haus zunächst niemals alle oder auch nur eine größere Zahl gleichzeitig verwendet wird, sondern daß sich die Verwendung in der Regel auf die eine oder die andere Möglichkeit beschränkt. Nachdem so gewissermaßen der Höhepunkt der Entwicklung im einzelnen vorbereitet ist, wird dieser in den letzten Regierungsjahren Friedrich Wilhelms I. in einigen Bauten erreicht, die dann die ganzen reichen Mittel dieser Kunst zur vollen Entfaltung bringen.

Bei der Schilderung dieser Entwicklung kann man zwei Gruppen unterscheiden. Die erste Gruppe beschränkt sich im wesentlichen auf die Verwendung einfacher Fensterumrahmungen und Fensterbekrönungen. Hierfür zwei schon reichere Beispiele: Fischerbrücke 3 (Abb. 95), seit 1734 nachweisbar[77], mit geraden und geschweiften Fensterverdachungen, und Krausenstraße 47 (Abb. 94), mit verschiedenförmigen Fensterverdachungen im ersten Obergeschoß und Balusterstellungen in den Fensterbrüstungen des Mittelrisalits. – Die zweite Gruppe besitzt die der ersten Gruppe fehlende architektonische Aufteilung durch Pilaster oder pilasterähnliche Wandstreifen. Beispiele:

Neue Grünstraße 12 (Abb. 101): Ionische Pilaster im Obergeschoß; die Formengebung der Kapitelle und des Fensters im Obergeschoß erinnert schon an den Rokokostil.

Kochstraße 62[78]: An den seitlichen Risaliten im Obergeschoß ganz ähnliche ionische Pilaster wie vorher; unter den Fenstern in den Brüstungen Balusterstellungen und Steingittermuster.

Neue Grünstraße 10 (Abb. 97, 99): Durch beide Geschosse gehende ionische Pilaster; Türumrahmung mit bezeichnenden Konsolen; Treppe schon mit ausgesprochenen Rokoko-Geländerstäben in Holzschnitzerei.

Die Zierformen der beiden besprochenen Gruppen werden, besonders gegen Ende des Zeitabschnittes, in einer Reihe von Wohnhausfassaden zur Herbeiführung einer größeren architektonischen Wirkung vereinigt. Beispiele:

Breite Straße 3 (Abb. 115): Pilasterähnliche Wandstreifen, vereinigt mit denselben Fensterverdachungen wie bei Fischerbrücke 3 (Abb. 95).

***93** Pariser Platz, Nordwestseite, Ausschnitt aus dem Lindenfries um 1822*

Spandauer Straße 63[79]: Giebelgeschmücktes Mittelrisalit; Eckpilaster; reicher plastischer Schmuck; reich umrahmtes Mittelfenster.

Friedrichsgracht 15 (Abb. 109, 110): Pfeileraufteilung der Fassade vereinigt mit Fenstergesimsen und Verdachungen; Konsolen unter diesen und unter den Fensterbrüstungen; Reliefbaluster an den letzteren; Schmuck über dem Mittelfenster des dritten Geschosses in Rokokoart.

Brüderstraße 2 (Abb. 113, 114): Korinthische Pilaster; reich verzierte Fensterverdachungen, besonders in der Mittelachse; reiche Portalumrahmungen mit Puttenfiguren auf der Gesimsverdachung; Reliefbaluster in den Brüstungen der Fenster des ersten Obergeschosses.

Kleine Kurstraße 5 (Abb. 108): Vereinigt fast sämtliche vorher besprochenen Zierformen in reichster Ausführung und Zusammenstellung; 1741 erbaut; 4. Geschoß später aufgesetzt.

Auch unter der Regierung Friedrich Wilhelms I. lassen sich im Berliner Wohnhausbau wieder Bestrebungen feststellen (wie sie schon unter seinem Vorgänger S. 63 erörtert worden sind), die auf eine gewisse einheitliche Gestaltung der Fassaden und der Blockfront hinauslaufen. Unter der Herrschaft des Soldatenkönigs scheint man sogar noch tatkräftiger und noch bewußter derartige Bestrebungen verfolgt zu haben. Wenn solche Anschauungen von der architektonischen Gestaltung der Straßenwandungen zum künstlerischen Glaubensbekenntnis der damaligen Architekten gehört haben, oder wenn auch nur ein mächtiger königlicher Wille derartige Bestrebungen begünstigt haben sollte, so wäre es naheliegend, aus den Fassaden derjenigen Häuser, die in den nachweislich damals entstandenen Straßen erbaut worden sind, den Beweis hierfür zu erbringen. Dieses ist aber unmöglich. Denn das Antlitz aller jener Stadtteile, die unter Friedrich Wilhelm I. entstanden sind, hat in den seitdem verflossenen 180 bis 200 Jahren derartige Wandlungen durchgemacht, daß heute nur noch vereinzelte Häuser aus jenen Zeiten festgestellt werden können. Kein Stadtteil aber ist von diesen Wandlungen so betroffen worden, wie gerade die von Friedrich

94 *Krausenstraße 47, Aufnahme um 1900*

95 *An der Fischerbrücke 2–3 (rechts im Bild), Aufnahme um 1900*

96 *Kanonierstraße 4, Ecke Taubenstraße*

97 *Neue Grünstraße 10, Aufnahme um 1910*

98 *Neue Grünstraße 12, Aufnahme um 1910*

99
Neue Grünstraße 10, Ansicht

100
Neue Grünstraße 10, Grundrisse

101
Neue Grünstraße 12, Ansicht

102
Neue Grünstraße 12, Grundrisse

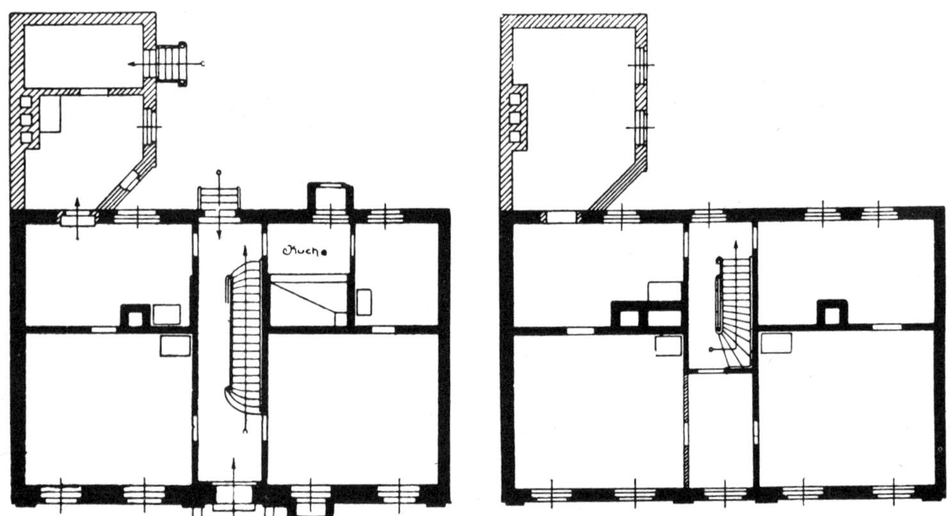

Erdgeschoß Obergeschoß 100

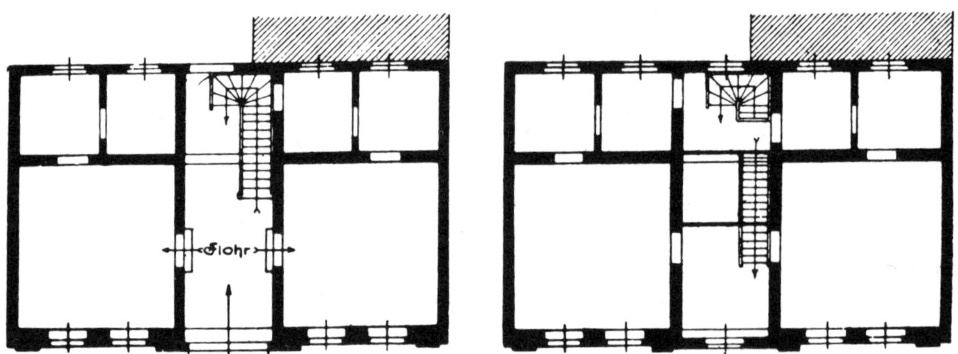

Erdgeschoß Erstes Obergeschoß 102

103 *»Das Rondell« am Hallischen Tor, Ölgemälde 1735*

104 Klosterstraße 41, Aufnahme um 1910

105 Schmale Gasse, Aufnahme um 1880, vor dem Abbruch

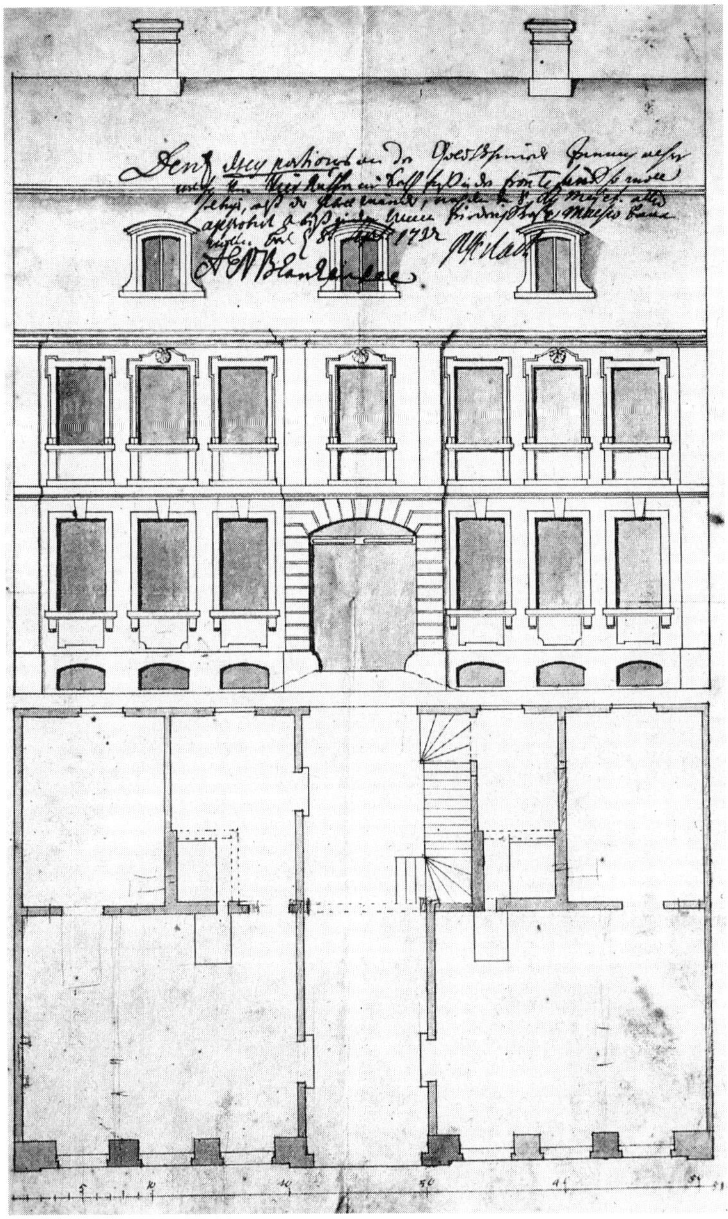

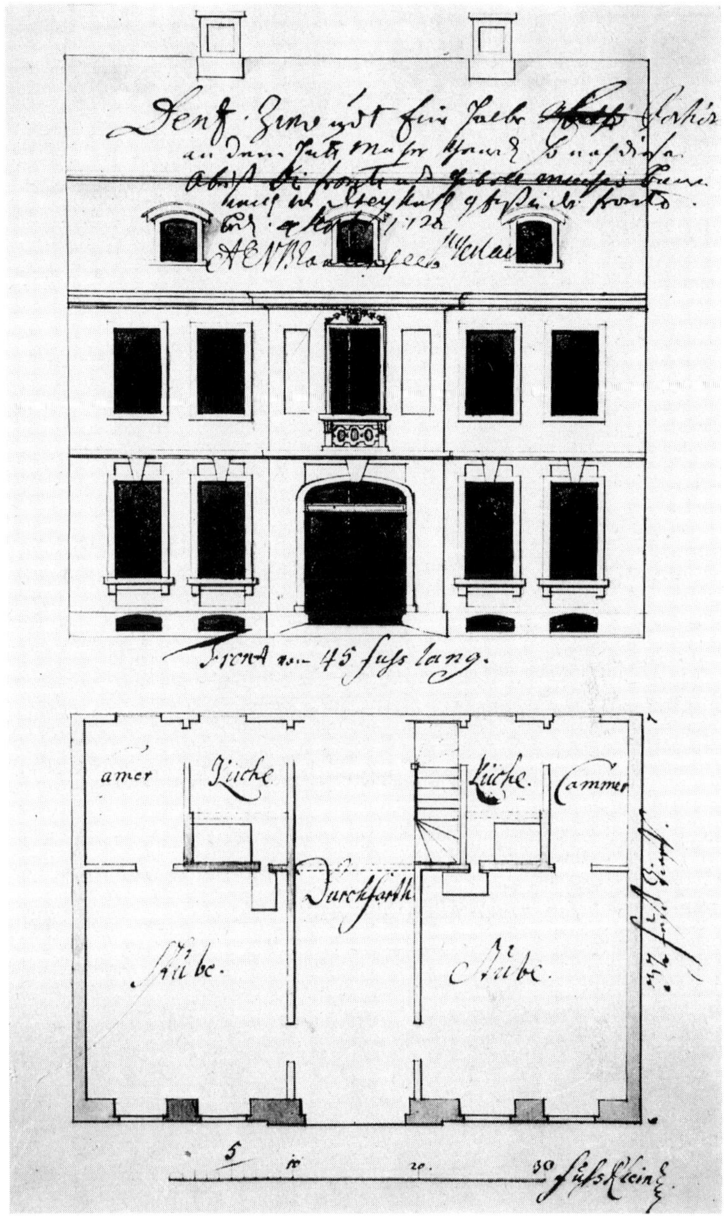

106, 107 *Zeichnungen von bürgerlichen Wohnhäusern in der Friedrichstadt, mit Vermerken des Baumeisters Ph. Gerlach und des Gouverneurs General von Derschau (Unterlagen zur Baugenehmigung)*

***108** Kleine Kurstraße 5, Aufnahme von 1910*

109 *Friedrichsgracht 15, Aufnahme von 1910*

***110** Friedrichsgracht 15, Ansicht*

Wilhelm I. angelegte und ausgebaute Friedrichstadt. Man muß also zur Erhärtung des Gesagten zu anderen Beweismitteln greifen. Ein solches ist z. B. in den Rückschlüssen gegeben, die man aus Bauunternehmungen ziehen kann, die zwar an anderer Stelle, aber unter gleichen, oder doch zum wenigsten sehr ähnlichen Verhältnissen und Voraussetzungen entstanden sind. Es ist äußerst naheliegend, zum Vergleich mit Berlin das ebenfalls durch den Machtwillen Friedrich Wilhelms I. bedeutend vergrößerte Potsdam heranzuziehen. Hier können wir noch heute die Einheitlichkeit der Straßenfronten sehen, die so weit geht, daß in manchen Straßen ein Haus aussieht wie das andere. In schnurgerader Reihe stehen die sauberen, meistens zwei Stockwerke hohen, fast schmucklosen Bauten, die trotz aller Einfachheit und aller Gleichmäßigkeit doch einen so eindrucksvollen persönlichen Zug aufweisen, daß man den Atemzug längst vergangener Zeiten zu spüren vermeint. Wer die Potsdamer Straßenbilder aus jener Zeit betrachtet, wird ohne weiteres zu dem Schluß kommen, daß so etwas nur unter einem allgewaltigen Herrscherwillen oder nur unter ganz genauen, strengen Vorschriften über die einheitliche Fassadengestaltung zu ermöglichen gewesen ist. Es liegt aber durchaus kein Grund zu der Annahme vor, daß das, was in Potsdam die Regel gewesen ist, in Berlin vollkommen unbekannt gewesen sein sollte. Selbst wenn man, den besonderen Verhältnissen Berlins Rechnung tragend, annehmen will, daß man hier in den Einzelheiten nicht so weit gegangen ist wie in Potsdam, so bleibt doch noch genug übrig, was den einheitlichen Gesamteindruck beeinflussen konnte (wie z. B. die Durchführung gleicher Hauptgesims-, First- und Stockwerkhöhen, gleicher Dachdeckungsarten usw. – vgl. Bauzeichnungen und Anweisungen von Ph. Gerlach, Abb. 106, 107).

Wenn man die schaubildlichen Stadtpläne von Walther und Schleuen betrachtet, so sieht man auf diesen, wie beispielsweise bei den Häusern in der Friedrichstadt durchweg einheitlich durchgeführte Dachfirstlinien und Gesimslinien eingezeichnet sind.[80] Das mag noch kein untrüglicher Beweis für die Richtigkeit einer derartigen Annahme sein. Trotzdem darf man eine Einheitlichkeit in der erwähnten Richtung für viele Straßen, zum mindesten aber für größere Häusergruppen in der Friedrichstadt und in anderen Stadtteilen, in denen die Verhältnisse ähnlich lagen, als Regel annehmen. Nicolai[81] berichtet: »Die Häuser in den unter König Friedrich Wilhelm gebauten Straßen sind zwar meist nur zwey Geschoß hoch, und unter Einem Dache fortgeführet«. Daß der Dr. Klose im Jahre 1731 die »einerley Bauart« der Häuser in der Friedrichstadt betont hat, ist schon oben erwähnt worden (S. 91).

Als im Jahre 1730 die Petrikirche infolge Blitzschlages von einer Feuersbrunst heimgesucht wurde, fielen auch 44 Häuser in der Grün- und Brüderstraße und in der unmittelbaren Umgebung der Kirche dem schnell um sich greifenden Brande zum Opfer. Noch in demselben Jahre wurden die Häuser mit königlicher Unterstützung wieder aufgebaut, nachdem vorher, am 4. Juli, an den Magistrat von Berlin eine Kabinettsorder ergangen war, die folgende Sätze enthielt: »S. Kgl. Majestät wollen denen Abgebrannten nach Proportion der Häuser ein Stück Geld geben zur Beschleunigung des Baues, der Magistrat soll aber davor rekonsable seyn, daß die Häuser binnen Jahr und Tag alle

111 *Friedrichsgracht 14 und 15, Ansicht um 1900*

112 *Friedrichsgracht 14 und 15, Grundrisse*

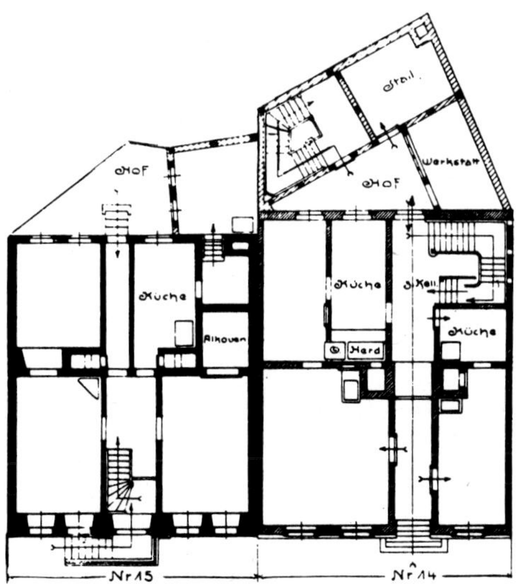

Erdgeschoß

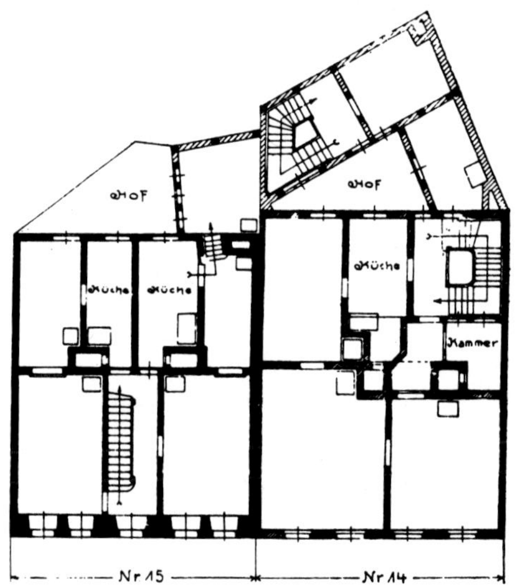

Erstes Obergeschoß

113 *Brüderstraße 2, Aufnahme vor dem Abbruch 1890*

114 *Brüderstraße 2, Fassadenausschnitt*

pons.
Tuch Lager
ACHFOLGER.
Brodmann
ÄNTEL
Weinhandlung von Friedrich Nitze & Co.
Inhaber Adolf Nickel
Wein-Handlung von Friedrich Nitze & Co. Frühstücks-Stube Wein-Probir-Stube
Wein-Stuben
Glasweiser Ausschank
Adolf Nickel
MAX ARON
G.L. Pietzcker & Co.
Alte Thee-Handlung
3 Alte Thee-Handlung von G.L. Pietzcker & Co. 3
FREI HAUS
OTTO VOIGT
Tapezierer & Decorateur
Marianne Golde

wider stehen und sollen die Häuser alle unter ein Dach kommen und drei Etagen hoch seyn, und wollen S. Kgl. Majestät deshalb eine Zeichnung geben.« Aus diesen Worten geht hervor, daß die Beeinflussung zur einheitlichen Ausgestaltung der Straßenwandungen außerordentlich weit gegangen ist, und daß dafür durch die von dem König bestellten Architekten sogar die Zeichnungen geliefert worden sind. Ist die Beeinflussung einmal nicht so weitgehend gewesen, dann genügte sicher schon die Gleichartigkeit der geldlichen Verhältnisse, die Ähnlichkeit der Wirtschaftsbedingungen und der Gewerbe, aber auch schon der Umstand, daß die meisten den zwangsweise übernommenen Anbau so billig wie möglich durchführen wollten, um eine große Zahl von Gewohnheitslösungen (vgl. das Kapitel über die Gestaltung des Grundrisses S. 128) und schon damit eine gewisse Einheitlichkeit in der Erscheinungsform herauszubilden. – In Potsdam sind unter diesen Verhältnissen u. a. die eigenartigen Giebelhäuser entstanden, die so lebhaft an die unter dem Großen Kurfürsten übliche Hausform erinnern (S. 43). Hinter diesen Giebeln lagen die Soldatenstuben, und es geschah nicht selten, daß die Hausgrenze mit der Mittelachse der Giebel zusammenfiel, dergestalt, daß die eine Giebelhälfte zu dem einen Haus, die andere zum zweiten Haus gehörte. Ob auch in Berlin diese Giebelhäuser wieder in größerer Zahl üblich geworden sind, läßt sich heute schwer feststellen. Es wäre um so eher denkbar, als der König z. B. im Jahre 1737 angeordnet hatte, daß alle Bürger ohne Unterschied Soldaten aufzunehmen und diese nach vorn, d. h. nach der Straße zu, unterzubringen hätten. Ähnliche Verfügungen bestanden auch für Potsdam. Da man die Soldaten aber nicht im Erdgeschoß, wo man die Räume für sich selbst benötigte, geschweige denn im Obergeschoß, wo man die schöne »Beletagenwohnung« gut vermieten, aber nicht durch eine Soldatenstube zerreißen wollte, unterbringen konnte, war die Giebelstube ein praktischer Ausweg (Abb. 104).

Vielleicht stammen die beiden bis zu einem gewissen Grade zu einer einheitlichen Fassade zusammengefaßten (und nur mit einer einzigen Eingangstür versehenen) Giebelhäuser in der Schmalen Gasse (Abb. 105) aus jener Zeit. Eine genaue Feststellung ist heute nicht mehr möglich, da die ganze Straße vom Erdboden verschwunden ist.

Auf der Rosenbergschen Darstellung von der Mauerstraße (Abb. 86) sieht man auf der linken Seite eine Gruppe von drei für die damalige Zeit sehr bezeichnenden, zweistöckigen Häusern. Sie haben nicht nur gleichmäßig durchgeführte Firstlinien, Hauptgesimse und Gurtgesimse, sondern sind auch anscheinend in bezug auf alle Einzelheiten wie Fensterumrahmungen, Brüstungsfüllungen usw. vollständig gleichmäßig ausgebildet. Dahinter folgt eine ähnliche Gruppe zweistöckiger, etwas niedrigerer Häuser, und auch im Hintergrund des Bildes ist noch eine dritte, größere, einheitlich zusammengefaßte Gruppe zu erkennen. Andere Berliner Stadtbilder mit Bauten aus jener Zeit weisen ähnliche Beispiele auf.

In beachtenswerter Weise ist die Zusammenfassung der beiden Häuser Stralauer Straße 7 und 8 gelöst (Abb. 117). Durch das einheitlich durchgeführte Dach, durch die an und für sich zwar vollkommen verschiedene, aber in einheitlicher Art gehaltene Ausbildung der Architektur und durch die Durchführung der Haupt- und Gurtgesimse wird ein gewisser großzügiger Eindruck erzielt, obwohl die beiden Häuser in Einzelheiten vollständig auseinandergehen und das eine z. B. einen Flureingang, das andere einen Torweg besitzt.

Es lassen sich selbst heute noch mehrere praktische Beispiele für die einheitliche Ausgestaltung der Fassaden und der Straßenwand in dem geschilderten Sinne beibringen. Dieser einheitliche Gesamteindruck wird ja schon erweckt, wenn man sich einzelne Fassaden derselben Straße, ja sogar verschiedener Straßen nebeneinander gestellt denkt. Wären z. B. die Häuser Neue Grünstraße 12 (Abb. 98), Kochstraße 62 und Neue Grünstraße 10 (Abb. 100) in einer Reihe nebeneinander gebaut, so würde der einheitliche Gesamteindruck trotz der verschiedenartigen Ausbildung im einzelnen unbedingt gewährleistet sein. Auch an die einheitlich gelöste Gruppe der drei Predigerhäuser an der Ecke der Kanonier- und Taubenstraße (Abb. 96) muß in diesem Zusammenhang noch einmal erinnert werden.

***115** Breite Straße 3, Aufnahme um 1910*

C
Die Gestaltung des Grundrisses

1. Reine Vordergebäude

Einen mustergültigen, älteren Grundriß für kleine Wohnungen, dessen Entstehungszeit nicht genau festgestellt werden konnte, bietet das abgerissene Haus Waisenstraße 29 (Abb. 116)[82]. In der Mittelachse des Hauses liegt nach der Straße zu ein sehr geräumiger Flur, der den Zugang zu den beiden rechts und links von diesem Flur liegenden Wohnungen vermittelt. In demselben Flur ist auch die Treppe untergebracht, die mit Ausnahme weniger, gewendelter Stufen in einem geraden Lauf nach oben führt. In den oberen Geschossen ist die Treppe in derselben Weise angelegt. Jede Wohnung besteht aus einer geräumigen Stube, einer Kammer und einer Küche, die im Gegensatz zu den kleinen Kochstellen, wie sie die meisten der bisher beschriebenen Kleinwohnungsgrundrisse aufzuweisen hatten, als äußerst geräumig bezeichnet werden muß. Die Küchen haben unmittelbaren Zugang vom Flur, aber keine unmittelbare Verbindung mit den beiden anderen Räumen der Wohnung. Wenn auch dem Grundriß für unsere heutigen Anschauungen noch Mängel anhaften, so überrascht er doch durch die klare und ungezwungene Anordnung der einzelnen Räume. Vielleicht kann hierfür eine Erklärung darin gefunden werden, daß in der damaligen Zeit anscheinend auch für Bürgerhäuser ein Grundrißmuster weiter verbreitet gewesen ist, das auf einer ganz ähnlichen Anordnung fußt. Das Haus Kreuzstraße 19 (Abb. 89) zeigt z. B. insofern eine ganz verwandte Lösung, als ebenfalls in der Mittelachse des Hauses ein Flur angeordnet ist, der die Treppe aufnimmt. Diese ist allerdings entsprechend dem besseren, bürgerlichen Gepräge des Hauses – man hat den Eindruck, als ob sich ursprünglich in jedem Geschoß nur eine Wohnung befunden hätte – als zweiläufige Treppe mit Zwischenabsatz angelegt. Auch das Haus Neukölln am Wasser 21 (Fassade Abb. 90) besitzt einen ganz ähnlichen Grundriß.

Ein Mangel, der dieser Grundrißform anhaftet, ist der, daß ein unmittelbarer Zugang zum Hof oder Garten fehlt. Dieser Gedanke der unmittelbaren Verbindung zwischen Straße und Treppe einerseits sowie Hof und Garten anderseits leitet zu einer weiteren Grundrißlösung hinüber, wie z. B. durch das Haus Neue Grünstraße 12 (Abb. 102) vermittelt wird. Hier ist in der Mittelachse des Hauses in breiter Abmessung ein Verbindungsgang zwischen Straße und Garten durch das ganze Haus hindurchgelegt. Man kann zweifelhaft sein, ob es sich dabei um eine Durchfahrt oder nur einen sehr breit angelegten Flur handelt. Die beiden Stufen vor dem Hause würden der ersten Annahme nicht widersprechen, da es überliefert ist, daß man in der damaligen Zeit auch vor viel bedeutenderen Anrampungen keineswegs zurückgeschreckt ist und solche sogar in den vornehmsten Straßen (selbst unter den Linden) üblich waren. Für die Durchfahrt würde auch der Umstand sprechen, daß hinter dem Hause ein verhältnismäßig sehr tiefes Grundstück gelegen ist, das noch heute einen sehr großen Garten aufweist. In den alten Zeichnungen scheint man das Wort »Durchfahrt« nicht verwendet, sondern Durchfahrt sowohl wie Flureingang gleichermaßen mit dem Ausdruck »Flohr« bezeichnet zu haben.

Für die grundsätzliche Gestaltung des Grundrisses ist die angeschnittene Frage im übrigen verhältnismäßig nebensächlich. In jedem Fall bleibt das Bezeichnende für die vorliegende Grundrißform, daß die Räume im Erdgeschoß durch den Mittelquerflur klar und deutlich in zwei getrennte Teile zerlegt werden (Abb. 106, 107). Nun sind bezüglich der Benutzung der Räume zwei Möglichkeiten denkbar. Die erste läuft darauf hinaus, daß auf jeder Seite des Flurs eine kleine Wohnung, bestehend aus Stube, Kammer und Küche, gelegen hat. Die zweite wäre die, daß auf der einen Seite ein Laden oder eine Werkstatt mit den Nebenräumen und auf der anderen Seite die zugehörige Wohnung untergebracht gewesen ist. Im letzten Fall mag der Inha-

116 *Waisenstraße 29, Schnitt und Grundrisse aller Geschosse*

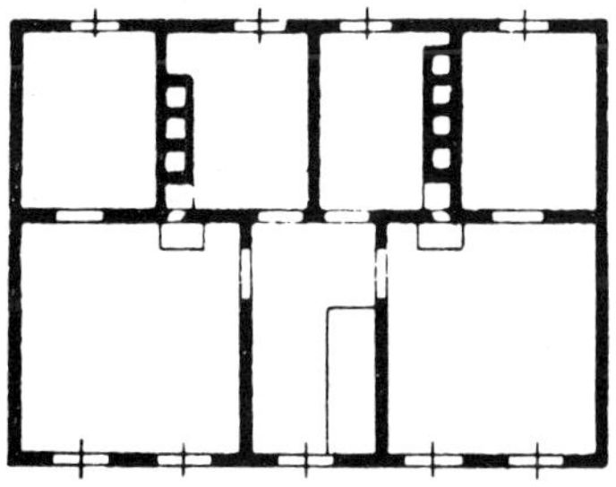

Dachgeschoß

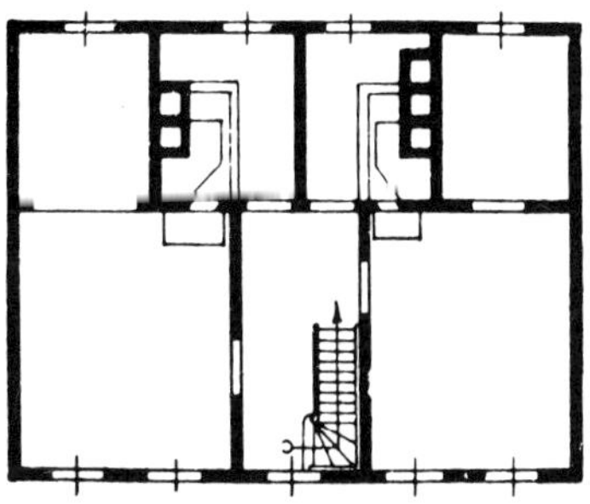

Zweites Obergeschoß

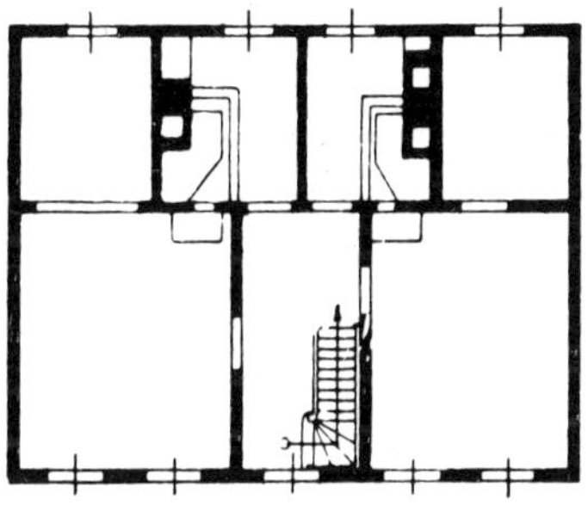

Erstes Obergeschoß

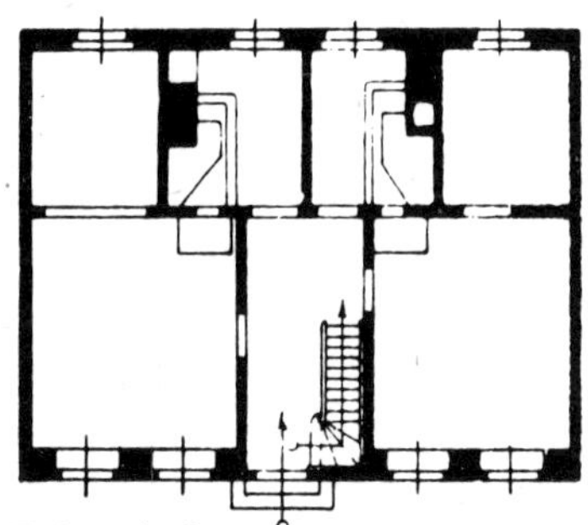

Erdgeschoß

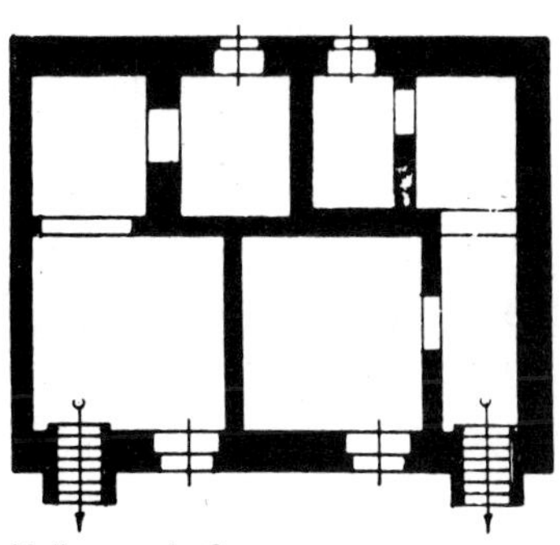

Kellergeschoß

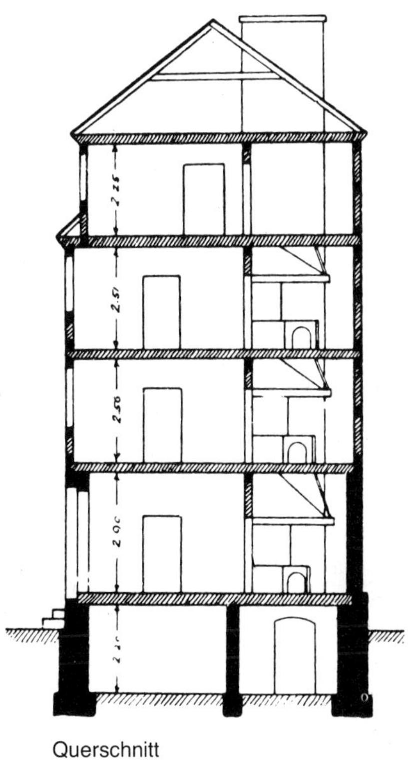

Querschnitt

ber der Werkstatt in der Regel auch der Eigentümer des Hauses gewesen sein (vgl. S. 44). In beiden Fällen – der Verfasser neigt dazu, den zweiten als den gewöhnlichen anzusehen – bedeutet jedenfalls die Zerreißung des unteren Geschosses durch den Mittelquerflur in keiner Weise einen Nachteil, sondern die praktische Lösung nach gegebenen Verhältnissen. Das obere Geschoß wird in der Regel als zusammenhängende Wohnung vermietet gewesen sein, wenngleich gerade im vorliegenden Fall die Wahrscheinlichkeit groß ist, daß von vornherein rechts und links je eine kleinere Wohnung vorhanden war. In der Regel ist allerdings die Entwicklung so, daß die größeren Wohnungen die erste Erscheinungsform darstellen, und die Aufteilung dieser zu kleineren Wohnungen infolge Verschiebung der Wohnverhältnisse der Straße, ja auch des ganzen Stadtviertels, Abwanderung der besseren Bevölkerungsschichten nach den neueren Außenstadtteilen usw. die Folgeerscheinung ist. Mit besonderem Nachdruck sei noch auf die außerordentlich klare, streng symmetrische Anordnung aller Einzelräume dieser Grundrißlösung hingewiesen (Abb. 102).

Ein freundlicher Zufall hat es gefügt, daß in derselben Straße noch ein ganz ähnlicher Grundriß erhalten geblieben ist, sodaß es berechtigt erscheint, auf eine weite Verbreitung dieser Grundrißform zu schließen. Das Haus Neue Grünstraße 10 (Abb. 100) unterscheidet sich von dem vorbesprochenen eigentlich nur dadurch, daß die Durchfahrt hier zu einem wirklichen Flureingang zusammengeschrumpft ist. Für die ausgesprochene Vermutung getrennter Werkstatt- (oder Laden-) und Wohnräume im Erdgeschoß spricht hier auch der Umstand, daß eine Küche nur auf der rechten Seite (Wohnungsseite) deutlich festzustellen war. Falls im Obergeschoß die schraffierte Mauer als ursprünglich vorhanden angenommen werden kann, dann hätte man in dem an der Straße liegenden Mittelraum schon einen Vorläufer des in der Grundrißentwicklung des nächsten Zeitabschnittes eine so bedeutende Rolle spielenden »Entrees«, jenes Raumes, der bei besseren Wohnungen in Ermangelung jeglicher Flure und Ablegeräume als Vor- und Eingangsraum gedient hat und seinerseits auch eine Zerlegung der oberen Wohnungen in zwei Teile herbeiführte (vgl. Seite 170).

Den beiden zuletzt besprochenen Grundrissen ist eine recht anspruchslose Ausbildung der Treppe gemeinsam. Ein eigentliches Treppenhaus ist nicht vorhanden, vielmehr führt die Treppe in beiden Fällen in einem Lauf zum oberen Stockwerk. Diese schmalen und verhältnismäßig steilen Treppen sind überhaupt sehr kennzeichnend für die Zeit Friedrich Wilhelms I. Die Entwicklung des Treppenhauses machte in dieser Zeit keinen Schritt nach vorwärts; man ist schon beinahe berechtigt, von einem Rückschritt in dieser Beziehung zu sprechen, da man sehr oft wieder auf die einfachste Form, den geradlinigen Einlauf, zurückgriff. Auch die Läufe in den verschiedenen Stockwerken standen in keinerlei Beziehung zueinander, sodaß man lebhaft an die einfachsten Lösungen zur Zeit des Großen Kurfürsten erinnert wird. Die weitere Durchbildung des Treppenhauses bis zur höchsten Vollendung sollte erst dem nächsten Zeitabschnitt vorbehalten bleiben.

Es erscheint nicht unwichtig, darauf hinzuweisen, daß sämtliche bis jetzt angeführten Grundrißbilder mit der vorher geschilderten, besonders verbreiteten Hausform dieses Zeitabschnittes (S. 91), namentlich mit den zweistökkigen Bauten auf der linken Seite der Mauerstraße (Abb. 86), in vollkommenem Einklang stehen. Hier wie dort handelt es sich um zweistöckige Bauten, hier wie dort liegt der Haupteingang in der Mitte der Erdgeschoßfront, und fast sämtliche Häuser haben fünf Fensterachsen. Auch die auf dem Waltherschen Plan und anderen Stadtansichten zu erkennenden Häuser entsprechen fast durchweg diesem Grundrißmuster.

Den bisher besprochenen Grundrissen war ohne Ausnahme eine ausgesprochene Breitenausdehnung eigen. Eine solche muß für die damalige Zeit auch als üblich angesprochen werden; sie entspricht auch der Hausform, die seit der Zeit des Großen Kurfürsten, jener Zeit, in der sich mittelalterliches und neuzeitliches Bauideal ablösten, zunächst in einzelnen Lösungen aufgetreten war, um dann allmählich zur alleinigen Vorherrschaft zu gelangen. Insbesondere wurde die neue Hausform auf bisher unbebautem Gelände durchgeführt und auf ihre mustergültige Gestalt zweifellos schon bei der Abmessung der Grundstückbreiten Rücksicht genommen. Anders lagen die Verhältnisse nur im Innern der Stadt, wo man öfters mit geringeren Grundstückbreiten zu rechnen hatte, die schon in früheren Zeiten festgelegt waren. Hier mußte man, um eine gleiche Zahl von Räumen unterbringen zu können, eine größere Ausnutzung nach der Tiefe in Betracht ziehen, so daß in diesen Fällen die Hausform sich im Grundriß mehr dem Geviert näherte und manchmal sogar eine größere Tiefen- als Breitenausdehnung erhielt. Bemerkenswert ist nun, daß man hierbei auf das alte Grundrißmuster des breiten Stockwerkhauses, wie es vorher beschrieben worden ist, anscheinend gern zurückgegriffen und dieses nur entsprechend umgestaltet hat. Als Beispiel sei das Haus Friedrichsgracht 15 herangezogen (Abb. 112). Der Grundriß dieses Hauses hat wieder einen durch das ganze Haus hindurchgehenden Mittelflur, dessen vorderer Teil die einläufige Treppe aufnimmt, während der hintere Teil in der Breite etwas eingeschränkt werden mußte, was wieder der Küche zugute kam. Es läuft also die allgemeine Anordnung der Hauptbestandteile dieses Grundrisses auf dieselbe Lösung wie bei den Häusern in der Neuen Grünstraße hinaus (Abb. 100, 102). Noch klarer tritt dies bei dem (heute etwas verbauten) Hause Kleine Kurstraße 5 zutage (Fassade Abb. 108), bei dem der Mittelflur in gleicher Breite durchgeht. Der Grundriß dieses Hauses entspricht sogar bis auf die einzelnen Räume derselben Lösung wie derjenigen in der Neuen Grünstraße 10 (Abb. 100). Danach hätte auf jeder Seite des Flures eine Wohnung von einer großen Stube, einer Kammer und einer Küche gelegen.[83]

Nach den zahlreichen noch heute vorhandenen Beispielen zu schließen, scheint der Flureingang zur Zeit Friedrich Wilhelms I. noch besonders beliebt und häufig gewesen zu sein, und nur seltener scheint man, wie dies später immer häufiger der Fall wird, den Eingang mit einer Durchfahrt verbunden zu haben. Die letztere Lösung ist wahrscheinlich nur dort beliebt worden, wo sie durch die Verhältnisse geboten war (z.B. beim Vorhandensein eines landwirtschaftlichen Betriebes). Auf der anderen Seite werden gerade auch bei vornehmen Häusern Stallungen auf dem Hof die Regel gewesen sein, die durch eine Durchfahrt zugänglich gemacht werden mußten. Vielleicht mag damals auch noch manchmal eine seitlich liegende, nicht überbaute, selbständige Einfahrt vorgekommen sein. Ein heute noch bestehendes Beispiel hierfür ist dem Verfasser nicht bekannt geworden, doch darf auch ohne solche Belege eine derartige Lösung für diesen und den davor liegenden Zeitabschnitt vorausgesetzt werden (vgl. Kreuzstraße 15, Abb. 162–164).

2. Vordergebäude in Verbindung mit Hofgebäuden

Das Gemeinschaftliche der bisher besprochenen Grundrisse war, daß es sich bei ihnen um die alleinige Ausnutzung eines Vordergebäudes zu Wohnzwecken gehandelt hat. Soweit sich heute an diese Vordergebäude Seitenflügel anschließen, läßt sich fast immer einwandfrei nachweisen, daß diese in späterer Zeit entstanden sind. Es muß auch für die Zeit Friedrich Wilhelms I. noch als die Regel

117 *Stralauer Straße 7 bis 9*

Linke Seite:
118 *Fischerstraße 28, Hof*

119 *Fischerstraße 30, Durchgang*

bezeichnet werden, daß etwaige Hofgebäude wirtschaftlichen Zwecken irgendwelcher Art gedient haben. Das läßt sich heute noch u. a. aus den Akten des Polizeipräsidiums feststellen. Diese enthalten eine große Zahl von Baugesuchen, in denen um die Erlaubnis ersucht wird, die Wirtschaftsgebäude auf den Höfen abreißen und statt ihrer Seitengebäude mit »logementern« aufführen zu dürfen. Aber diese Gesuche stammen fast durchweg aus der Zeit Friedrichs des Großen und aus noch späterer Zeit.[XVII]

Es hat in der damaligen Zeit offenbar überhaupt nur verhältnismäßig wenige Hof- und Hintergebäude gegeben. Auf dem Waltherschen Plan ist, insbesondere auch in den neuerbauten Vorstädten, die übliche Randbebauung der einzelnen Blöcke eingezeichnet. Innerhalb der Blöcke sieht man vereinzelte Reihen von niedrigen Bauten, die sich deutlich als einstöckige kleine Häuschen mit zwei oder vier Fenstern erkennen lassen, so daß man das Gefühl hat, als wenn es sich um Holzställe, Waschhäuser oder dergleichen ähnliche Bauten handelte. Nicolai[84] berichtet, daß die Gesamtzahl der Häuser in der Friedrichstadt sich im Jahre 1737 auf 1682 belief, einschließlich der Hinterhäuser, »deren wohl nicht viele waren«, wie er ausdrücklich hinzufügt.

Die Wirtschaftsgebäude auf dem hinteren Grundstücksgelände haben zweifellos damals, wie auch u.a. aus dem Waltherschen Plan (Abb. 85) zu schließen ist – und in dieser Beziehung wird man wohl auch solche Pläne für zuverlässig halten dürfen –, in der Regel noch nicht mit dem Vordergebäude in unmittelbarer Verbindung gestanden, erst allmählich setzt sich diese auf eine größere Ausnutzung des Grundstückes hinzielende Bauart durch. Die gegebene Lösung war sie selbstverständlich da, wo der Bauplatz von vornherein beschränkt war, also besonders in der inneren Stadt.

Ein Beispiel für eine derartige unmittelbare Verbindung von Vordergebäude (Wohngebäude) und Seitengebäude (Werkstattgebäude) bietet das Haus Parochialstraße 19 (Abb. 38). Noch heute dienen die Räume im ersten Stock des Seitenflügels als Werkstatt. In einfacher Weise werden Vordergebäude und Seitenflügel durch eine gemeinschaftliche Treppe, die am hinteren Ende des seitlichen Einfangsflures liegt, zugänglich gemacht; der Treppe wird durch Einrücken des Seitenflügels im Erdgeschoß Licht gegeben. Da das Seitengebäude stets niedriger ist als das Vordergebäude, kann die Treppe außerdem auch noch von oben her Licht erhalten. Erst um die Zeit von 1750 bis 1770 setzt die allmählich anschwellende Flut der Baugesuche ein, welche die Aufstockung eines dritten, oft auch eines vierten Geschosses auf den Seitenflügel beantragen.

Es ist vorher gesagt worden, daß es zur Zeit Friedrich Wilhelms I. die Regel war, daß Hofgebäude nicht zu Wohnzwecken ausgenutzt worden sind. Eine Regel bedingt auch Ausnahmen, und daß solche vorhanden waren, muß als feststehend erachtet werden. Der Grund zu den für die spätere Berliner Bauweise so kennzeichnend gewordenen Seitenflügelwohngebäuden ist offenbar in der damaligen Zeit schon gelegt worden. Es scheint sich aber in derartigen Fällen zunächst meistens noch um Gebäudeteile mit selbständigen Wohnungen gehandelt zu haben, die in der Regel mit den Wohnräumen im Vorderhaus nicht in Verbindung standen[85]. Sobald man aber einmal dazu gelangt war, auf dem Hof Seitenflügel und Quergebäude mit selbständigen Wohnungen zu errichten, lag der Gedanke nahe, auch eine Vergrößerung der Wohnungen im Vorderhause auf demselben Wege zu erreichen. Dieser Schritt war nicht weit, und er ist wahrscheinlich auch schon getan worden. Üblich wurde er erst in späterer Zeit.

Die erörterte Entwicklung soll durch drei Beispiele erläutert werden. Die Abb. 118 zeigt die vom Vordergebäude vollkommen losgelösten Hofgebäude des Grundstücks Fischerstraße 28, ein- und zweistöckige Wohn- und Wirtschaftsbauten. Die Gebäude sind zwar erst im Jahre 1751 errichtet worden (ein vorher bestehendes, in demselben Jahre abgerissenes Seitengebäude war bis dahin lediglich als »Brauhaus« benutzt worden[86]; aber wenn man noch um diese so viel spätere Zeit die Seitenwohngebäude als selbständige Bauten errichtet hat, wird man um so mehr berechtigt sein, eine derartige Lösung für die frühere Zeit als die Regel anzusehen. Sehr bezeichnend und eigenartig für diese Seitengebäude ist die Anlage der Treppe, die noch im Freien liegt; sie kommt in dieser Form außerordentlich häufig vor. Sämtliche Gebäude sind in Fachwerk hergestellt.

Ein Beispiel für die unmittelbare Verbindung der Hofgebäude mit dem Vordergebäude bietet das Haus Brüderstraße 43. Der Seitenflügel und das Quergebäude enthalten selbständige, nicht mit dem Vorderhaus in Verbindung stehende Wohnungen. Um außer dem Treppenhaus im Vordergebäude ein zweites Treppenhaus zu ersparen, benutzt man dieses auch für die Hofgebäude und verbindet beide durch eine Galerie. Diese Lösung hat sich anscheinend sehr schnell eingebürgert und noch bis in den Anfang des 19. Jahrhunderts hinein erhalten, wo alsdann

120 *Petristraße 15, Schnitt durch die Hofgebäude mit Grundriß der Anlage und Hofansicht um 1910*

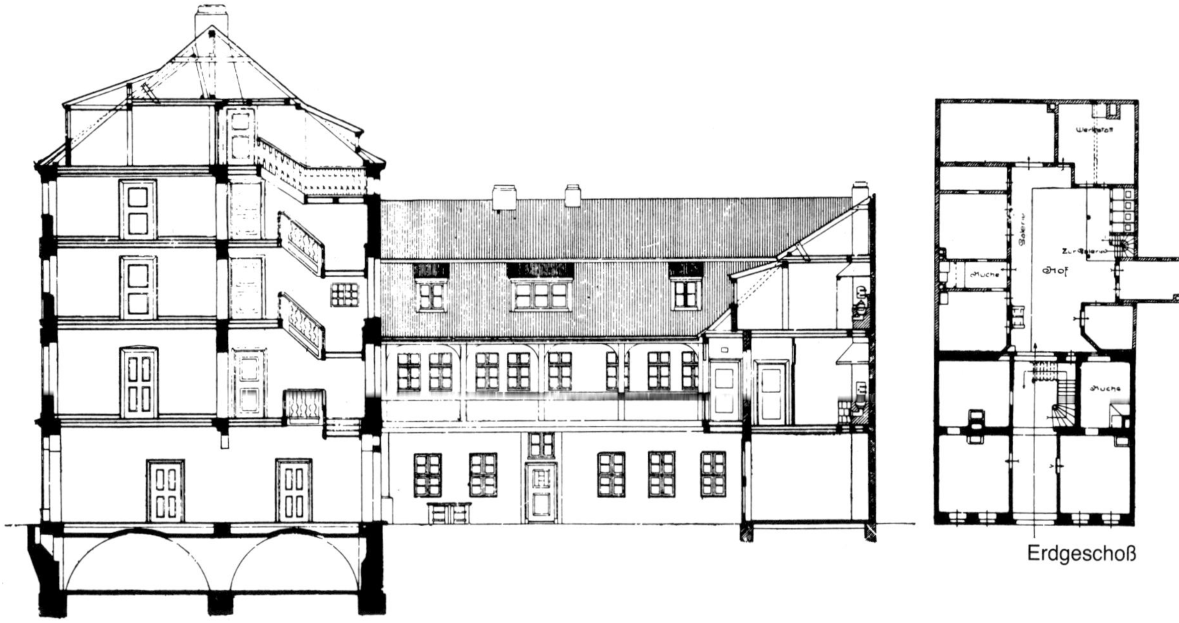

120 die Errichtung selbständiger Treppenhäuser in den Seitenflügeln zur Regel geworden ist. Die Galerien aber boten bis dahin eine gern benutzte Gelegenheit zur reichlichen Verwendung schön ausgebildeter Brüstungsgeländer, was auch noch spätere Beispiele beweisen werden.

Das Bild einer fast geschlossenen Hofbebauung bietet das Haus Petristraße 15 (vgl. Abb. 120, 121). Das Vordergebäude ist erst um 1743 herum und zwar vollständig massiv errichtet worden[87]; die Hofgebäude, die sämtlich aus Fachwerk bestehen, mögen vielleicht älter sein (die Werkstatt rechts auf dem Hof ist dagegen zweifellos später als das Vorderhaus errichtet). Auch hier enthalten die durchweg nur zwei Stock hohen Hofgebäude wieder vollkommen selbständige Kleinwohnungen, die durch eine rings herumlaufende, außerordentlich malerisch wirkende Galerie zugänglich gemacht sind (Abb. 120).

121 *Petristraße 15, Eingangstor*

4. Kapitel

Die Zeit der Regierung Friedrich II. (des Großen)

1740–1786

122

***122,** Plan von Schmettau, 1748*

A
Aus der Geschichte der Stadt und des Wohnhauses

Unter Friedrich dem Großen ist Berlin Großstadt geworden. 90000 Einwohner (ohne 8000 Personen der Garnison) besaß die Stadt bei seinem Regierungsantritt. Einige Jahre während des Siebenjährigen Krieges ausgenommen, vergrößerte sich diese Zahl ständig und hatte im Jahre 1763 ausschließlich 19000 Mann Garnison (diese mit Frauen und Kindern gerechnet) 100000 Seelen erreicht und betrug im Todesjahr Friedrichs des Großen 147000 Seelen einschließlich 34000 Mann Garnison.

Im Jahre 1740 hatte Berlin 5400 Häuser besessen, im Jahre 1785 besaß es dagegen 6644, dazu noch 15 Tore, 36 Brücken, 268 Straßen und Plätze und 33 Kirchen. Die Stadt umfaßte bei einem Umfang von $2^{1}/_{3}$ Meilen einen Flächenraum von über 900000 Quadratruten.

Fast die Spanne eines halben Jahrhunderts hat der große König auf den Ausbau, die Erweiterung, Vergrößerung und Verschönerung seiner Residenzstadt verwenden können. Dafür war aber auch aus dem Berlin Friedrich Wilhelms I. beim Tode Friedrichs des Großen nicht nur eine große Stadt, es war auch daraus – trotz vereinzelter Einschränkungen – eine architektonisch schöne Stadt geworden. Ein solches Ergebnis war nur einer umfassenden und in jeder Weise großzügigen Fürsorge des Königs für die Stadt, die öffentliche Bautätigkeit und – nicht zuletzt – den Wohnhausbau zu verdanken. So viel auch sein Vorgänger schon in dieser Beziehung für Berlin getan hatte, so übertraf doch Friedrich II. selbst diesen noch.

Im Jahre 1745 wurde mit der unter Friedrich Wilhelm I. begonnenen Entfestigung Berlins fortgefahren, indem der König nunmehr auf der Berlinischen Seite die Wälle abtragen ließ, um eine weitere räumliche Ausdehnung der Stadt nach dieser Seite hin zu ermöglichen. Auch jetzt fehlte es wieder, wie schon angedeutet (S. 88), an jener Voraussicht, die bei der Führung der Straßen auf die zukünftige

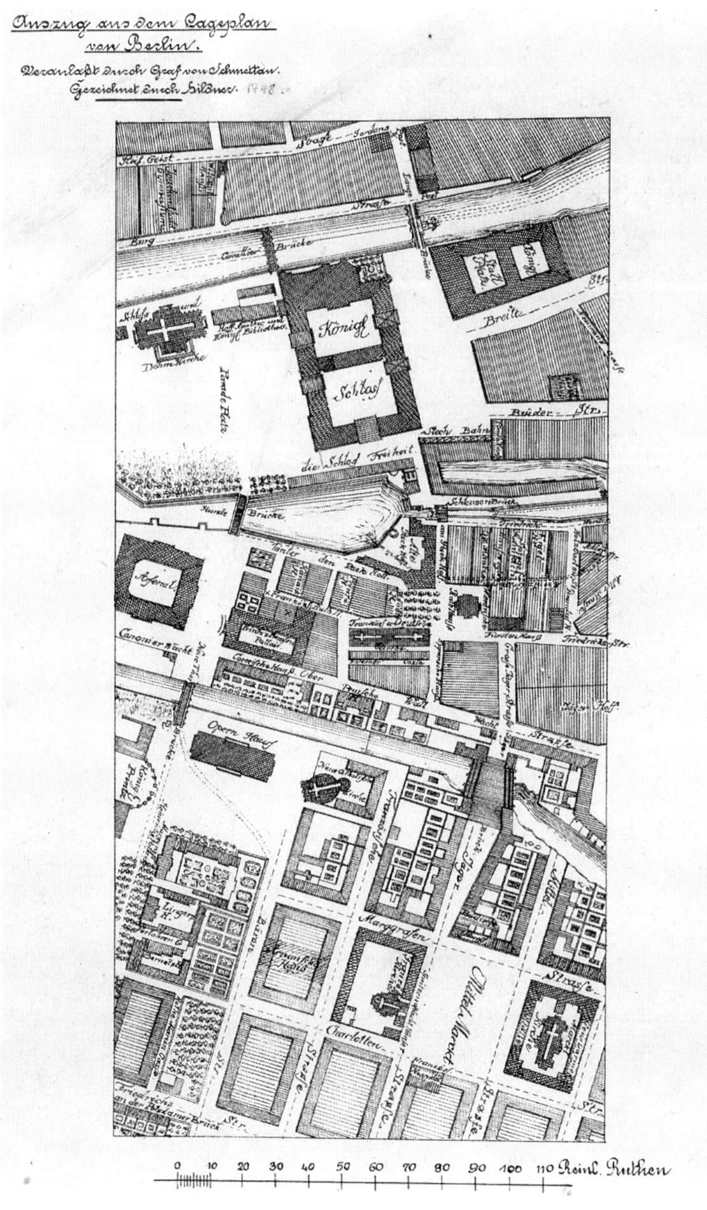

123 *Lustgarten / Unter den Linden, Ausschnitt*

124

***124** Gendarmenmarkt, Charlottenstraße Ecke Französische Straße, Aufnahme um 1910*

Entwicklung einer Welt- und Großstadt die gebührende Rücksicht genommen hätte.

Friedrich II. wendete seine Liebe wieder dem alten Felde königlich-preußischer Baupolitik zu, der Dorotheen- und der Friedrichstadt. Insbesondere verdanken ihm die Linden, die bis dahin trotz aller Fürsorge ein mehr oder weniger ärmliches Aussehen behalten hatten, ihre Umgestaltung zu einer wirklichen Prachtstraße im architektonischen Sinne. Auf der einen Seite stellte er durch die Bebauung des zwischen der Lindenallee und dem Königlichen Schlosse belegenen Festungsgeländes überhaupt erst eine Verbindung zwischen diesen her, auf der anderen Seite sorgte er durch die Errichtung sowohl großartiger öffentlicher Bauten (Opernhaus, Bibliothek, Universität, Kunstakademie, Hedwigkirche usw.) als auch stattlicher Wohnhausbauten für eine architektonische Geschlossenheit dieser Verbindung.

Auf dem Friedrichstädtischen Markt, dem heutigen Gendarmenmarkt, wurden nicht nur das neue Komödienhaus und die beiden Gontardschen Kuppeltürme errichtet, sondern der König ließ vor allen Dingen ringsherum neue, stattliche Wohnhäuser erstehen (Abb. 124–128).

Die Spandauer Vorstadt nahm ebenfalls, in erster Linie auch infolge der Einebnung der Festungswerke, eine bedeutende Entwicklung. Vor dem Hamburger und dem Rosenthaler Tor gründete der König im Jahre 1752 eine vollständig neue Vorstadt, die den Namen Neuvogtland erhielt.[88] Während den Herrscher bei den vorher erwähnten Stadterweiterungen in erster Linie ästhetische Beweggründe geleitet hatten, waren bei der Anlage dieser neuen Vorstadt wirtschaftliche und geldliche Gesichtspunkte die treibenden Kräfte. Es handelte sich dabei um die Ansiedlung von Zimmer- und Maurergesellen aus dem sächsischen Vogtland (daher der Name), für welche in der Brunnenstraße, der Ackerstraße und der Bergstraße Häuser mit königlichen Baugeldern errichtet wurden. Je ein Haus war immer für zwei Familien bestimmt; auf diese Weise wurden in den Jahren 1752/53 nicht weniger als 120 Familien angesiedelt. Im Jahr 1770 folgte die Ansiedlung von ausländischen Gärtnerfamilien, die ebenfalls ihre eigenen Häuser erhielten. Aus der neuen Kolonie entstand in der Folgezeit eines der bekanntesten Arbeiterviertel Berlins.

Der Höhepunkt der Fürsorgetätigkeit Friedrichs des Großen für den Wohnhausbau fiel in die Zeit nach dem Siebenjährigen Kriege. Die zeitgenössischen Schriftsteller wissen ebenso wie die nach des Königs Tode erschienenen Werke eine große Zahl von Beispielen und Zahlen darüber anzuführen. In einem noch zu seinen Lebzeiten (1785) erschienenen Buche[89] wird berichtet: »Der König hat in der Zeit von zehn Jahren auf 275 Häuser aufbauen lassen. Man sieht jetzt große Plätze, die sonst ganz frey waren, mit den schönsten Häusern besetzt ...« In einer im Jahre 1798 erschienenen Beschreibung Berlins[90] heißt es: »Nach Verlauf der sieben furchtbaren Jahre dachte der König wieder auf die Verschönerung Berlins. Er ließ von 1769 bis 1777 in verschiedenen Straßen 149 Bürgerhäuser auf seine Kosten abbrechen, schönere dafür aufführen, und sie den Eigentümern zum Geschenk machen usw. ... Die vom Könige seit 1780 bis 1785 für die Berlinischen Gebäude ausgesetzten Kosten betrugen überhaupt 1 140 300 Thlr.« In den fünf Jahren von 1780–1785 gab der König allein einen Barzuschuß von 3 000 000 Mark zu den Bauausführungen der Residenz, wobei man auch noch die große Masse von Bauholz, Kalk und Steinen berücksichtigen muß, die alljährlich den Bürgern und Beamten für ihre Bauten auf königliche Kosten zur Verfügung gestellt worden sind.

Diese umfangreiche Tätigkeit Friedrichs des Großen auf dem Gebiete des Wohnhausbaues hatte auch ihre Schattenseiten. Von denen auf ästhetischem Gebiete wird noch die Rede sein (S. 156, 164); von anderen berichtet z. B. der freimütige Verfasser des vorher erwähnten Buches vom Jahre 1785: »Die großen massiven Häuser, die der König statt der alten erbauen läßt, verschenkt er an die Eigentümer. Freilich ist es dem Zehnten nicht angenehm, ein so großes Haus zu bekommen, weil da natürlich mehr Mobilien, und im Winter mehr Holz erfordert wird, hingegen können sie auch mehr Miete aus so einem Hause ziehen.«

Die planmäßig betriebene Mietesteigerung aus gewinnsüchtigen Gründen scheint damals zum erstenmal in größerem Umfange versucht worden zu sein. Durch den Siebenjährigen Krieg war die Bautätigkeit gewaltig zurückgegangen. Nach dem Kriege setzte ein Geschäft mit Häusern ein, die von gewissen Kreisen zu dem Zweck aufgekauft wurden, um die Mieten beim Besitzwechsel in die Höhe zu schrauben, denn Kauf brach die Miete. Da aber griff der König selber ein. Durch einen Erlaß vom Jahre 1765 wurde bekanntgegeben, daß der König »nicht gemeinet, eine längere, den sich von ihren Häusern einen übertriebenen Wert einbildenden Eigentümern am Ende selbst nachteilige Nachsicht zu gestatten.« Diese Bekanntmachung wurde sogar von den Kanzeln verlesen. Aber damit begnügte sich der König noch nicht, sondern er

es-Einrichtungen
ZUM REBSTOCK

Linke Seite:
125 *Gendarmenmarkt mit Französischem Dom, Aufnahme um 1910*

126 *Lotteriegebäude, Markgrafenstraße Ecke Jägerstraße, Aufnahme um 1910*

127 *Umbauung Gendarmenmarkt, Markgrafenstraße, Aufnahme um 1900*

ließ, um der Wohnungsnot zu steuern, den Grundsatz »Kauf bricht Miete« einfach aufheben und reiche Leute, die ein Haus allein bewohnten, auffordern, Mietleute aufzunehmen. Für die Miete wurde ein Satz von fünf v. H. vom Wert der Häuser festgesetzt.[91]

Die landesherrliche Machtvollkommenheit konnte also, wie in diesem Fall, außerordentlich segensreich wirken. Sie ist aber auch unendlich freigebig gewesen, wenn es galt, die Anbauenden durch Schenkung des Bauplatzes, freie Übermittlung von Baumaterialien usw. zu unterstützen.

Zahllos mögen die Anträge auf Bewilligung derartiger Unterstützungen gewesen sein; da man wußte, daß die königliche Gnade so freigebig sein konnte, wenn es galt, die Stadt durch einen Wohnhausbau zu verschönern, machte man sich auch nichts daraus, sie mitunter zu mißbrauchen, indem man wild darauf los baute, ohne die königlichen Absichten genügend zu berücksichtigen, oder indem man sich die Baumaterialien unter Vorgabe falscher Gründe zuwenden ließ, oder indem man gar unrichtige Risse und Bauanschläge einsandte oder die »allergnädigst accordirten Baumaterialen« gar nicht zu dem angezeigten Zwecke verwendete, auch den Bau viel schlechter als man angezeigt hatte, ja sogar überhaupt nicht ausführte. In einer geharnischten Order vom 26. April 1749 an das Gouvernement von Berlin wurden deshalb genaue Vorschriften darüber erlassen, »welchergestalt alles hinfüro gehalten werden solle, wenn Einwohner da-

***128** Umbauung Gendarmenmarkt, Charlottenstraße, Aufnahme um 1900*

selbst bauen«. Es wurde verfügt, daß jeder, der die Absicht habe, eine wüste Stelle zu bebauen oder auch ein altes Haus einzureißen und statt dessen ein neues zu errichten, sich vorher »bei dem Gouvernement und Policey-Directorio« zu melden haben, »damit er Platz und Riß, wo gebauet werden will, gehörig examiniret«. Wollte jemand von Seiner Majestät Baustoffe erbitten, so mußte das Gouvernement nach der Prüfung der Risse erst ein Attest über die benötigten Stoffe ausstellen, den Bau selbst überwachen und dafür Sorge tragen, daß die bewilligten Baustoffe auch zu dem beantragten Zwecke verwendet wurden. Zu der bisher schon benötigten Baugenehmigung trat also zum erstenmal die Überwachung des Baues selbst während und nach der Ausführung. Diese besondere Aufsicht über die Immediatbauten hat sich bis heutigen Tages noch insofern erhalten, als an den mit königlicher Unterstützung errichteten Wohnhausbauten auch heute keine baulichen Änderungen vorgenommen, geschweige denn die Häuser abgerissen werden dürfen ohne ausdrückliche königliche Genehmigung.

Für diejenigen Bauten, welche nicht Immediatbauten waren, gab es, wenn nur die üblichen Fenster-, Trauf- und sonstigen Gewohnheitsrechte, allenfalls noch die Bestimmungen der Feuerordnung berücksichtigt wurden, nach wie vor keinerlei einschränkende Bestimmungen. Aber da man ja nicht das Bedürfnis fühlte, Wolkenkratzer zu bauen, brauchte man es auch nicht zu verbieten. Auch die Zahl der vierstöckigen Wohnhäuser wäre sicherlich ganz bedeutend kleiner gewesen, wenn nicht die große Zahl der verschiedenartigen, verlockenden königlichen Unterstützungen oder der ausdrückliche königliche Befehl dahinter gesteckt hätten. Das weltstädtische Aussehen, das mit diesen vierstöckigen Häusern Berlin verliehen werden sollte, ließ dafür in mancher anderen Hinsicht noch stark zu wünschen übrig. In der im Jahre 1784 erschienenen »Charakteristik von Berlin« und in dem im Jahre 1788 erschienenen »Schattenriß« kann man z. B. nachlesen, daß es in der Residenzstadt des großen Preußenkönigs auch Gassen gegeben hat, in denen man im Schmutz und Schlamm stecken bleiben konnte, in denen die Misthaufen vor den Häusern lagen und die Häuser so baufällig waren, daß sie gestützt werden mußten. Um solches zu erleben, durfte man Berlin allerdings nicht vom Brandenburger Tor aus betreten. Aber derartige Ausstellungen kritisch veranlagter Zeitgenossen, die es noch zu allen Zeiten gegeben hat, werden niemals imstande sein – mag auch im einzelnen ihre Berechtigung nicht abgestritten werden – den großen Zug, der durch die Bautätigkeit Friedrichs des Großen ging, zu verkleinern. Sie können nicht verhindern, daß wir dem unwiederbringlich verlorenen friderizianischen Berlin, dessen äußere Gestalt im folgenden Abschnitt geschildert werden soll, in stiller Wehmut eine Träne nachweinen.

B Die Gestaltung des Äußeren

Die völlige Umgestaltung des baulichen Ausdrucks, den die Wandungen vieler Straßen, besonders der Hauptstraßen, in der Zeit Friedrichs des Großen durchmachten, war u. a. darauf zurückzuführen, daß in jener Zeit die vierstökkige Wohnhausfassade ihren Siegeszug begann. Während die meisten Straßen bisher fast nur zwei- und dreistöckige Häuser aufzuweisen hatten, wurde es nunmehr sehr bald zur Regel, den Häusern mindestens drei, meistens vier Geschosse zu geben. Daß der König die Errichtung vierstöckiger Gebäude außerordentlich begünstigte, hing damit zusammen, daß er Berlin zu einer europäischen Weltstadt machen wollte, ein Plan, der ihm ja auch gelungen ist; denn bei seinem Tode wurde die Stadt nur durch London (800000 Einwohner) und Paris (600000 Einwohner) bedeutend, durch Amsterdam und Wien (rund 200000 Einwohner) nicht erheblich an Größe übertroffen, während Madrid und Rom etwa auf gleicher Stufe standen (vgl. S. 123). Zu diesem Weltstadtgepräge aber paßten nicht die zum Teil recht unscheinbaren Häuschen aus früheren Zeiten. Standen doch selbst in der Straße Unter den Linden noch solche niedrigen kleinbürgerlichen Häuser. Den großartigen öffentlichen Gebäuden, die der König am östlichen Ende dieser Straße hatte errichten lassen (S. 125), sollten sich auch die Wohnhausbauten am westlichen Teil würdig anschließen. Deshalb wurden die Anlieger veranlaßt, ihre alten Häuser niederzureißen und an ihrer Stelle mit königlicher Unterstützung drei- und vierstökkige Neubauten zu errichten. Weigerte sich einer der Eigentümer, so wurde das Haus wohl auch zwangsweise niedergerissen und durch ein vierstöckiges ersetzt, das der König dem Betroffenen dann nicht selten zum Geschenk machte. Nicolai[92] berichtet: »In den Jahren 1771 bis 1776, ließ der jetzige König in dieser Straße, 44 Häuser abtragen, und meistens vier Geschoß hoch, auf seine Kosten wieder aufbauen.« Das Ergebnis solcher Tätigkeit vermittelt uns am besten der etwa 40 bis 50 Jahre später, um das Jahr 1822 entstandene »Lindenfries«, aus dem ein Ausschnitt in den Abb. 129 und 130 (letztere besonders lehrreich) wiedergegeben ist.[93]

Wie sehr Friedrich der Große bei seinen Immediatbauten dreistöckige und vor allem vierstöckige Häuser bevorzugte, dafür lassen sich heute noch zahlreiche Belege anführen. Die Königstraße z. B. besaß ebenfalls noch eine große Zahl meistens zwei- und teilweise dreistöckiger Häuser, trotzdem sie schon lange zu den wichtigsten Straßen Berlins zählte. Von einer ganzen Reihe dieser Häuser sind im Geheimen Staatsarchiv noch Zeichnungen vorhanden; aus handschriftlichen Vermerken geht hervor, daß die Häuser durch den Architekten Boumann daraufhin untersucht worden sind, ob die Fundamente und Mauern stark genug wären, um eine Erhöhung der Fassaden auf vier Geschosse tragen zu können.[94] Die Häuser, die Unger am Dönhoffplatz auf königliche Kosten errichtete, hatten durchweg vier Stockwerke. Diejenigen am Gendarmenmarkt[95], die zum größten Teil derselbe Künstler, zum Teil auch Gontard erbaute, besaßen zwar nur drei Geschosse (s. Abb. 126, 127), dafür wurden wieder am Hakkeschen Markt drei- und vierstöckige Fassaden errichtet. Die bekannten Straßenbilder, die uns die Stiche Rosenbergs[96] aus dem friderizianischen Berlin vermitteln, zeigen fast durchweg Häuserfassaden von drei und vier Stockwerken. Daß die dort dargestellten Wohnhausbauten meistens aus der Zeit Friedrichs des Großen stammen, läßt sich leicht an ihrer architektonischen Behandlung und Ausgestaltung erkennen, die nunmehr im einzelnen besprochen werden soll.

Bei verschiedenen Gebäuden, die zur Erläuterung der stilgeschichtlichen Wandlungen, denen die Berliner Wohnhausfassade am Ende des Zeitabschnittes unter der Regierung Friedrich Wilhelms I. unterworfen war, als Beispiele herangezogen worden sind, ist schon darauf aufmerksam gemacht worden, daß Einzelheiten und Einzelformen eine andere Sprache zu reden begannen, daß die Zeit der Rokokokunst die ersten Töne auf den Saiten ihres neuen Instrumentes erklingen ließ. Trotzdem waren und blieben jene Bauten Äußerungen einer barocken Kunst; die kräftigen, vollblütigen Gesimse, die saftigen Schattenwirkungen aller Glieder, auf denen der Nachdruck der Gesamtkomposition lag, hatten barockes und kein Rokokoempfinden, mochten die Bauten auch zeitlich zum Teil die Grenzen schon etwas überschritten haben. Der Rokokostil machte sich bei den Wohnbauten aber schon bald nach dem Beginn der Regierung Friedrichs des Großen bemerkbar. Es war jedoch nur eine verhältnismäßig kleine Gruppe von Bauten, die in ausgesprochener Weise der neuen Stilwandlung Rechnung trug. Unter der großen Masse der übrigen Bauten, besonders unter den bescheideneren, gab es viele, die sich, ähnlich wie es gerade unter Friedrich Wilhelm I. besonders häufig der Fall gewesen war, lediglich mit einer einfach profilierten Fensterumrahmung, ja sogar oft mit glatt in die Wandfläche eingeschnittenen Fensterlöchern begnügte. Meistens ist es bei diesen bescheidenen Bauten nur die Haustüre, die in der geschwungenen Linienführung ihrer Profile den Zeitpunkt der Entstehung verrät. Hin und wieder auch wird ein einzelnes Fenster oder die Türumrahmung durch wenige, in den üblichen Formen des Rokokostils gehaltene Ornamente ausgezeichnet. Letzteres ist z. B. der Fall bei dem jetzt abgerissenen Hause Waisenstraße 28 (Abb. 131), das aus dem Jahre 1768 stammte und im ersten Stock die geschilderten einfachen Fensterumrahmungen, im Erdgeschoß die ohne jede Verzierung in die Mauerfläche eingeschnittenen Fenster besaß.

Es lag im Wesen des Rokokostils, daß seine Formen nur allmählich und verhältnismäßig selten in die Fassadenarchitektur Eingang fanden. Als Möbelstil und Stil für Innenräume geboren, eigneten sich seine Ausdrucksmittel wohl für dekorative Flächenkunst vorzüglich, bei der Verwendung an den Hausfassaden konnten sie jedoch zu einer wirklich architektonischen Wirkung nie gesteigert werden.[97] Der Stil betrachtete daher auch überall da, wo er seine Eigenart nicht verleugnet hat, die Hauswandung lediglich als eine geeignete Unterlage, auf der er sich ausbreiten konnte, vermied dabei fast jede architektonische Gliederung und die Verwendung starker Gesimse, vorspringender Fensterverdachungen und ähnlicher Gebilde, die einen kräftigen Schattenschlag hätten hervorrufen können. Wo dies aber nicht der Fall war und man auf die eben erwähnten und ähnliche in der Vergangenheit bewährte Gestaltungsmittel zurückgriff, beschränkten sich seine besonderen Äußerungen auf einzelne architektonische Zutaten, nämlich ornamentale Verzierungen wie die besonders bezeichnenden Muschelgebilde und Schnörkel, Blumen- und Blätterzweige, Girlanden, Konsolen, Voluten, hängende Tücher usw., die manchmal nur an einzelnen hervorragenden Stellen Verwendung fanden, an anderen Bauten aber wieder in großer Zahl gehäuft wurden. Schließlich gab es noch eine Gruppe von Bauten, die auch diese Merkmale nicht einmal aufwiesen, bei denen man sogar eine Gliederung durch Wandpfeiler oder Pilaster nicht verschmähte, und nur die Treppenhäuser oder einzelne Innenräume die eigenartigen Rokokoformen zeigten. Und doch lassen sich auch diese Fassaden durch die eigenartige Zierlichkeit der Formen und die spielerischen, leichten Verhältnisse der Säulenordnungen von ähnlichen Fassadengestaltungen früherer Zeiten leicht unterscheiden.

Es sind somit im wesentlichen drei Gruppen, die sich in jener ersten Zeit Friedrichs des Großen voneinander scheiden.

Ein Beispiel für die erste Gruppe, die nach dem Vorgesagten den besonderen Eigenheiten des Stils zwar am meisten gerecht wird, aber rein architektonisch am wenigsten befriedigt, ist das Haus Roßstraße 16 (Abb. 134). Außer dem Hauptgesims versteigt sich die architektonische Ausgestaltung allenfalls zu einigen flau profilierten Fensterumrahmungen und Sohlbänken, während der Nachdruck auf den flächenhaften Muschel- und Rankengebilden liegt, die die Wand des Hauses bedecken.

In einer sehr verbreiteten Form ist das Ornament der Muschelgebilde bei den Häusern Petristraße 19 und 20 verwendet (Abb. 139). Außer ein paar Gurtgesimsen und ganz einfachen Fensterumrahmungen bilden sie den einzigen Schmuck der einfachen Häuser.

Auch das Haus Jüdenhof 9 (Abb. 141) hat ganz verwandte Fensterumrahmungen in beiden Geschossen, von denen einige im Erdgeschoß am Sturz kennzeichnende Rokokoornamente zeigen. Mit seinem schlichten architektonischen Anstand vermittelt dieses Gebäude noch einmal vorzüglich den vortrefflichen Eindruck eines einfachen Bürgerhauses jener Zeiten, wie es sich auf der Überlieferung aus den vorhergehenden Zeitabschnitten aufgebaut hat (vgl. z. B. Abb. 88 und 90).

Das Haus Landsbergerstraße 49 (Abb. 140) gehört zur

129, 130 *Ausschnitte aus dem Lindenfries, um 1820*

131 *Waisenstraße 28, Haustür*

zweiten Gruppe. Eine architektonische Gliederung fehlt nach wie vor, dagegen versucht man durch vereinzelte Verwendung kräftigerer Gesimse – in diesem Falle über den Fenstern des ersten Geschosses – etwas mehr Schattenwirkungen zu erzielen. Einige auf die hervorragendsten Stellen verteilte Rokokoornamente kennzeichnen die Entstehungszeit des Hauses.

In noch bescheidenerer Weise sind diese Grundsätze beim Hause Schornsteinfegergasse 7 (Abb. 138) durchgeführt. Während vorher, der gelagerten Erscheinung des Hauses entsprechend, die waagerechte Achse, betont war, liegt hier entsprechend der Hauptrichtung des dreistöckigen Dreifensterhauses der Nachdruck mehr auf der senkrechten Mittelachse.

Auch größere Wohnhausfassaden wurden in derselben Weise behandelt, wie das Haus Alte Jakobstraße 70 zeigt (Abb. 144, 145). Bei der stattlichen Front von sieben Achsen konnte man es wagen, sowohl eine waagerechte Achse im ersten Stockwerk wie auch eine senkrechte in der Mitte zu betonen.

Die dritte Gruppe dieser Bauten, die sich von der äußerlichen Formensprache des Rokoko fast vollkommen frei macht, geht auf eine Gliederung der Fassadenflächen durch Wandstreifen und Pilaster aus und steht dadurch in schroffem Gegensatz zu den beiden ersten Gruppen. Das abgebrochene Haus Kleine Stralauerstraße 4 (Abb. 142, 143) stammt aus dem Jahre 1763.[98] Die architektonische Aufteilung der Fassadenfläche ist durch einfache Wandstreifen erreicht. In den Zwischenfeldern sitzen die Fenster, die in der gleichen Weise, wie vorher wiederholt angedeutet, ausgebildet sind.

Eine Aufteilung durch korinthische Pilaster hat das Mittelfeld des Hauses Kupfergraben 7 (Abb. 146). Das an den Stil Knobelsdorffscher Bauten erinnernde vornehme Wohngebäude ist leider nicht mehr ganz in der ursprünglichen Ausführung erhalten. Die Formenkunst des Rokokostils beschränkt sich, abgesehen von der Verfeinerung der Profile usw., im Äußeren fast nur auf das in den entsprechenden Formen gehaltene schmiedeeiserne Gitter der Freitreppe.

Der glänzendste Bau jener Zeit jedoch und vielleicht des schönste aller heute noch stehenden Wohngebäude Berlins aus früherer Zeit ist das Haus Poststraße 16 (Abb. 148–150, 152).[99] [XVIII] Der abgerundete Mittelbau und die beiden seitlichen Risalite werden durch korinthische Pilaster gegliedert. Die Formensprache des Rokoko äußert sich wieder in erster Linie durch die überaus reichen, früher vergoldeten Schmiedearbeiten der Balkonbrüstungen. –

Der Siebenjährige Krieg bildete nicht nur für das Kultur- und Geistesleben Berlins einen bedeutungsvollen Einschnitt, sondern auch für die Kunst und die Architektur im besonderen, für die letztere auch auf dem Gebiet des Wohnhausbaues. Dieser Einschnitt macht sich schon um dessentwillen so stark bemerkbar, weil die Fürsorgetätigkeit Friedrichs des Großen, die sich vor dem Siebenjährigen Kriege in erster Linie Potsdam und weniger Berlin zugewendet hatte, nun erst durch die massenhafte Errichtung von Immediatbauten mit voller Kraft einsetzte. Mit dieser zunächst rein äußerlichen Tatsache war aber auch ein Umschwung in stilistischer Beziehung verbunden.

132 *Grünstraße 9, Haustür*

133 *Heiligegeist-straße 36*

Rechte Seite:
134 *Roßstraße 16*

Restauration
Biere aus der Victoria-Brauerei
Saazerbräu
Victoria
Brauerei.
Restauration
Café
Bier
Wein
Saazerbräu
Victoria
Brauerei.
Anna
Ollmann.
16
Zündwaaren. Feuerwerkskörper.
Illuminations-Artikel
Emil Noeske
Fabrikation
Perl-Ketten
Colliers
Uhr-Schnüren
Friedrichsgracht N. 17
15

135

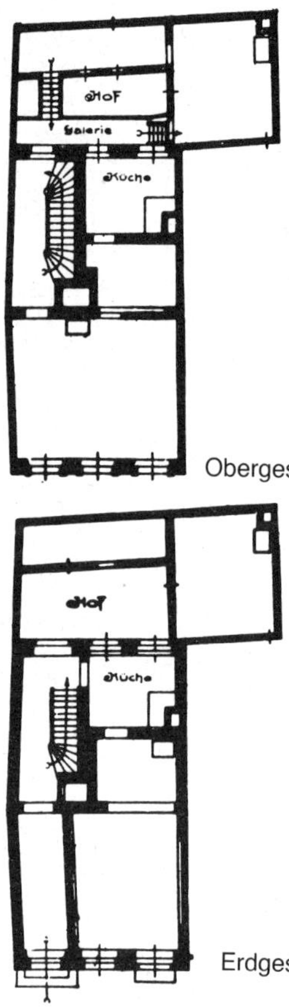

136

135–138 *Schornsteinfegergasse 7*

Rechte Seite:
Aufnahme um 1910

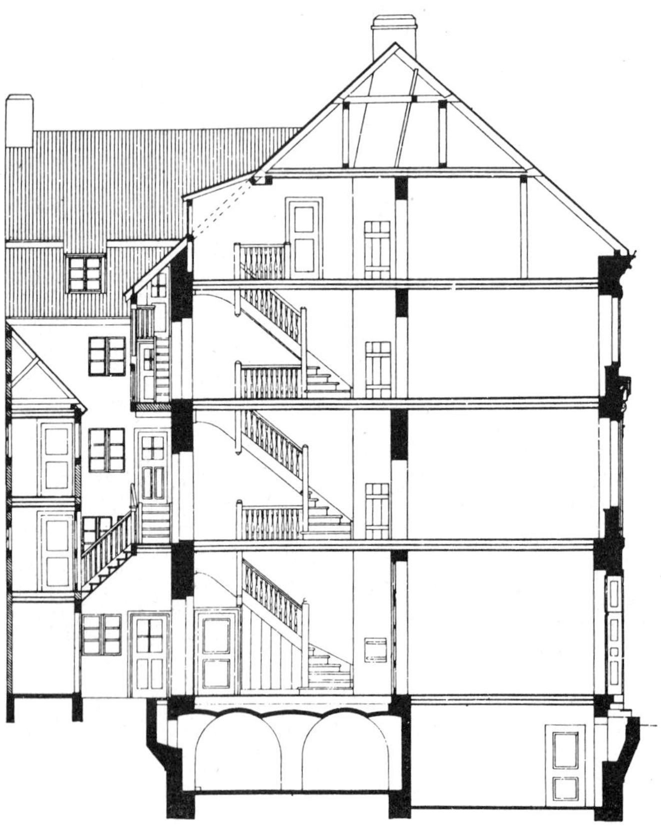

137

Denn das Stilgepräge der zahlreichen Immediatbauten, die zum Teil unter dem Einfluß, zum größten Teil sogar unmittelbar unter den Händen der vom König bestellten Künstler wie Boumann, Gontard, Unger usw. entstanden, übte auf die übrige private Bautätigkeit eine Wirkung aus, die größer war als je in früheren Zeiten. Dieses Stilgepräge aber hatte keineswegs mehr das reine Rokokoempfinden wie vor dem Kriege, sondern verband sich mit den Formen des italienischen, palladianischen Klassizismus zu einem Mischstil, der mit dem Namen »Zopf« bezeichnet wird. Während es zuerst noch mehr barocke Elemente sind, mit denen sich die wenigen, aus der kurzen Rokokozeit herübergenommenen ornamentalen Bildungen verbinden, neigen sie in den letzten Jahren dieses Zeitabschnittes immer mehr einem rein klassischen, antiken Gepräge zu, so den Übergang zu dem Neuklassizismus des nächsten Zeitabschnittes bildend.

Der Berliner Zopfstil hat sich manche absprechende Kritik gefallen lassen müssen; sie entbehrt insofern nicht jeder Berechtigung, als seine Formen oft außerordentlich trocken und kraftlos sind und die Fassaden durch die ständige Wiederholung gewisser Ziermöglichkeiten in ihrer Wirkung manchmal bis zur Langweiligkeit herabsinken. Aber auch die langweiligsten unter ihnen stehen immer noch über dem Durchschnittsergebnis, das ein 19. und 20. Jahrhundert auf diesem Gebiete hervorbringen sollte. Denn wenn man jenen Fassaden mit Recht nachrühmt[100], daß sich in ihnen wenigstens als Erbteil einer langen, nicht unterbrochenen Kunstübung die Beherrschung aller Formen und Mittel, ein festes Stilgefühl und eine sichere Berechnung der plastischen Mittel aussprach, so kann man diesen Vorzügen noch ein starkes rhythmisches Empfinden, das sich in der Aufteilung der Fassadenflächen kundgab, und ein feines Verständnis für das Verhältnis von Fensterloch zur Wandfläche hinzufügen. Noch heute weist Berlin eine große Zahl von Fassaden aus jener Zeit auf. Sie lassen sich nach vier verschiedenen Gruppen gliedern.[XIX]

Die erste Gruppe weist die meisten Erinnerungen an die vergangene Rokokozeit auf. Sie äußern sich nicht nur in der unmittelbaren Verwendung von ornamentalen Zierformen der Rokokokunst, wie den Muschelgebilden, Blumengewinden usw., sondern auch in der starken Anhäufung der verschiedensten Zierformen, ohne daß ihre Zahl durch eine großzügige Linienführung oder eine architektonische Teilung der Fassadenfläche zusammengefaßt wäre. So wirken diese Zierrate meistens nur angehängt oder

Sch
Warme Küche
W. Blütchen Söhne.
SEUR.
Anton Müller
Bestellungen
Mass

139 *Petristraße 19/20*

140 *Landsberger Straße 49*

Louis Böhler
Geeichte zinnerne
Litermaasse
Eingang
Gürtler
Galvanoplastiker
9

aufgeklebt, weil sie sich keinem großen architektonischen Gedanken unterordnen.

Bei der Fassade des Hauses An der Fischerbrücke 2 (Abb. 95) macht sich dieser Mangel noch nicht bemerkbar, weil sich die Verteilung des Ornaments auf die Bogenfelder über den Fenstern des ersten Stockwerks beschränkt.

Das »Haus mit dem Löwen«, Jüdenstraße 22 (Abb. 157), zeigt dagegen die erwähnte Anhäufung der Zierformen. Die verschiedenartigen Muschelgebilde über den Fenstern und die Blumengewinde in den Füllungen unter den Fenstern des zweiten Obergeschosses haben noch Rokokogepräge, die Formen der hängenden Tücher (die von jetzt ab fast an jeder Fassade wiederkehren) und vor allem die Lorbeer- und Eichenblattgewinde über den Fenstern des ersten Stockwerks atmen dagegen schon antikes Empfinden. Das Erdgeschoß wird gern – das beweisen auch die folgenden Beispiele aus dieser Gruppe – durch Quaderungen hervorgehoben, wie dies zur Barockzeit schon einmal üblich gewesen war.

Bei dem Hause Parochialstraße 31 (Abb. 34, ganz links) überwiegen bereits die antiken Elemente. Zu diesen gehören auch die hängenden Girlanden, die hier schon in dreifacher Reihe auftreten und von nun an mit den hängenden Tüchern, die übrigens eine durch die Bogenfelder bedingte abweichende Form erhalten haben, in der Häufigkeit der Verwendung wetteifern.

Ein anderes, häufig verwendetes Motiv, nämlich Felder mit figürlichen Darstellungen, besitzt das Haus Rosenstraße 12 (Abb. 155). Es hat eine starke Verwandtschaft mit der vierten hier zu besprechenden Gruppe, einmal durch die Köpfe an den Fensterstürzen des ersten Stockwerks, welche die Schlußsteine ersetzen, vor allem aber durch die Teilung der Fassade durch pilasterähnliche Wandstreifen. Durch diese architektonische Gliederung treten die ornamentalen Einzelheiten mehr zurück, ein Vorzug, durch den sich dieses Haus vor den vorher genannten auszeichnet.

Bei den bisher besprochenen Fassaden lag der Nachdruck auf dem angehäuften schmückenden Zierrat; die Bauten der zweiten Gruppe suchen dagegen unter starker Anlehnung an die vergangene Barockzeit in mehr architektonischer Weise durch kräftige Deckgesimse über den Fenstern in waagerechter, dreieckiger, geschwungener, seltener gebrochener Form zu wirken. Fast immer sind es die Fenster des ersten Stocks, die in dieser Weise hervorgehoben werden (bei vierstöckigen Fassaden tritt auch das zweite Stockwerk manchmal noch hinzu), während sich die Fenster der übrigen Stockwerke meistens mit einer einfachen, profilierten Umrahmung begnügen müssen. Der ornamentale Schmuck hat bald Rokokoform, bald trägt er barockes, bald antikes Gepräge, immer jedoch ordnet er sich, spärlich verteilt, dem Ganzen unter.

Die Fassade des Hauses Poststraße 15 (Abb. 160), dessen Grundriß aus früherer Zeit stammt (S. 84), ist in ihrer heutigen Form aus einem Umbau hervorgegangen[101] und entspricht in jeder Weise der oben gegebenen allgemeinen Schilderung. Eine besonders hübsche Tischlerarbeit in Rokokoform zeigt der Torweg.

Das Haus Breitestraße 5 ist von Boumann im Jahre 1770[102] errichtet worden (Abb. 156). Der Drempel ist erst 1835 aufgestockt.[103] Eine Belebung der vollständig ungegliederten Fläche hat man ebenso wie bei dem vorhergehenden Beispiel durch Zusammenfassung mehrerer Fenster zu Gruppen versucht, und zwar dadurch, daß im ersten Fall seitliche Achsen abgetrennt worden sind, im zweiten Fall die mittlere Achse auf eine Fensterbreite beschränkt worden ist.

Bei dem Hause Rosenthalerstraße 37 (Abb. 158, 159) hat man dagegen trotz der sieben Achsen auf eine Zusammenfassung einzelner Fenster vollständig verzichtet und dennoch durch die gleichmäßig aufgeteilte, in allen einzelnen Verhältnissen glücklich abgestimmte Front eine vorzügliche Wirkung erzielt.

Eines wiederum ganz anderen Gestaltungsmittels bediente sich die dritte Gruppe. Sie legte den Nachdruck auf den Gegensatz in der Flächenbehandlung einzelner Teile, insbesondere durch den Wechsel gequaderter und ungequaderter Flächen. Dies war ein so überaus einfaches Mittel, um mit einem denkbar geringen Aufwand schon eine gewisse Wirkung zu erzielen, daß es auch bei der Gestaltung ganz bescheidener Bauten Verwendung fand. In der ersten Gruppe war man schon zur Absonderung des Erdgeschosses von den übrigen Geschossen auf diese Weise vorgegangen.

Das bescheidene Bürgerhaus Niederlagstraße 1 (Abb. 172), das mit seinen zwei Stockwerken noch stark an die Zeit Friedrich Wilhelms I. erinnert, ist auf diese Weise gegliedert worden, indem man dem gequaderten Erdgeschoß ohne Fensterrahmen ein ungequadertes Obergeschoß mit Fensterrahmen entgegensetzte. Bei dem Hause Niederlagstraße 2 suchte man den Gegensatz durch ein gequadertes Mittelrisalit zu erzielen (Abb. 172).

Die siebenachsige Front des Hauses Kreuzstraße 15 (Abb. 162–164) setzt ebenfalls das gequaderte Erdge-

141 Jüdenhof 9

Obergeschoß 143

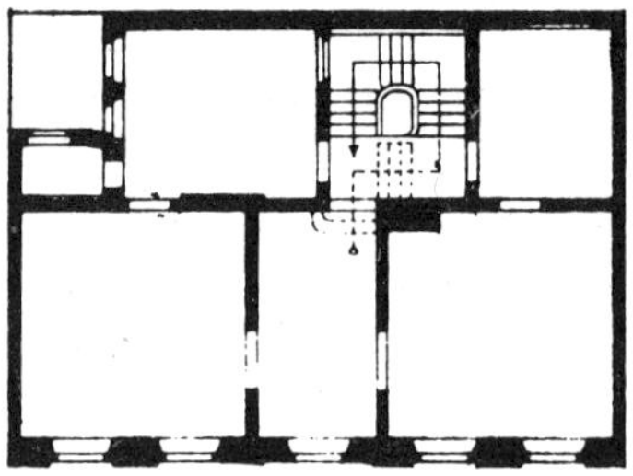

Erdgeschoß 144

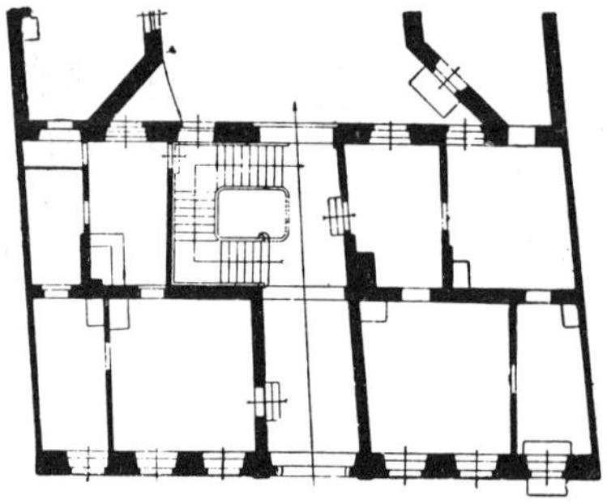

142, 143 *Kleine Stralauer Straße 4*

schoß in Gegensatz zu den ungequaderten oberen Stockwerken. Durch die Betonung der Fensterreihe im ersten Stock durch waagerechte Deckgesimse hat das Haus große Verwandtschaft mit der zweiten Gruppe, doch fehlt ihm der für diese eigenartige ornamentale Schmuck. Das Haus ist ein Schulbeispiel dafür, wie man es in dieser Zeit noch verstanden hat, mit einem denkbar geringen Aufwand von architektonischen Mitteln, in erster Linie durch gute, abgestufte Verhältnisse der einzelnen Teile zueinander, das Gepräge eines schlicht bürgerlichen Wohnhauses in gefälliger Weise zum Ausdruck zu bringen. Es ist an Stelle eines alten, zwei Stockwerke hohen Gebäudes im Jahre 1767[104] erbaut worden.

Besonders gern erzielte man den Gegensatz in der Flächenbehandlung mit einer senkrechten Gliederung durchgehender einzelner Quaderstreifen. Das bescheidene Häuschen am Molkenmarkt 8 (Abb. 161) versinnbildlicht dieses Verfahren (das danebenstehende Eckhaus gehört zur zweiten Gruppe). Auch bei stattlicheren Fassaden wurde dieses Mittel angewendet, wie die heute nicht mehr in der alten Form erhaltene, aus dem Jahre 1764[104] stammende Fassade des Hauses Leipzigerstraße 91 (Abb. 168) beweist. Das Erdgeschoß ist durch Quaderung von den oberen Geschossen losgelöst, und in den oberen Geschossen sind durch Quaderstreifen einzelne glatte Felder abgeteilt worden, in denen die Fenster liegen. Die

144, 145 *Alte Jakobstraße 70*

146, 147 *Am Kupfergraben 7, Ansicht und Treppenhaus, Zustand um 1910*

Fensterbildung des Erdgeschosses erinnert lebhaft an die gleichen Fenster des aus derselben Zeit stammenden Hauses Rosenthalerstraße 37 (Abb. 159).

Eine vierte Gruppe von Wohnhausfassaden, die wieder das gequaderte Erdgeschoß als Unterbau absondert, erweckt durch die Gliederung der oberen Geschosse durch Pilaster oder Wandsäulen oft einen palastähnlichen Eindruck; sie verdankt ihre Entstehung vornehmlich den letzten Regierungsjahren Friedrichs des Großen und teilweise schon den ersten Regierungsjahren seines Nachfolgers. Infolge der Aufteilung durch Pilaster und Mauerpfeiler erinnert die Gruppe stark an die dritte Gruppe der Fassaden vor dem Siebenjährigen Krieg. Auch diese Häuser verschmähen nicht das ganze, wiederholt geschilderte, aus drei Stilarten (Barock, Rokoko, Antike) herbeigeholte ornamentale Beiwerk des Zopfstiles.

Die nur zweistöckige Front des Hauses Taubenstraße 42 (Abb. 173) verkörpert in anschaulicher Weise die architektonischen Mittel dieser Gruppe. Eine Erbschaft aus den drei vorhergehenden Gruppen bedeuten die Quaderung des Erdgeschosses, die Schlußsteine mit den Köpfen, die Konsolen am Haupt- und am Gurtgesims, die Puttenfiguren in den Bogenfeldern der Fenster und die Puttenfelder im Fries des Mittelrisalites. Neu dagegen ist die straffe architektonische Gliederung durch die Mauerpfeiler und Wandpilaster im Obergeschoß. Die gleichen Grundsätze

Post Str.
16

149

149

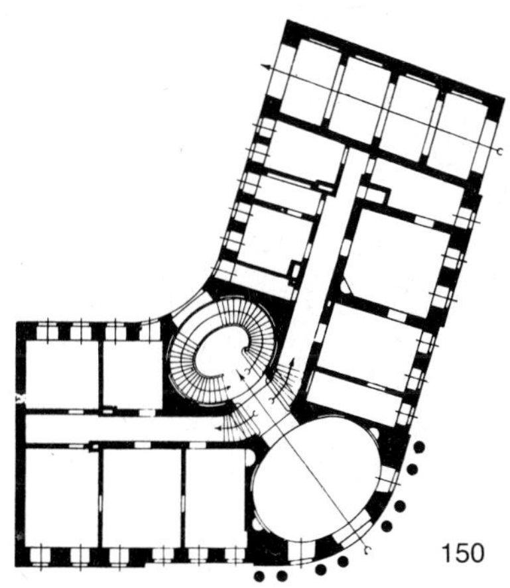

Erdgeschoß

150

148–150 *Poststraße 16, Ephraimsches Palais, Bauzustand vor der Erweiterung 1900*

Linke Seite:
151 *Poststraße 16, Ephraimsches Palais, Treppenhaus*

152 *Poststraße 16, Seitenansicht mit Durchfahrt*

153, 154 *Rosenstraße 12*

in noch reicherer Ausführung vermittelt die stattliche Front des Hauses Roßstraße 3 (Abb. 171), das bereits aus den achtziger Jahren stammt. Die Ähnlichkeit des vornehmen Hauses Schützenstraße 26 (Abb. 175) mit den vorherbeschriebenen Fassaden ist so bedeutend, daß es besonderer Erläuterungen nicht bedarf[105]. Das Gesimsband unter den Fenstern des zweiten Obergeschosses trägt jedoch schon einen so ausgeprägt antik-klassischen Zug, daß auf dieses Übergangsmerkmal zu der neuklassizistischen Stilzeit des nächsten Abschnittes besonders hingewiesen sei.

Um am Schluß dieses Kapitels wie in den entsprechenden vorhergehenden Abschnitten noch mit einigen Worten auf die Bestrebungen zur Herbeiführung einer einheitlichen architektonischen Wirkung der Wohnhausfassaden einzugehen, so ist zu bemerken, daß sich auch für die Zeit Friedrichs des Großen zahlreiche Beispiele für eine derartige Fassadengestaltung feststellen lassen. Die schon erwähnte Front der beiden Häuser Petristraße 19 und 20 (Abb. 139) ist ein bezeichnendes Beispiel dafür, wie man auch einfachere Bauten mit verhältnismäßig schlichter Ausbildung durch Zusammenfassung zu einer kräftigeren Gesamtwirkung zu bringen verstand. Jedes dieser beiden Häuser ist für sich allein unsymmetrisch, die Gesamtanlage dagegen symmetrisch ausgebildet. Eine gewisse Einheitlichkeit in der Ausbildung weisen auch die Häuser Neue Schönhauserstraße 17 bis 20 auf (Abb. 177). Es sind vier siebenachsige Gebäude von anscheinend vollkommen gleichem Grundriß. In den Einzelheiten und in der Aufteilung hat jede Fassade eine andersartige Ausbildung erfahren, so daß die Häuser zugleich eine lehrreiche Zusammenstellung der verschiedenen Möglichkeiten für die Fassadengestaltung eines dreistöckigen Siebenfensterhauses[106] in der damaligen Zeit darstellen. Nur Nr. 20 stört den einheitlichen Eindruck etwas durch die Verwendung eines gebrochenen Daches, während im übrigen die Hauptgesimslinien, Gurtgesimslinien und auch die Dachfirstlinien fast alle gleichmäßig durchgeführt sind. So wird, zugleich infolge der Verwendung einheitlicher Bau- und Dachdeckungsstoffe, eine durchaus ruhig und harmonisch wirkende Straßenfront erzielt, obwohl, was noch einmal besonders betont sei, jedes Haus im einzelnen seine besondere Ausbildung erhalten hat.

Eine in diesem Sinne betriebene einheitliche Fassadengestaltung verfolgte ganz andere Zwecke und Ziele als diejenige, welche in der gleichen Zeit unter königlichem Einfluß bei der Ausbildung der Straßenwandungen derjenigen Straßen geübt wurde, in denen vornehmlich die Immediatbauten Friedrichs des Großen standen. Hier ging man ebenfalls des öfteren darauf aus, zwei, auch drei Fassaden einheitlich zusammenzufassen. Die Art und Weise, wie dies geschah, und die Beweggründe, die dabei maßgebend waren, sind so eigenartiger und zugleich einzigartiger Natur, daß eine Geschichte der Berliner Wohnhausfassade unvollständig wäre, wollte man diese Äußerungen königlicher Kunstauffassung unerwähnt lassen. Daß Friedrich der Große den Hauptstraßen seiner Residenzstadt möglichst schnell durch den Eindruck der Wohnhausfassaden das Gepräge der europäischen Weltstadt verleihen wollte, und daß er zu diesem Zwecke (beson-

155 *Rosenstraße 12, Aufnahme um 1910*

156 *Breite Straße 5*

157 *Jüdenstraße 22*

***158** Rosenthaler Straße 37, Aufnahme um 1900*

***159** Fassadenaufmaß vor dem Umbau um 1920*

ders auch z. B. Unter den Linden) die kleinen, zweistöckigen Häuser durch solche von drei und vier Geschossen ersetzen ließ, ist schon gesagt worden. Diese Aufgabe war jedoch nicht immer in der einfachen Weise zu lösen, daß man an die Stelle eines kleinen Hauses ein vierstöckiges setzte. Bei den geringen Breiten, die viele Grundstücke selbst Unter den Linden nach Maßgabe der alten, kleinbürgerlichen Besitzverhältnisse noch aufzuweisen hatten, hätten solche schmale, vierstöckige Fronten einen nicht sehr großartigen Eindruck gewährt. Zu diesem äußerlichen Umstand kam noch die Vorliebe Friedrichs des Großen für die italienische Renaissance, die in ihren Palastfronten nach dem Empfinden des Königs eine unübertreffliche Reihe von Vorbildern für die architektonische Ausgestaltung stattlicher Wohnhausfassaden geschaffen hatte. Diese Vorbilder hatten es ihm angetan, und gar manchmal ließ er nach Abbildungen des von ihm besonders verehrten Palladio oder des Piranesi Zeichnungen fertigen und diese als Fassaden für die Privathäuser anweisen. Besonders in Potsdam kann man geradezu mit dem Finger auf die verwendeten Vorbilder weisen. Nun ergab sich aber nicht selten, daß die in Aussicht genommene Fassade eine viel größere Länge hatte als die Front des Grundstükkes, für das sie bestimmt war. Infolgedessen mußte eine Fassade über zwei, ja auch drei Häuser hinweggezogen werden. Wie häufig derartige Fälle gewesen sind, geht schon daraus hervor, daß z. B. Unter den Linden in den Jahren 1770–73 auf 42 Grundstücken nur 33 Hausfassaden[107], 1773 in der Leipzigerstraße auf 16 Grundstücken nur 12 Fassaden errichtet worden sind.

Ein Beispiel bieten die abgerissenen Häuser Unter den Linden 50 und 51 (Abb. 165), die vermutlich von Unger stammen. Über beide Häuser zieht sich ein einheitliches, durch italienische Vorbilder beeinflußtes Fassadenschema im Stilgepräge des Zopf, von dem drei Achsen in der Abb. 166 dargestellt sind. Um die Durchfahrt symmetrisch in die Mittelachse der Gesamtfassade zu bekommen, mußte das Haus Nr. 50 im Grundriß unsymmetrisch gestaltet werden, was besonders für den Grundriß des Erdgeschosses gerade keinen Vorteil bedeutete (Abb. 167). Auch auf dem schon mehrfach erwähnten Lindenfries ist die Doppelfassade gut zu erkennen. Auf diesem Fries kann man übrigens noch eine ganze Reihe ähnlicher Doppelhäuser feststellen (z. B. Nr. 17/18, 33/34, 48/49, 54/55, 57/58, 61/62 und 63/64).

Wie der Grundriß so mußte natürlich auch die innere Einteilung der Häuser unter dieser Bauweise sehr oft leiden, denn die Stockwerkhöhen italienischer Palastfassaden ließen sich gar manchmal auf die Bedürfnisse einfacher Bürgersleute nicht zurechtschneiden; dadurch wurde es auch möglich, daß ein Fußboden quer über ein Fenster schnitt oder das Fenster in dem unteren Stockwerk der

160 *Poststraße 15*

Pelz-Confection
Detailverkauf zu Engrospreisen ... M. ITZIG
Stehbierhalle
Friseur
Cigarren-Fabrik-Niederlage
M. POLLAK
Detailverkauf zu Engrospreisen
Juwelen, Uhren
Gold- u. Silberwaren
B. Grzymisch
Schlossbrauerei
Warme Küche
Frühstück-Stube
Molken Markt
Pelz Confection

__162–164__ Kreuzstraße 15, Aufmaße

162

163

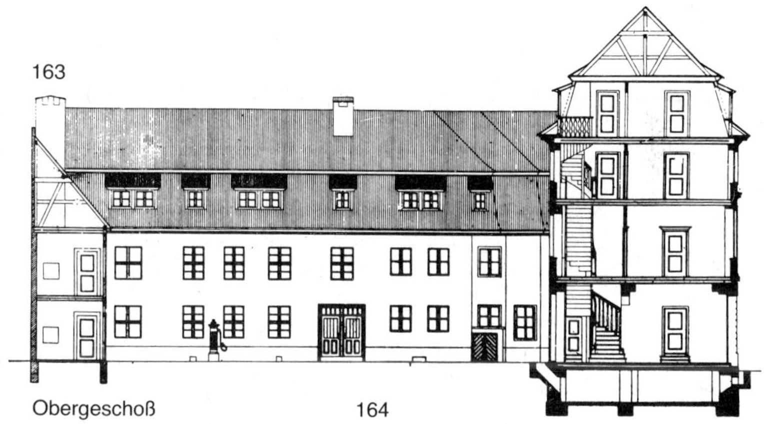

Erdgeschoß

Obergeschoß

164

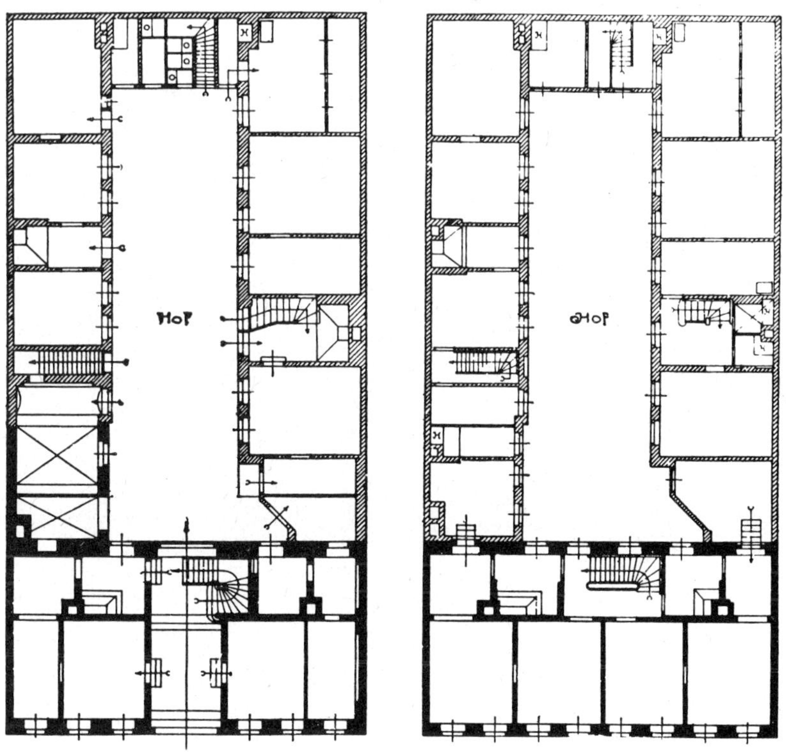

Linke Seite:
***161** Molkenmarkt 7/8, im Hintergrund Chor der Nikolaikirche*

CHOCOLADE HAUSWALDT
AU CARNAVAL DE VENISE
RICHARD & BORKMANN
D. Thiel
Herren-Schneider
1. Etage
H. SCHÖN
Uniformen
Militair-Effecten
Herren-Moden
Dressel
AU CARNAVAL DE VENISE
RICHARD & BORKMANN

Linke Seite:
165, 167 *Unter den Linden 50/51, Doppelhaus*

166 *Fassadenteil des Hauses Nr. 51*

168–170 *Leipziger Straße 91*

Erstes Obergeschoß 167

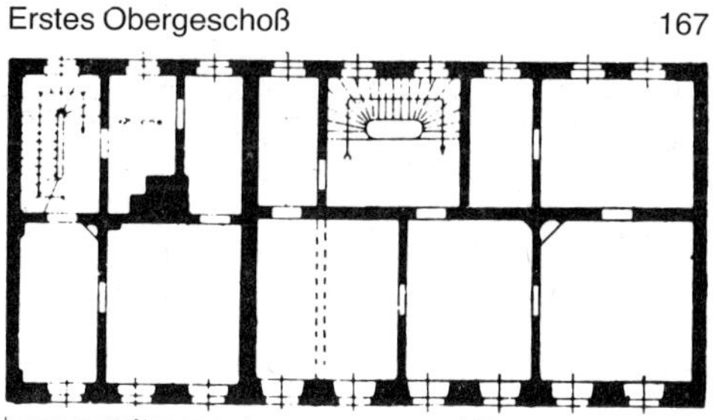

Erdgeschoß 169

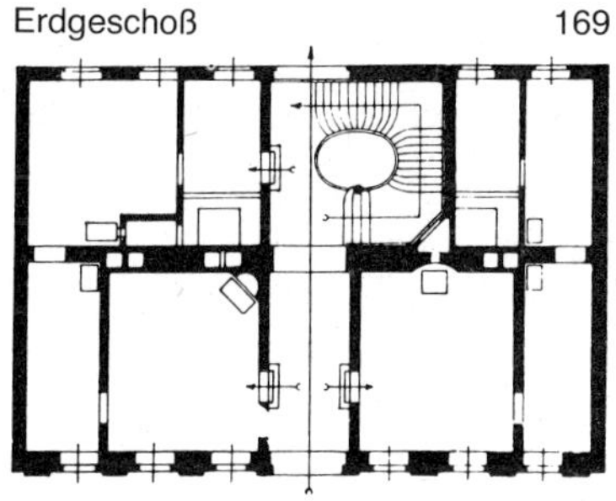

Obergeschoß 170

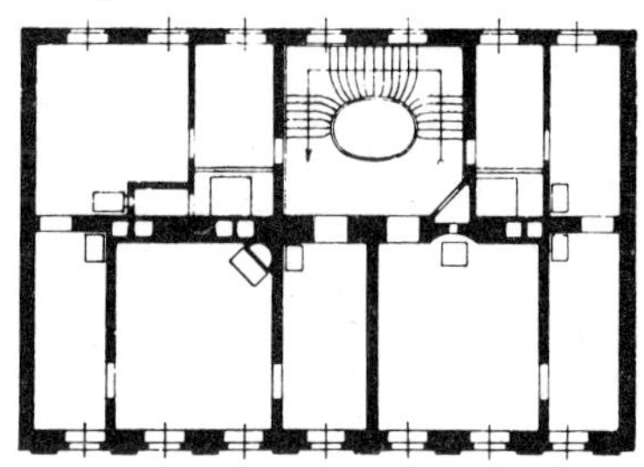

171 *Roßstraße 3, Aufnahme um 1910*

172 *Niederlagstraße 1–3, Französisches Gymnasium*

173, 174 *Taubenstraße 42*

Obergeschoß

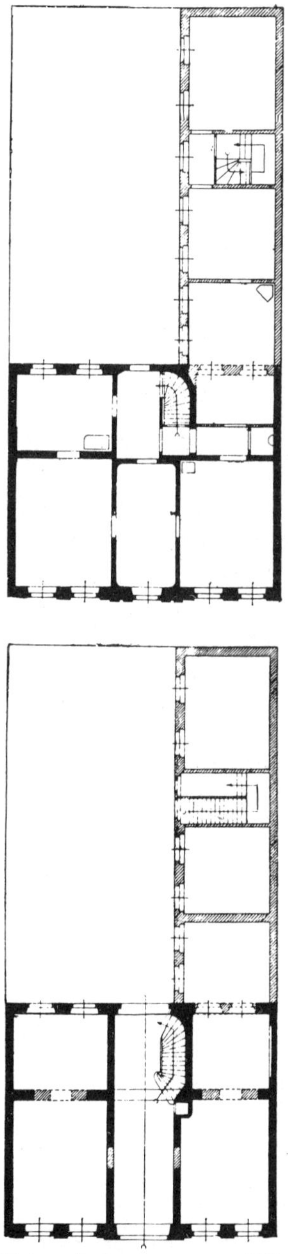

Erdgeschoß 173

172

174

175 *Schützenstraße 26, späteres Konsistorialgebäude*

Decke zu nahe war, in dem oberen Stockwerk aber bis zum Fußboden reichte. Dieses erschien jedoch alles gleichgültig, wenn nur die Fassade gut wirkte. So entstanden jene Bürgerhäuser mit den Palastfronten, wie sie besonders in der vierten Gruppe der Zopfstilfassaden schon geschildert worden sind. Die Eigentümer mußten sich in diesen Dingen wohl oder übel dem Willen des Königs fügen; aber nachher rührte sich desto kräftiger ihr eigener Wille. Schadow erzählt z.B. in seinen Erinnerungen[108]: »Die zwei großen Häuserreihen nach dem Brandenburger und Leipziger Tore waren nun vollendet. Der König hatte zwei auch drei kurze Fassaden in eine gezogen, um eine lange Linie Fassaden zu erhalten. Die mehrsten Eigentümer haben mehr Eigen- als Schönheitssinn und ließen ihre Anteile durch Grün, Gelb und Blau absondern und gaben nichts auf den königlichen coup d'oeil.«

C
Die Gestaltung des Grundrisses

1. Reine Vordergebäude

Ebenso wie die Fassade hat auch der Grundriß des Berliner Wohnhauses während der Regierungszeit Friedrichs des Großen eine bedeutsame Entwicklung durchgemacht. Allerdings läßt sich auch die Übernahme der verschiedensten Grundrisse aus den früheren Zeitabschnitten feststellen, und zwar sowohl eine Übernahme ohne irgendwelche Abänderungen als auch eine solche unter Vornahme von Veränderungen der ursprünglichen Form. In der Regel ist es das Treppenhaus, an dem man Weiterbildungen versucht hat. In dieser Beziehung hat gerade das Zeitalter Friedrichs des Großen ganz vortreffliche Lösungen gefunden, die zu keinen Zeiten wieder übertroffen worden sind.

Die Grundrisse lassen sich nach zwei Gesichtspunkten gliedern, in solche mit einem Flureingang und solche mit einer Durchfahrt. Bei jeder von diesen beiden Hauptgruppen ergeben sich nochmals je zwei Unterabteilungen, je nachdem, ob der Eingang (oder die Durchfahrt) in der Mittelachse oder seitlich liegt, sodaß im ganzen vier Gruppen von Grundrißlösungen zu verzeichnen sind. Es scheint keine von den beiden Hauptgruppen in erster Linie bevorzugt worden und daher besonders häufig vorgekommen zu sein; dagegen findet sich ein bestimmter Gruppengrundriß in der Regel nur bei einer bestimmten Hausgattung. So wird z. B. der Grundriß mit seitlich liegendem Flureingang fast nur bei kleinen und kleinsten Häusern, d. h. also häufig bei Dreifensterhäusern, auch bei den seltenen Vierfensterhäusern, weniger bei Häusern mit fünf oder mehr Fenstern Front verwendet. Das ist insofern durchaus natürlich, als die Anlage eines Mittelflurs den Erdgeschoßgrundriß so kleiner Häuser vollkommen zerrissen hätte. Daraus folgt von selbst, daß der Mittelflur in der Regel nur bei besseren Bürgerhäusern Verwendung gefunden hat, und zwar scheint das Fünffensterhaus besonders verbreitet, das Siebenfensterhaus schon seltener und das Neunfensterhaus am wenigsten vertreten gewesen zu sein.

Die Verwendung einer Durchfahrt setzt ebenfalls schon einen größeren Grundriß, also eine bessere Hausgattung voraus. Die Regel bildete hier offenbar die Siebenfensterfront, fünf oder neun Fenster waren seltener. Dagegen kommen bei Verwendung einer Durchfahrt auch häufiger Hausfronten mit einer geraden Zahl von Fenstern vor, insbesondere von sechs Fenstern, indem auf die Achse der Durchfahrt zwei Fenster gesetzt wurden.

Auch die einfachsten Grundrisse zeichnen sich jetzt durchweg dadurch aus, daß sie ein folgerichtig entwickeltes Treppenhaus besitzen, indem die Treppe von Straßenhöhe bis zum obersten Geschoß an derselben Stelle durchgeführt wird. Bei stattlicheren Dreifensterhäusern, wie z. B. dem Hause Schornsteinfegergasse 7 (Abb. 135, 136), griff man zu dem bereits beschriebenen Mittel der Flurverbreiterung auf der zweiten Hälfte, an derjenigen Stelle, an welcher die Treppe lag. Die Treppe führt, was in dieser Zeit recht selten geworden ist, in einem einzigen Lauf, bei dem nur die Antritts- und die Austrittsstufen gewendelt sind, nach oben. Auch der Alkoven, hier sogar mit einem eigenen Ofen versehen, ist noch nicht von der Bildfläche verschwunden.

Stellt man sich denselben Grundriß mit einem in gleicher Breite durchgeführten Flur vor – wie er bei noch bescheideneren Häusern vorkam – und denkt man sich jede dieser beiden Lösungen ein Mal mit einer einläufigen Treppe und ein zweites Mal mit einer zweiläufigen Treppe, so hat man vier Grundrißlösungen einfachster Art, wie sie in den früheren Zeitabschnitten schon vorgekommen sind. Diese Lösungen finden durch die rein formale Änderung der Treppenführung nunmehr eine Weiterbildung. Unter Ausbildung eines ausgesprochenen Treppenloches zwischen den Treppenläufen führt man die letzteren nunmehr mindestens auf drei, oft auf vier Seiten unter reichlicher Verwendung von Wendelstufen um das Treppenloch her-

***176** Neue Schönhauser 17–20 (Nr. 20 links)*

um. Dieses wird in der einfachsten Weise so gestaltet, daß die beiden Langseiten einander parallel laufen, während die Schmalseiten eine ausgesprochene Rundung erhalten. Von dieser Ausbildung bis zur Weiterbildung des Treppenlochs zu einer ausgesprochenen Ellipsenform war es nicht mehr weit.

Der Grundriß des Hauses Unter den Linden 51 (Abb. 167, links) nat einen in der Breite des Treppenhauses durchgehenden seitlichen Flur (erste Gruppe), das Treppenloch zeigt die eben geschilderte ausgerundete Form.

Bei einfacheren Häusern und beschränkterem Raume schrumpfte das Treppenloch wohl auch in der Länge zusammen, wodurch, wie bei dem Hause Parochialstraße 30 (Abb. 36) und dem nach einer Inschrift an der Hinterfront aus dem Jahre 1760 stammenden Hause Parochialstraße 20 (Abb. 38), die im Kreise geführte Treppe mehr zum Ausdruck kommt und diese mitunter schon das Aussehen der in der damaligen Zeit durchaus beliebten Wendeltreppe annimmt. Eine ausgesprochene Wendelform der Treppe ist z. B. bei den Häusern Parochialstraße 21 (Abb. 38) und Kreuzstraße 2 vorhanden.

Daß man in diesen verhältnismäßig einfachen Häusern auf die Ausbildung der Treppenhäuser jetzt so viel Wert legte, war kein Zufall. Es hing mit der Entwicklung des Treppenhauses in den besseren Häusern, von der noch zu sprechen ist, zusammen. Die Treppenhäuser waren nämlich die einzige Stelle, an der der Rokokostil auch in rein architektonischer Beziehung etwas Bleibendes geschaffen hat. Er äußerte sich hier vor allen Dingen dadurch, daß er unter Verwendung der Kreisform und der Ellipsenform ganz wundervolle Lösungen erdachte. Diese Treppen sind sicherlich der Stolz der damaligen Hauseigentümer gewesen, und die kleinen Eigentümer mögen wohl versucht haben, etwas Ähnliches zu schaffen. Dabei kam man auf die besprochenen Lösungen, indem man in Ermangelung genügenden Raumes für die kreisrunden und ellipsenförmigen Treppenlöcher wenigstens die Ek-

177 *Neue Schönhauser 20, Treppenhaus*

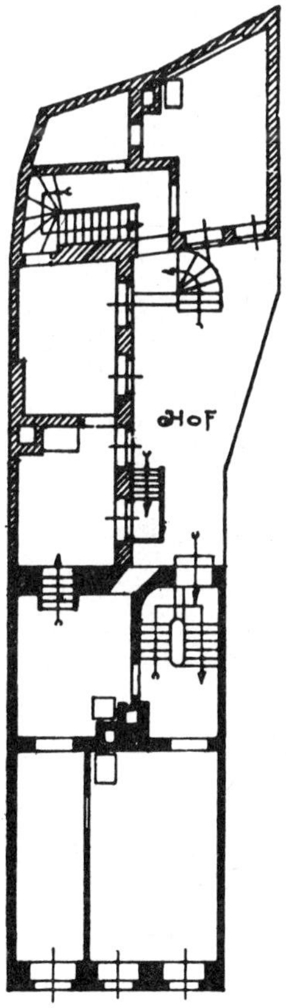

178 *Roßstraße 16, Grundriß des Obergeschosses*

179 *Grünstraße 9, Treppe im Vorderhaus*

180 *Grünstraße 9, Grundriß des Erdgeschosses*

181, 182 *Rosenthaler Straße 37, Treppenanlage*

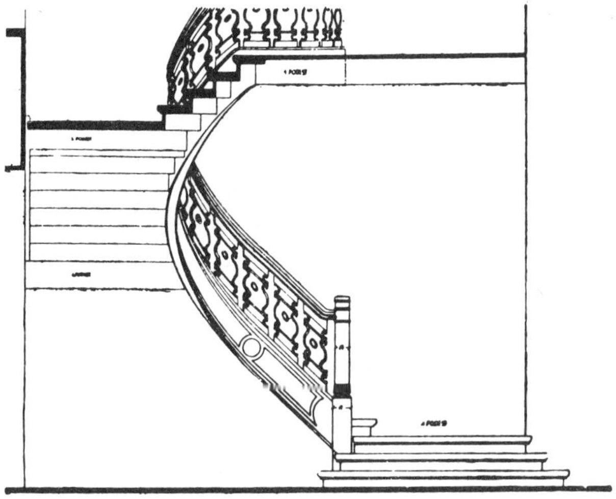

181

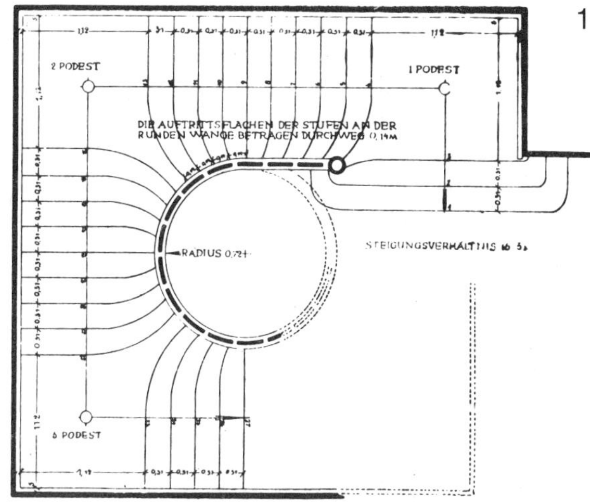

182

180

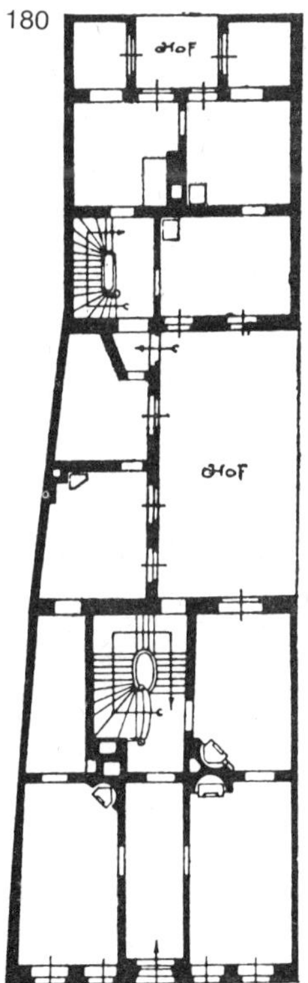

 ken ausrundete. Mitunter schwang man sich aber auch zu einer richtigen, wenn auch noch so bescheidenen Ellipse auf, wie der Grundriß des Hauses Roßstraße 16 beweist (Abb. 178). Daß trotz bescheidener Abmessungen ein so gestaltetes Treppenhaus nicht nur eine reizvolle, sondern bei entsprechender Ausbildung des Treppengeländers sogar eine persönliche, künstlerische Note aufweisen konnte, zeigt die Abbildung der Treppe des Hauses Neue Schönhauserstraße 20 (Abb. 177).

An dieser Stelle muß eine weitere Grundrißlösung mit seitlich liegendem Eingangsflur eingeschoben werden, die trotz ihrer erheblichen Mängel verbreitet gewesen zu sein scheint. Bei dieser Lösung lag das Treppenhaus, wie z. B. bei dem Hause Parochialstraße 28 (Abb. 36), in der Mitte des Flures, war also so gut wie vollkommen finster. Das Gleiche trifft für die lochartigen Kochstellen zu, welche neben dem Treppenhaus liegen. Nicht nur bei Häusern mit ganz kleinen Wohnungen von Stube und Küche, wie bei dem eben erwähnten Beispiel, sondern auch bei solchen mit größeren Wohnungen scheint eine ähnliche Grundrißform vorgekommen zu sein (Beispiel: Grünstraße 22). Bei der zweiten Gruppe von Grundrissen, denjenigen mit mittlerem Flureingang, ist ebenfalls festzustellen, daß man es nicht verschmähte, auf frühere Lösungen zurückzugreifen. Der Grundriß des Hauses Jüdenhof 9 (Fassade Abb. 141) verkörpert mit dem in der Mitte der Vorderfront liegenden Treppenhaus auch jetzt wieder, wie schon früher (S. 112), das solide, schlichte Bürgerhaus (vgl. Abb. 89).

Der Grundriß des im Jahre 1910 abgerissenen Hauses Kleine Stralauerstraße 4, das laut Inschrift, im Jahre 1763 erbaut war, stellt eine besonders wichtige Lösung dar (Abb. 142, 143), die sich inzwischen für die bürgerlichen Gesellschaftsklassen herausgebildet hatte. Der in der Mitte der Straßenfront liegende Eingangsflur führt nur zur Hälfte durch das Haus hindurch und findet seine Fortsetzung in dem etwas zur Seite gerückten Treppenhaus, das den Zugang zum Hof vermittelt. Das Treppenhaus selbst ist in stattlichen Abmessungen vierläufig rings um ein großes Treppenloch mit stark ausgerundeten Ecken angelegt. Der Eingangsflur teilt des Erdgeschoß in zwei vollkommen von einander getrennte Hälften. Zwei Räume, eine Stube und meistens wohl die Küche, von jeder der aus 2 bis 4 Räumen (je nachdem, ob es sich um ein Fünf-, Sieben- oder ein Neunfensterhaus handelt) bestehenden Wohnhälfte sind unmittelbar von außen zugänglich. Das obere Stockwerk kann wiederum zwei Wohnungen enthalten, oder es können sämtliche Räume zu einer Wohnung

183 *Roßstraße 3*

184 *Roßstraße 7*

185 *Breite Straße 3*

186 *Neue Promenade 2*

vereinigt werden. Das letztere mag das Übliche gewesen sein, denn es war die wegen ihrer bevorzugten Lage und des guten Zusammenhangs der Räume im Gegensatz zu dem »rez-de-chaussee«, dem Erdgeschoß, so benannte »bel etage«, die fast stets auch äußerlich in der Architektur der Fassade durch besonderen Schmuck, vor allem aber durch die größeren Fenster hervorgehoben war.

Das Kennzeichnende für diesen wie auch für sämtliche bisher besprochenen Grundrisse ist das Fehlen jeglicher Flurräume in den Wohnungen und die alleinige Anlage einer balkentragenden Mittelmauer. Die Folge davon war, daß die meisten Räume eine unmittelbare Zugänglichkeit nicht besaßen. Man suchte dem abzuhelfen, indem man den über dem Eingangsflur des Erdgeschosses liegenden einfenstrigen Raum als »Entree« benutzte, ein Name, der dann späterhin auf jeden beim Eingang liegenden Wohnungsflur übertragen worden ist und sich trotz seiner Unschönheit so eingebürgert hat, daß es selbst in gebildeten Familien bis heutigen Tages noch nicht wieder auszurotten war. Durch diesen Eingangsraum wurde nun zwar die unmittelbare Zugänglicheit weiterer Räume gesichert, anderseits aber auch wieder die obere Wohnung in zwei Teile zerrissen. Bei kleineren Wohnungen lagen auf der einen Seite dieses Raumes die Küche und ein oder zwei Schlafräume, auf der anderen Seite die gute Stube (der »Salon«) und das Wohnzimmer als Gesellschaftsräume. Bei größeren Wohnungen erfolgte wohl auch die Trennung in der Längsachse: vorn Gesellschaftsräume, hinten Wohn- und Schlafräume. Bei neun Fenstern Front ergab sich bei dieser Grundrißanordnung eine Wohnung von sechs Zimmern mit Nebengelaß. Es war zugleich die übliche Lösung für das damalige Miethaus, bei dem der Eigentümer wiederum die Erdgeschoßräume bewohnte und die Wohnungen im ersten und zweiten Obergeschoß vermietete. Dieses Vermieten war inzwischen zur Regel geworden. Aus dem Jahre 1785 wird berichtet: »Es wohnen die mehrsten Personen und Familien zur Miete, selbst Minister und Generale haben gemietete Zimmer in großen Häusern. Ohnerachtet die Häuser so voller Menschen stecken, so leidet doch die Gesundheit nicht dabei, weil die Häuser nicht zu hoch, und die Straßen nicht zu enge seyn.«[109] Das 1788 erbaute »Haus der Naturforscher«, Französischestraße 29, hat denselben Grundriß wie den eben beschriebenen besessen. Jetzt ist das alte Treppenhaus durch ein neueres ersetzt (an anderer Stelle liegend).

Es sei an dieser Stelle darauf hingewiesen, daß genau dieselben, sowie außerordentlich ähnliche Grundrißlösun-

172 gen auch beim Wiederaufbau der abgebrannten Stadt Neuruppin vom Jahre 1787 ab zur Anwendung gekommen sind, und zwar durch den Berliner Baumeister Brasch.[110] Es ist dies um so bemerkenswerter, als Rowald[111] den in der Abb. 204 wiedergegebenen Grundriß, der auf dieselbe Lösung hinauskommt, veröffentlicht hat mit dem Zusatz »Älteres Miethaus vom Jahre 1720«. Der Verfasser dieser Ausführung hat bei seinen eingehenden Forschungen einen Wohnhausgrundriß mit der abgebildeten vierläufigen Treppenhausform, welcher mit Sicherheit bis in die Zeit Friedrich Wilhelms I. zurückreicht, nicht auffinden können.

Einen ganz ähnlichen Grundriß wie den vorher beschriebenen, nur auf ein Haus mit überwiegender Tiefenausdehnung übersetzt, zeigt das Vordergebäude des Hauses Grünstraße 9 (Abb. 180). Die mit einem außerordentlich reich wirkenden, holzgeschnitzten Treppengeländer in Rokokoformen ausgestattete Treppe folgt hier der ausgesprochenen Ellipsenform (Abb. 179). Dasselbe ist der Fall bei dem Hause Kupfergraben 7 (Abb. 147), wo jedoch als Treppengeländer eines der besonders in der Zeit zwischen 1760–1770 üblichen schmiedeeisernen Gitter verwendet ist, das für die damals hochentwickelte Berliner Schmiedekunst ein vortreffliches Zeugnis ablegt.[112] Neben den Grundrissen mit Flureingang haben die Lösungen mit einer Durchfahrt, besonders bei reicheren Häusern, eine außerordentliche Verbreitung gefunden, und zwar scheint die Anlage mit einer mittleren Durchfahrt (dritte Gruppe) besonders beliebt gewesen zu sein. Es sei z. B. auf die vier nebeneinander liegenden, siebenachsigen Häuser Neue Schönhauserstraße 17–20, die alle eine Einfahrt in der Mitte haben, hingewiesen (Abb. 176).

Schon unter Friedrich Wilhelm I. war die Lösung der mit der Durchfahrt verbundenen Treppe vorbereitet worden, unter der Regierung Friedrichs des Großen sollte sie zu einer wahrhaft glänzenden Vollendung gebracht werden. Der Grundriß des Hauses Taubenstraße 42 (Abb. 173, 174) zeigt in einer für die vorgeschrittene Zeit, in der das Haus entstanden ist, merkwürdig einfachen Form die Verbindung der mittleren Durchfahrt mit der Treppe. Die letztere ist in einfachem Lauf nach oben geführt, ohne daß bei dieser Lösung irgend etwas Besonderes bemerkenswert wäre. Deutlicher verkörpert die damals übliche Lösung schon der Grundriß des aus dem Jahre 1767 stammenden Hauses Kreuzstraße 15 (Abb. 162–164). Die Treppe liegt stets in der hinteren Hälfte der Durchfahrt. Diese besitzt eine mehr oder weniger große seitliche Ausbuchtung, in die sich der Anfangslauf der Treppe hinein-

187 Alte Jakobstraße 70

188 Alte Jakobstraße 70

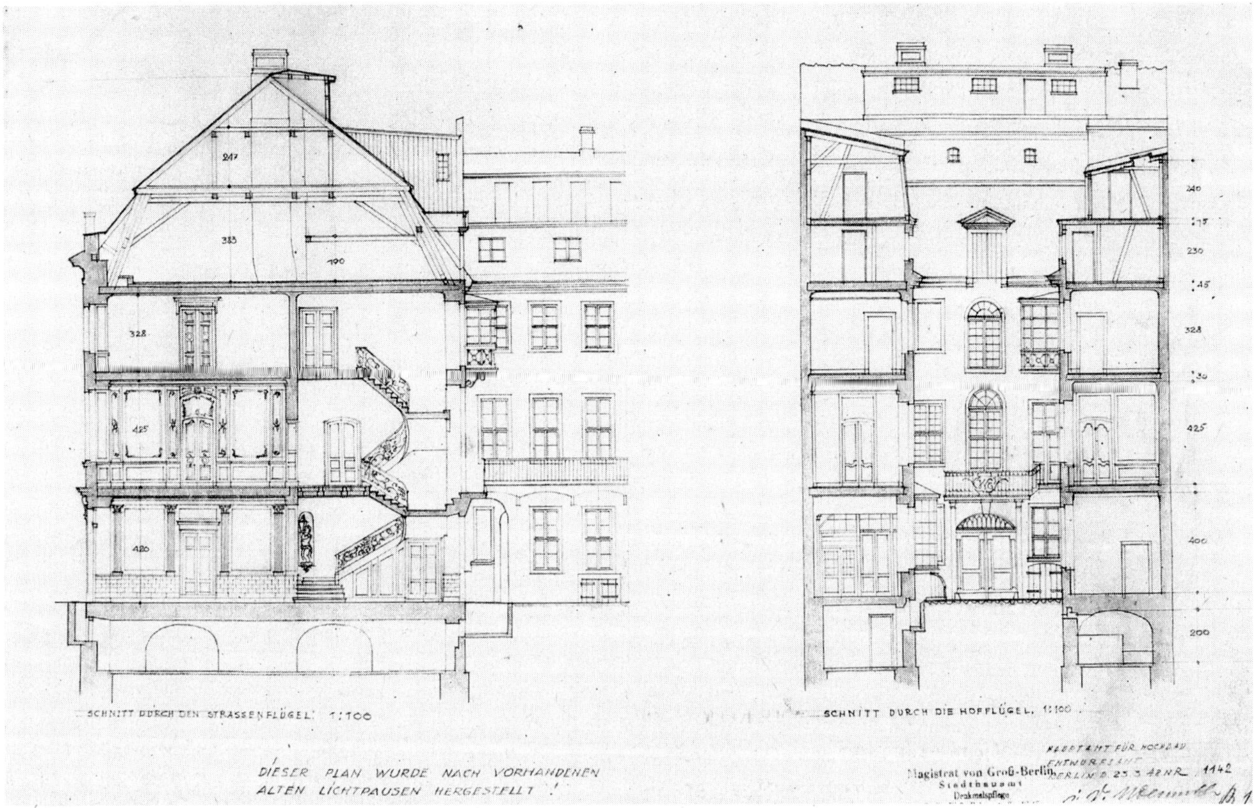

189 *Breite Straße 11, Ermeler-Haus, Aufmaße nach alten Lichtpausen*

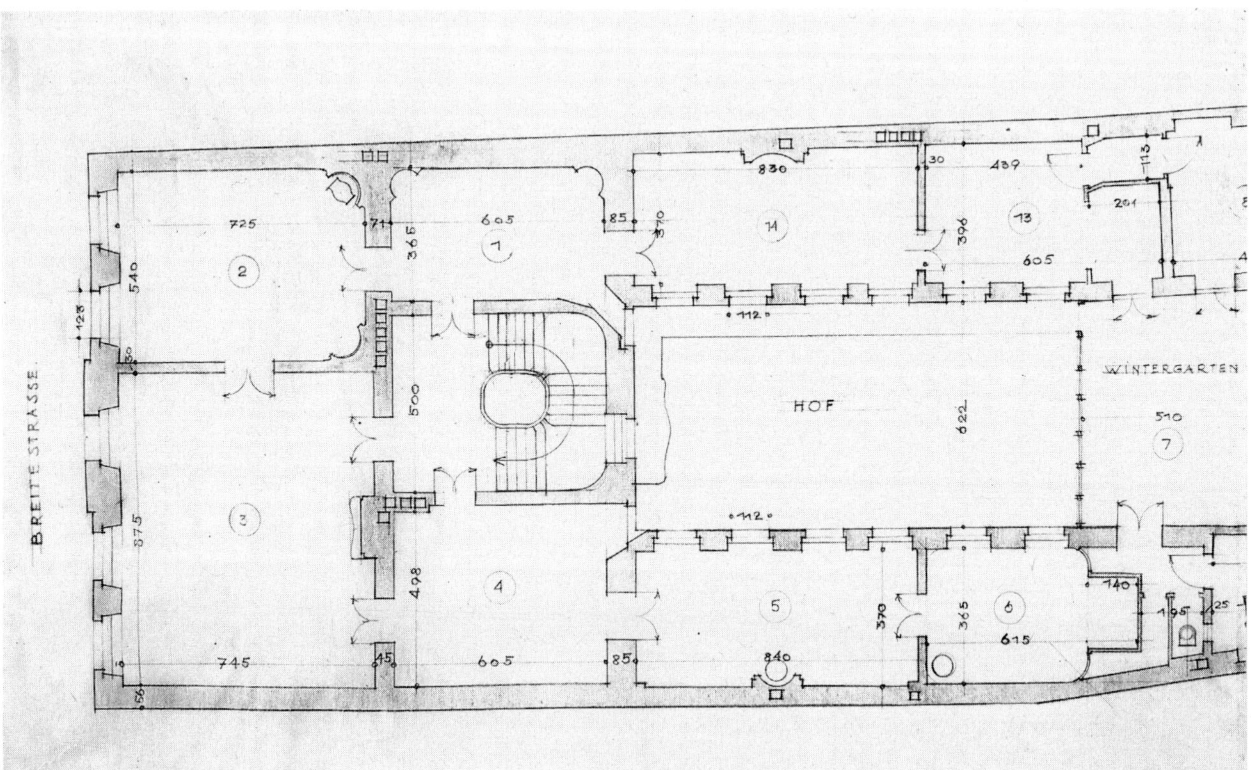

190 *Grundriß des Erdgeschosses mit Hofanlage*

191 *Breite Straße 11, Ermeler-Haus, Festsaal im 1. Obergeschoß*

schmiegt, damit er den durchfahrenden Wagen nicht hinderlich ist (vgl. z. B. Abb. 181, 182, 184, 186–188, 193). Hat die Treppe eine größere Höhe erreicht, sodaß Menschen und Wagen bequem unter ihr durchgelangen können, dann hat sie sich inzwischen wieder so gedreht, daß ihr letzter Lauf bereits über der Durchfahrt liegt. Bei dem Hause Kreuzstraße 15 hat das Treppenloch entsprechend dem einfachen bürgerlichen Gepräge des Hauses noch eine einfache, rechteckige Form (Abb. 163, 164).

Eine ganz verwandte Treppenform, wie sie damals offenbar sehr verbreitet gewesen ist, weist der Grundriß des Immediatbaues Unter den Linden 50 auf (Abb. 167, rechts), nur daß das Treppenloch bereits ausgeprochen ausgerundet ist. Dieser Grundriß ist gleichzeitig einer der seltenen Fälle, in denen die Durchfahrt unsymmetrisch in der Hausfassade angelegt ist. Im vorliegenden Falle erhält diese Lösung aber dadurch eine besondere Erklärung, daß die Durchfahrt symmetrisch in der Mitte der durch eine einheitliche Fassade verbundenen Häuser Nr. 50 und 51 liegt.

Schon eine großzügigere Lösung hat das aus dem Jahre 1773 stammende Sechsfensterhaus Petristraße 15 (vgl. dazu Register. W. V.), bei dem die Treppe bereits ausgesprochen vierläufig um die vier Seiten des großen, quadratischen Treppenlochs herumgeführt wird (Abb. 120). Hier wie bei den meisten Grundrissen aus dieser Gruppe, die ja durchweg nur bessere Wohnhäuser vertreten, sind die recht bedeutenden Abmessungen der einzelnen Wohnräume bemerkenswert.

Das stattliche Haus Alte Jakobstraße 70 besitzt einen ganz ähnlichen Grundriß, nur daß das Treppenloch eine rechteckige Grundform und stark abgerundete Ecken aufweist (Abb. 187, 188). Dieses Treppenhaus atmet schon ganz Rokokogeschmack, ein Eindruck, der durch ein über dem Treppenloch angebrachtes, von Stuckformen im Rokokostil eingerahmtes Deckenbild noch außerordentlich verstärkt wird (Abb. 188). Ähnliche Ausführungen scheinen in besseren Häusern jener Zeit häufiger vorgekommen zu sein (vgl. auch Abb. 192). – Neben den eben besprochenen Formen des Treppenloches, dem Quadrat und dem Rechteck (beide ohne ausgerundete Ecken oder mit solchen), sind noch zwei weitere besonders verbreitet gewesen, die Ellipsen- und die Kreisform. Beide werden bei besonders stattlicher Ausbildung des Treppenhauses, also meistens nur in besseren Häusern, angewendet. Ein Beispiel für die Ellipsenform bietet das Haus Leipziger Straße 91 (Abb. 169). Wie die Treppe in der seitlichen Ausbuchtung der Durchfahrt antritt und nach oben führt, veranschaulicht die Abb. 184 vom Hause Roßstraße 7, das genau dieselbe Grundrißlösung besitzt. Beide Treppenhäuser haben auch schmiedeeiserne Treppengeländer. Während bei den eben besprochenen Beispielen die Hauptachse der Ellipse senkrecht zur Achse der Durchfahrt lag, findet sich bei anderen Häusern, wenn auch seltener (Beispiel: Neukölln am Wasser 9) der umgekehrte Fall, bei dem die Hauptachse der Ellipse parallel zur Durchfahrtsachse liegt.

Ebenso anziehend und reizvoll wie die Ellipsenform wirkt auch die Kreisform des Treppenlochs. Die Lage der Treppe zur Durchfahrt bleibt im übrigen genau dieselbe wie bisher, nur verlangt diese Lösung ebenso wie die vorher geschilderte mit Ellipsenform meistens eine größere Ausbuchtung der Durchfahrt für den ersten Treppenlauf. Beispiele für die Kreislösung bieten die Häuser Rosenthaler Straße 37 (Abb. 181, 182), Neue Schönhauser Straße 8 und Neue Promenade 2 (Abb. 186), letzteres bereits aus dem Jahre 1787 stammend.

Das glänzendste Beispiel ist jedoch das bekannte Ermelersche Haus in der Breitenstraße 11 (Abb. 189–194). Die Abb. 192 zeigt anschaulich, wie sich die Treppe, umsäumt von dem durch vortreffliche Schmiedearbeiten ausgezeichneten Treppengeländer, um das kreisrunde Treppenloch nach oben windet und das Ganze durch den mit Puttendarstellungen im Rokokogeschmack verzierten Spiegel der Decke gekrönt wird. Das Innere dieses im Jahre 1761 neu errichteten Gebäudes stellt in Berlin das besterhaltene Beispiel eines noch vollständig stilechten, im Sinne der damaligen Geschmackrichtung eingerichteten Wohnhauses, eines vornehmen und vermögenden Bürgers dar (Abb. 191).[113]

Entsprechend den Stilwandlungen, welche die Fassade während der Regierungszeit Friedrichs des Großen durchgemacht hat, hatte auch die stilistische Ausbildung des Treppengeländers mehrere Veränderungen durchzumachen, auf die mit wenigen Worten eingegangen werden soll. Während an einer Reihe von Bauten die Treppengeländer schwellend profilierte Holzbaluster besitzen wie z. B. Alte Jakobstraße 70 (Abb. 187, 188) und Petristraße 15 (Abb. 120), weisen andere Treppen im Rokokogeschmack geschnitzte, in den Profillinien meistens stark bewegte, aber noch in Brettform gehaltene Geländerstäbe auf wie z. B. Rosenthaler Straße 37 (Abb. 181, 182) Leipziger Straße 85 und Charlottenstraße 49. Sie werden in der späteren Zeit durch ein gleichfalls in Rokokoformen gehal-

192, 193 *Breite Straße 11, Ermeler-Haus, Treppe*

194 *Breite Straße 11, Ermeler-Haus, Treppe, 2. Obergeschoß*

195 *Rosenthaler Straße 20*

196 *Monbijouplatz 1*

tenes, vielfach durchbrochenes, in den Formen schon beinahe an Schmiedeeisen erinnerndes Geländerwerk abgelöst; Beispiele: Neue Schönhauser Straße 20 (Abb. 177) und Grünstraße 9, Vorderhaus (Abb. 179). Sehr reich wirken auch die in der Zeit von 1760–1770 besonders verbreiteten, schon mehrfach erwähnten schmiedeeisernen Treppengeländer[114]; durch Anführung der Häuser Jüdenhof 9, Kleine Stralauer Straße 4, Kupfergraben 7 (Abb. 147), Leipziger Straße 91, Rosenthaler Straße 36, Monbijouplatz 1 (Abb. 196), Markgrafenstraße 40 (Abb. 198), Roßstraße 7 (Abb. 184), Breitestraße 11 (Abb. 193) und Poststraße 16 (Abb. 151) ist die Reihe der zu nennenden Beispiele noch keineswegs erschöpft. Gegen Ende des zur Besprechung stehenden Zeitabschnittes treten dann gleichzeitig mit den klassizistischen Stilwandlungen in der Fassade nochmals andere Geländerformen aus Holz in brettartiger Gestalt und laubsägeartiger Formengebung auf wie z. B. bei den Häusern Neue Schönhauser Straße 8 und Neue Promenade 2 (Abb. 186).

Die Lösungen mit seitlich liegender Durchfahrt (vierte Gruppe) können nach den vorangegangenen Ausführungen kurz behandelt werden, zumal diese Anordnung des Zugangs bedeutend seltener gewesen zu sein scheint als die mittlere Durchfahrt. Die Anlage der Treppe erfolgte überdies genau so in einer seitlichen Ausbuchtung der Durchfahrt, wie dies schon oben beschrieben worden ist. Auch hier findet sich die ausgesprochene Ellipsenform des Treppenlochs wieder besonders häufig, und zwar sowohl mit der Hauptachse der Ellipse parallel zur Achse der Durchfahrt, als auch (was der Platzersparnis wegen häufiger ist) senkrecht dazu. Ein Beispiel für die letzte Lösung bietet das Haus Unter den Linden 15, ein Beispiel für den ersten Fall das Haus Rosenstraße 12 (Abb. 154), bei dem sich in bemerkenswerter Weise die große Ellipse des unteren Stockwerks zu einer kleinen Ellipse im oberen Stockwerk zusammenrollt.

Soweit die Entwicklung des Wohnhausgrundrisses bis jetzt geschildert worden ist, betraf sie in erster Linie die Umgestaltung des Treppenhauses, wobei sich gezeigt hat, daß hier Lösungen gefunden worden sind, die allen Ansprüchen an Konstruktionsgerechtigkeit, architektonischen Stil und ästhetische Befriedigung vollauf genügen. Selbst die schwere Klippe der ganz besonders häufig verwendeten Wendelstufen verstand ein auf bedeuten-

Erdgeschoß

Obergeschoß

198

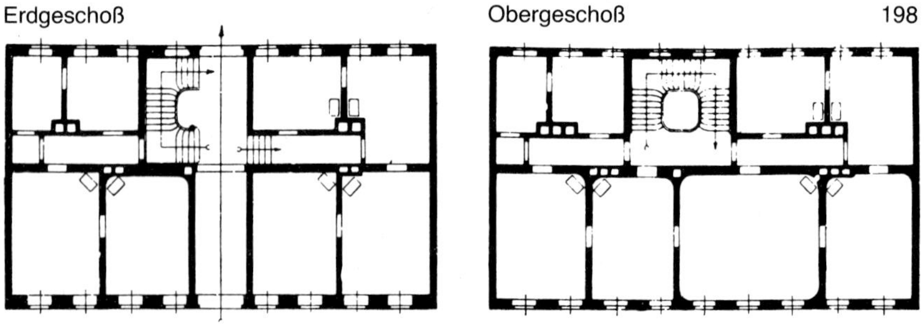

***197, 198** Markgrafenstraße 40*

199, 200 *Leipziger Straße 85,*
»Hübnersches Haus«

Erdgeschoß

Obergeschoß

200

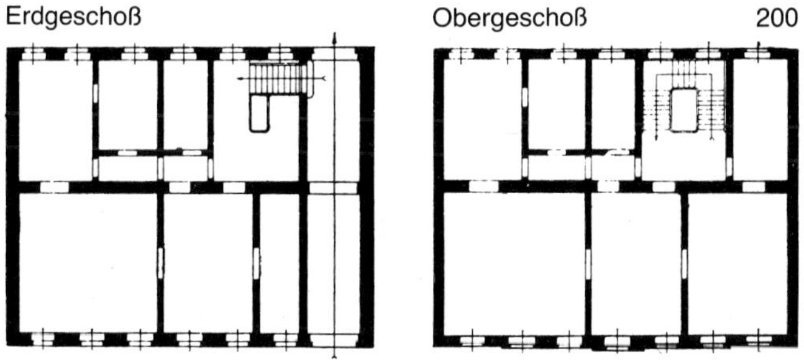

202

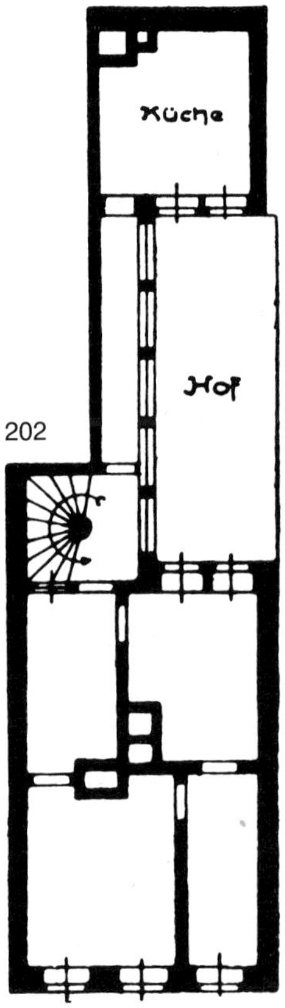

***201, 202** Molkenmarkt 8, Hofansicht und Grundriß des Obergeschosses*

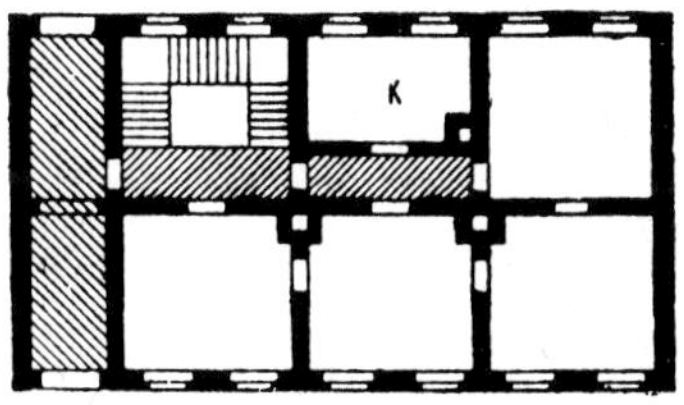

203

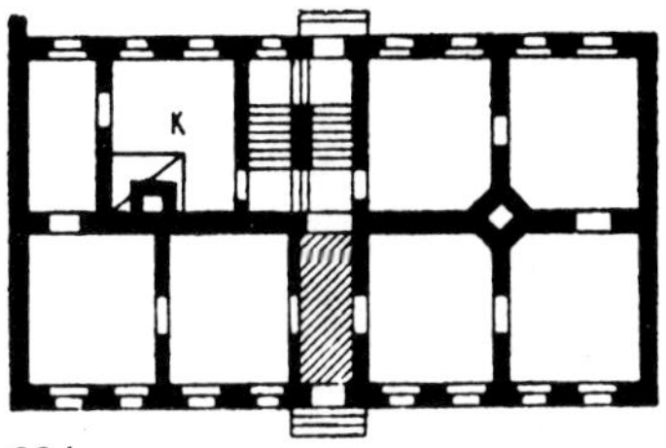

204

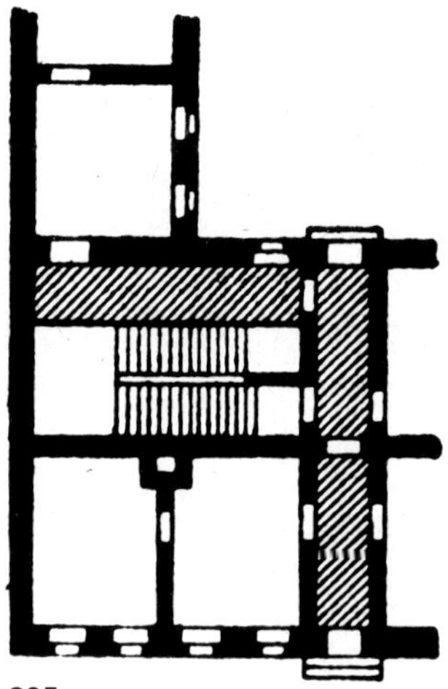

205

***203** Typischer Wohnungsgrundriß für die Zeit um 1770 (Nach Tuckermann)*

***204** Typischer Wohnungsgrundriß für ein Mietshaus des 18. Jahrhunderts (Nach Rowald)*

***205** Grundrißtyp mit Treppenhaus zwischen Vorderhaus und Seitenflügel (Nach Tuckermann)*

der Höhe stehendes Zimmerhandwerk durch eine vorbildlich praktische und geschickte Austragung der Stufen fast immer in befriedigender Weise zu umgehen (Abb. 181, 182).[115] Aber noch einen weiteren wichtigen Fortschritt hatte der Wohnhausgrundriß in dieser Zeit aufzuweisen.

Es ist schon vorher ausgeführt worden, welche Mängel und Unzulänglichkeiten die Bauart der einfachen, balkentragenden Mittelmauer ohne Zwischenflur für die Zugänglichkeit der einzelnen Räume der Wohnung usw. im Gefolge hatte (S. 171). Gegen das Ende dieser Zeit finden sich nun verschiedene Grundrisse, aus denen hervorgeht, daß man es verstanden hat, durch Einschiebung eines durch zwei Mittelmauern hergestellten Wohnungsflurs zwischen die an der Straße und die nach dem Hofe (Garten) zu liegenden Räume den gerügten Mängeln abzuhelfen. In deutlicher Weise versinnbildlicht dies z. B. der Grundriß des Hauses Markgrafenstraße 40 (Abb. 197, 198). Auch bei den Häusern mit Flureingang gelangte man zu einer gleichen Lösung. Auf diesen kurzen Gang, der sich von nun ab zwar nicht immer, aber doch mehr und mehr zwischen die vorderen und die hinteren Räume schiebt, der aber meistens nichts bis zu den Giebelmauern, sondern nur bis zum letzten Zimmer durchgeführt wird, überträgt sich dann der schöne Name »Entree« (vgl. S. 171). Durch ihn wird nicht nur allen (oder doch wenigstens den meisten) Einzelräumen die unmittelbare Zugänglichkeit gesichert, sondern auch bei Anlage zweier Wohnungen in den oberen Geschossen die Möglichkeit gegeben, jede für sich abzuschließen.

Man wird nicht fehlgehen, wenn man die Herbeiführung dieser Lösung, mit der ein gewisser, vorläufiger Höhepunkt in der Entwicklung erreicht war, auch mit der Entwicklung der gesellschaftlichen Verhältnisse im Zusammenhang bringt. Es ist bekannt, wie der Hof Friedrichs des Großen und damit auch die höheren Kreise unter französischem Einfluß gestanden haben. Der gesellschaftliche Luxus, der sich besonders nach dem Siebenjährigen Kriege in den Hofkreisen und in den Kreisen der Aristokratie verbreitete, blieb auf diese nicht beschränkt, sondern wurde in weitgehender Weise auch vom Bürgertum übernommen und nachgeahmt. Die zur Gewohnheit gewordene Abhaltung großer Festlichkeiten und zahlreicher gesellschaftlicher Zusammenkünfte verlangte eine bessere Verbindung der Räume untereinander, aber auch die Vermehrung der Nebenräume und wiederum den guten Zusammenhang dieser mit den Gesellschaftsräumen, alles Forderungen, denen durch die Schaffung des Mittelflurs Rechnung getragen wurde.

Auch der Grundriß des aus dem Jahre 1773 stammenden Hauses Leipzigerstraße 85, des Wohnhauses von Knobelsdorff (Abb. 200), zeigt bei seitlicher Durchfahrt die beginnende Verwendung eines solchen Zwischenflurs. Die Anlage des Treppenhauses stellt hier insofern eine neue Lösung dar, als dieses nicht mehr mit der Durchfahrt unmittelbar verbunden, sondern als selbständiger Raum vollkommen von ihr losgelöst ist. Damit ist in langem Werdegang eine Lösung erreicht, wie sie schon zur Zeit Friedrichs I. einmal vorhanden war. Während sie damals jedoch noch eine Eigentümlichkeit der Häuser besonders bevorzugter Kreise bedeutete (Abb. 72), ist sie jetzt nach Vornahme gewisser Einschränkungen Allgemeingut geworden.

Bemerkenswert ist, daß auch Rowald und Tuckermann[116] genau denselben Grundriß bringen, wie er in Abb. 203 wiedergegeben ist, und ihn – dieses Mal übereinstimmend mit den Ergebnissen der vorher angestellten Betrachtungen – als üblichen Wohnungsgrundriß für die Zeit um 1770 bezeichnen, während beide ein Beispiel für den vorher erläuterten, besonders verbreiteten Grundriß mit der mittleren Durchfahrt überhaupt nicht anführen.

***206** Brüderstraße 13, Nikolaihaus, Hofanlage*

***207** Jägerstraße 32, Hofanlage*

Am Schluß dieser Ausführungen sei darauf hingewiesen, daß sich auch heute noch Grundrißbeispiele anführen lassen, die beweisen, daß man es damals auch verstanden hat, unter Abweichung von dem gewöhnlichen Schema anziehende und reizvolle Lösungen zu schaffen. Aus der Zahl dieser Grundrisse sei nur ein Beispiel herausgegriffen, das einen Glanzpunkt in dieser Entwicklung bedeutet, der Grundriß des Hauses Poststraße 16, der gleichzeitig in besonders anschaulicher Weise die Anlage des Mittelflurs gelöst hat (Abb. 150). Dadurch, daß man nicht nur dem Treppenloch, sondern auch den Wandungen des Treppenhauses die Ellipsenform zugrunde legte, ist in diesem ein Raum von besonders eindrucksvoller Schönheit und Harmonie geschaffen worden, in dem die prächtigen Schmiedearbeiten der Treppengeländer erst richtig zur Geltung kommen. Diese Harmonie wird nur noch vollendeter dadurch, daß auch der Vorraum nach der Straße zu gleichsam als Auftakt ähnliche Abmessungen und die gleiche Gestalt erhalten hat, wie überhaupt die vorbildliche Lösung des in der Eckachse untergebrachten Eingangs und der anschließenden Eingangs- und Treppenräume rückhaltlose Anerkennung und Bewunderung verdient.

2. Vordergebäude in Verbindung mit Hofgebäuden

Schon in früheren Kapiteln ist angedeutet worden, daß unter der Regierung Friedrichs des Großen der Berliner Seitenflügel und die Bebauung des hinter dem Vordergebäude gelegenen Hof- und Gartengeländes ihren Siegeszug begonnen haben. Nicolai[117] schreibt: »Es ist aber auch zu bedenken, daß der größte Teil der Häuser groß und geräumlich ist, daß fast die Hälfte der Häuser ansehnliche

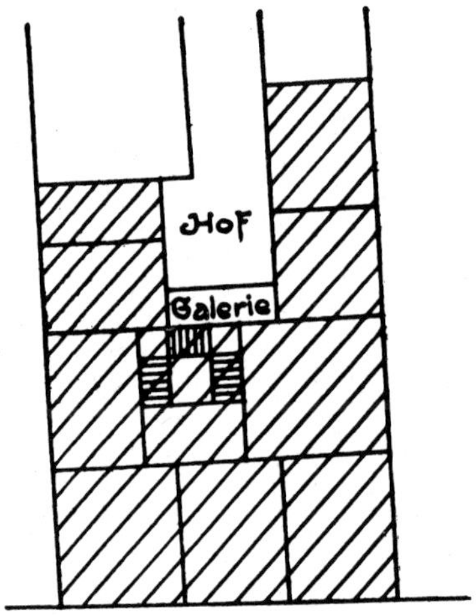

208 *Fischerstraße 29, Haus zum Eichkater, Hofansicht und Lageplan*

Seiten- und Hinterhäuser haben, welche in manchen Gegenden der Stadt beynahe stärker bewohnt sind, als die Vorderhäuser.«

Justus Konrad Müller[118] berichtet: »Geräumige und schöne Häuser, welche zum Teile noch weitläufige und hohe Hintergebäude haben, bewohnt selten eine Familie allein.«

Nach Nicolai wurden im Jahre 1777 zum erstenmal die Hinterhäuser besonders gezählt, wobei sich außer 6470 Vorderhäusern 3225 Hinterhäuser, zusammen also 9695 Gebäude ergaben. Danach bestand schon etwa ein Drittel sämtlicher Häuser aus Hintergebäuden, wobei allerdings zu berücksichtigen ist, daß in den genannten Zahlen offenbar Wohngebäude sowohl wie Wirtschaftsgebäude enthalten sind. Diese Zahlen haben also nur einen bedingten Wert und müssen durch andere Angaben in ihrem Werte ergänzt werden. Nicolai[117] berichtet weiter: »Es gibt Häuser, in welchen an 16 Familien wohnen.« Schon die Ausdrucksweise verrät hier, daß es sich um etwas ganz Ungewöhnliches, Staunenswertes handelt. In den mehrfach erwähnten »Freyen Bemerkungen« ist zu lesen[119]: »Es wird gemeiniglich ein Haus zu 15 bis 16 Einwohnern gerechnet.« Diese Zahl stimmt auch ungefähr mit Zahlen aus anderen Quellen überein, so daß also die Behausungsziffer noch eine verhältnismäßig bescheidene war. Die Schilderung des Werdegangs der allmählichen Bebauung des hinteren Geländes mit Hof- und Seitengebäuden ist schon in dem betreffenden Abschnitt des vorigen Kapitels gestreift worden (S. 118); in dem entsprechenden Abschnitt des nächsten Kapitels wird sie noch ergänzt werden.

Daß man bei dieser weitergehenden Ausnutzung des Hof- und Gartengeländes mitunter auf Lösungen zurück-

209 *Fischerstraße, typischer Hinterhof*

210 *Fischerstraße 32, Grundrisse mit Hofgebäuden*

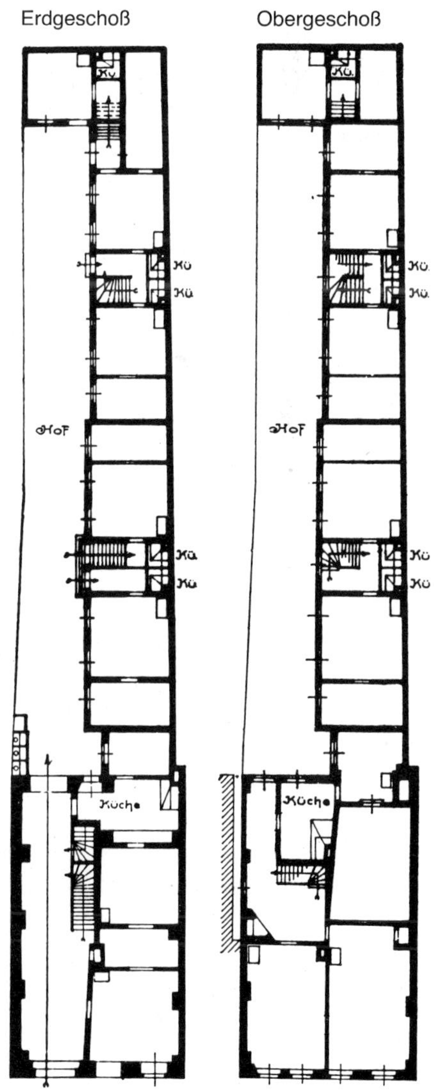

gegriffen hat, die schon Jahrzehnte vorher üblich gewesen waren, verdient besonders erwähnt zu werden. Das Haus Parochialstraße 6 weist z.B. genau denselben Grundriß auf, wie die auf Seite 32 besprochenen Häuser: zwischen einem Vordergebäude und einem Hintergebäude liegt auf dem Hof die Treppe, welche den Zugang zu beiden vermittelt. In noch bemerkenswerterer Weise ist dasselbe Bebauungsschema bei dem Grundstück Molkenmarkt 8 verwendet worden (Abb.202). Hier scheinen die Räume in dem Hofbau Küchen gewesen zu sein (vgl. hierzu die Ausführungen auf S.50). Hätte man den Küchenbau unmittelbar im Anschluß an das Treppenhaus errichtet, so wären zwei sehr kleine, kaum brauchbare Höfe (einer vor und einer hinter dem Küchenbau) entstanden. Gleichzeitig wäre aber den hinteren Räumen des Vorderhauses viel Licht weggenommen worden. so rückte der betreffende Baumeister den Küchenbau sehr richtig an die hinterste Grenze des Grundstücks – da er die Küchen im Vorderhaus ja doch nicht unterbringen konnte – und verband das Vorderhaus und die Treppe einerseits und den Küchenbau anderseits durch eine Galerie (Abb.201,202).

In welch verhältnismäßig bescheidener Weise die sich allmählich durchsetzende Hofbebauung nach der neuen Bauweise zunächst vorgenommen worden ist, dafür bietet das Haus Kreuzstraße 15 ein lehrreiches Beispiel (Abb.162–164). Bis zum Jahre 1767 hatte auf dem Grundstück ein zweistöckiges Wohnhaus gestanden, das in diesem Jahre abgerissen und neu »von drei Etagen Höhe, 50½ Fuß Länge und 27 Fuß Tiefe, mit einem geraden Dach« und »massiv« wieder aufgebaut worden ist. Vorher hatte das Haus nicht dieselbe Frontlänge besessen, sondern seitlich noch eine Einfahrt gehabt, was offenbar bis dahin öfters vorgekommen ist. In dem neuen Hause sollten »Stuben, Kammern und Küchen« angelegt werden. Seitengebäude und Quergebäude sind damals noch nicht beantragt worden. Das Seitengebäude rechts ist 1815 vorhanden, erst 1820 werden beide Seitengebäude bis zur hinteren Grundstücksgrenze verlängert.[120]

Wenn man den Werdegang dieser Hofbebauung als den gewöhnlichen ansieht, so ergibt sich daraus – was sich aus zahlreichen Aktenstücken der Berliner Baupolizei noch heute nachweisen läßt –, daß die Hofgebäude zunächst in der Regel nur in bescheidener Höhe von ein bis zwei Stockwerken errichtet worden sind, daß man auch keineswegs die Seitengebäude sofort in der ganzen Tiefe des Grundstücks errichtet, geschweige denn von vornherein eine Bebauung des Grundstücks auf allen vier Seiten vorgenommen hat. Allmählich fangen dann einige Hausbesitzer an (in der Regel nur von dem Gedanken geleitet, einen größeren Ertrag aus ihrem Grundstück herauszuschlagen), auf das zweite Stockwerk der Hofgebäude noch ein drittes, auf das dritte noch ein viertes aufzusetzen. Dieses Beispiel erregt Aufsehen und findet bald Nachahmung. Gleichzeitig wird das alte Seitengebäude durch Ansetzen eines zweiten, gegebenenfalls das zweite auch noch durch ein drittes verlängert, was sich aus den verschiedenen Baustoffen, recht oft aber auch aus den Rücksprüngen in der Frontwand feststellen läßt. Eine Beschränkung in der Ausnutzung des Grund und Bodens durch irgendwelche gesetzliche Bestimmungen bestand nicht, eine Beschränkung in der Gebäudehöhe war gleichfalls nicht bekannt. Es ist klar, daß unter diesen Umständen, nachdem man erst einmal erkannt hatte, was für einen Wertgegenstand man in seinem Grundstück besaß und wie viele bisher ungekannte und ungenützte Möglichkeiten zu verhältnismäßig leichtem Gewinn dieses in sich barg, der Prozeß, dessen Endergebnis heute vor unser aller Augen steht, einen außerordentlich schnellen Verlauf nehmen mußte. Wenn man den eben geschilderten Gang der Ereignisse an der Hand der Akten des Polizeipräsidiums verfolgt, kann man das Gefühl nicht los werden, daß es damals doch in bedauerlicher Weise an dem erforderlichen Weitblick gefehlt hat. Wenn wirklich einmal in seltenen Fällen Bedenken gegen eine weitere Ausnutzung des Geländes und gegen immer weitergehende Aufstockungen auftraten, dann waren sie höchstens von Gründen der Feuersicherheit geboten – und wie leicht selbst diese genommen wurden, geht schon daraus hervor, daß man die Geschoßerhöhungen noch in Fachwerk vornehmen durfte!

Nachdem man nun begonnen hatte, planmäßig Seitenflügel mit Wohnungen zu errichten, entstand die neue Aufgabe, diese Wohnungen zugänglich zu machen. Die Errichtung besonderer Treppenhäuser in den Seitenflügeln verursachte damals schon, wie heute noch, besondere Kosten und war deshalb nicht sehr beliebt. Immerhin scheute man auch vor einer solchen Lösung nicht zurück, besonders wenn man durch das zweite Treppenhaus womöglich einen Seitenflügel und ein Quergebäude gleichzeitig zugänglich machen konnte. In welcher Weise man die Aufgabe löste, zeigt das Haus Grünstraße 9 (Abb.180). Man legte das Treppenhaus in die Ecke zwischen Quer- und Seitenflügel, indem man lieber ein dunkles Treppenhaus als ein dunkles Zimmer (das spätere Berliner Zimmer) in Kauf nahm. Beim Anschluß des Seitenflügels an das Vorderhaus ließ sich jedoch ein vollkommen finsterer Raum in den Vorderwohnungen nicht vermeiden. Irgendeine innige Verbindung zwischen Vorderhaus und Seitenflügel bestand noch nicht. Die Lösung dieser Aufgabe war auch zunächst noch nicht so brennend, weil in der Regel im Vorderhaus wie im Seitengebäude selbständige Wohnungen lagen. Um diese beiden Gebäudeteile durch ein Treppenhaus zugänglich zu machen, griff man bei einer Reihe von Häusern zu einer recht bemerkenswerten Lösung. Rowald und Tuckermann[121] bringen übereinstimmend den in Abb. 138 dargestellten Grundriß. Tuckermann bemerkt hierzu: »Hierbei legt sich die Treppe parallel zu den Frontmauern und läßt in der Breite eines dritten Laufes noch einen dritten Flurgang übrig, um zu dem Hofflügel zu gelangen.« Er gibt gleichzeitig dabei an, daß diese Lösung besonders bei fiskalischen Gebäuden beliebt gewesen und bis auf die Zeit Friedrichs III. zurückzuführen sei. Rowald spricht diese Lösung dagegen schon nur noch dem »vorigen« (18.) Jahrhundert zu und erklärt gleichzeitig: »Jedoch hat diese Anordnung, welche anderen Orts[122] noch wiederkehrt, in Berlin außer bei Eckhäusern keine Entwicklung gefunden.« Die Ausführungen dieser sonst so weitgehend übereinstimmenden Schriftsteller widersprechen sich also hier recht stark. Dem Verfasser ist es nur gelungen, ein einziges Beispiel für eine derartige Grundrißlösung heute noch ausfindig zu machen, nämlich das im Jahre 1770 errichtete Haus Breitestraße 5.

Das bequemste und außerordentlich oft angewendete Mittel, um mit einem Treppenhaus auszukommen, bestand in der Verwendung von Galerien, in einfacher Weise wird diese Lösung veranschaulicht durch die Gebäudeanlage des Hauses Fischerstraße 29: Zwischen den beiden Seitenflügeln ist an der Rückwand des Vorderhauses in jedem Stockwerk eine Galerie angeordnet, die von dem ebenfalls an der Rückwand des Vorderhauses liegenden Treppenhaus aus zugänglich ist (Abb. 208, 209).

Beschränkte sich die Anwendung der Galerien auf derartige, einfache und klar zu lösende Fälle, so wird gegen diese Lösung nicht allzuviel einzuwenden sein. Man ging aber in der Benutzung dieses Mittels manchmal so weit, daß man sich heute fragt, ob die aufgewendeten Kosten noch in einem richtigen Verhältnis zu dem erzielten Nutzen gestanden haben. Ein besonders drastisches Beispiel bietet in dieser Beziehung das Haus Schornsteinfegergasse 7 (Abb. 136, 137), das auf dem Hof einen Seitenflügel und ein Quergebäude, aber nur eine einzige Treppe im Vorderhaus besitzt. Um die Hofgebäude zugänglich zu machen, sind an der hinteren Frontwand des Vorderhauses im ersten und zweiten Stock Galerien angebracht; von der ersten führt eine frei über dem Hofe schwebende Treppe von sechs Stufen hinunter in das erste Obergeschoß des Quergebäudes, eine solche von fünf Stufen hinauf in das zweite Obergeschoß des Seitenflügels. Das dritte Obergeschoß des Seitenflügels liegt mit der zweiten Galerie in gleicher Höhe, während wiederum eine Treppe von acht Stufen von dieser Galerie zum Dachgeschoß führt.

Waren diese Galerien in überlegter Weise angebracht und, wie dies sehr oft geschah, auch architektonisch ausgebildet, so konnten sie sehr malerisch wirken. Ein besonders schönes Beispiel für einen solchen, durch mehrere Geschosse hindurchreichenden Galerievorbau besaß das abgebrochene Haus Jägerstraße 32 (Abb. 207), bei dem aber diese aufwendige Anlage vermutlich auch als Ersatz der fehlenden Wohnungsflure zur besseren Verbindung der einzelnen Räume untereinander gedient hat.

Eine eigene Entwicklung nahm noch die Hofbebauung derjenigen Grundstücke, die sich bei geringer Frontbreite durch eine besonders große Tiefenausdehnung auszeichneten. Solche Grundstücke sind z. B. besonders in der Stralauerstraße vorhanden, in der sich die hinter den Vordergebäuden befindlichen Gärten ursprünglich bis zur Spree ausgedehnt hatten. Früher hatten sie allerdings noch nicht eine so große Tiefe besessen wie heute, da das Spreebett viel breiter und noch nicht geregelt war. Besonders infolge der Errichtung der Festungswerke durch den Großen Kurfürsten ist die Spree bedeutend in ihren Ufern zurückgetreten; nachdem noch die Regulierung hinzugekommen war, hatten die erwähnten Grundstücke einen außerordentlichen Zuwachs in der Tiefenrichtung zu verzeichnen. Hier entwickelte sich nun auf dem Gelände der ehemaligen Gärten im Laufe der Zeiten eine Bebauung, die durch die Errichtung mehrerer Quergebäude und mehrerer Seitenflügel von ganz bedeutender Länge gekennzeichnet wird. Die Quergebäude weichen in ihrer Grundrißform von den üblichen Vordergebäuden kaum ab. Dagegen bürgerte sich für die Seitenflügel eine Lösung ein, die auch anderwärts gebräuchlich wurde und sich sogar bis ins 19. Jahrhundert hinein erhalten hat. Als Beispiel sei der Grundriß des Hauses Fischerstraße 32 gebracht (Abb. 211). Hier, in dem ältesten Teile der Stadt, wo die Grundstücke oft noch nach mittelalterlicher Art sehr schmal, aber sehr tief waren, ging eine ganz verwandte Entwicklung wie die eben geschilderte vor sich (Abb. 210).

Insbesondere pflegte man die Grundstücke in der ganzen Tiefe allmählich mit Seitengebäuden zu bebauen. An dem Grundriß des Hauses Fischerstraße 32 kann man auch erkennen, wie diese Bebauung in einzelnen Abschnitten vor sich gegangen ist. Bei der Gestaltung dieser Seitenflügel griff man auf eine Lösung zurück, wie sie z. B. bei den Häusern in der Waisenstraße (S. 75 und 112) bereits angewendet worden war (Abb. 68, 116). Von einer gemeinschaftlichen Treppe machte man in jedem Stockwerk zwei aus je einer Stube und Kammer bestehende Kleinwohnungen zugänglich; die Küchen wurden wieder in Form von dunklen Kochstellen nebeneinander auf dem Treppenflur untergebracht, eine Anordnung, die sich trotz ihrer unglaublichen Feuergefährlichkeit und ihrer sonstigen zahlreichen Mängel dank des Fehlens jeglicher Bauvorschriften noch jahrzehntelang behaupten konnte (vgl. Grenadierstraße 23, Abb. 245–247). Das Erdgeschoß hatte meistens einen besonderen Eingang, so daß man an dieser Stelle die Überlieferung der wiederholt erwähnten doppeltürigen Anlage feststellen kann (vgl. u. a. S. 45/46).

211 *Fischerstraße 33, Hausflur*

5. Kapitel

Die Zeit der Regierung Friedrich Wilhelm II.

1786–1797

und Friedrich Wilhelm III.

1797–1840

212 *Stadtplan von Lenz 1823, Ausschnitt: Der Ostteil mit Alexanderplatz*

A
Aus der Geschichte der Stadt und des Wohnhauses

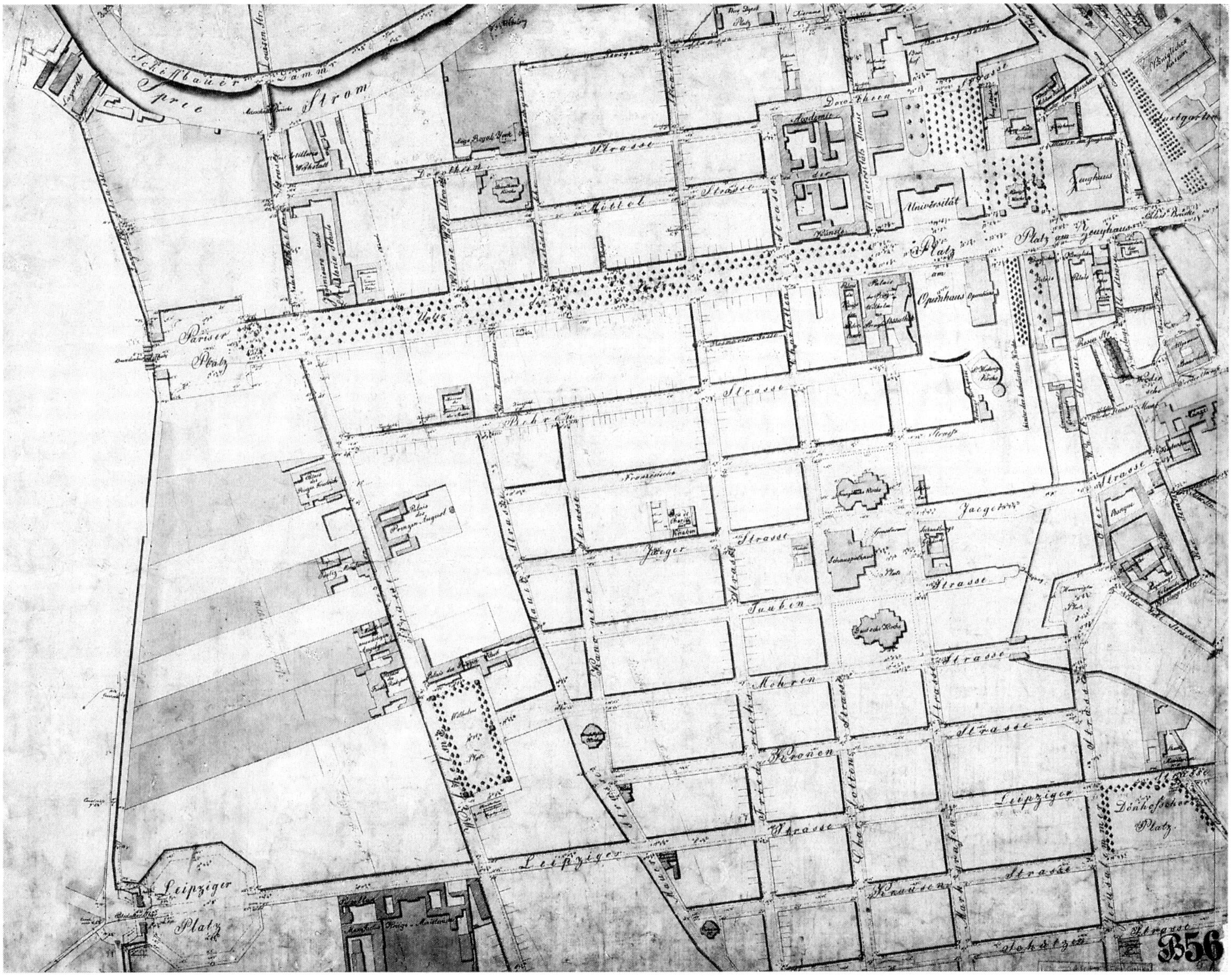

213 *Stadtplan von Lenz 1823, Ausschnitt: Der Westteil mit der Friedrichstadt*

214 *Charlottenstraße 49*

Die Fürsorge Friedrichs des Großen für den Berliner Wohnhausbau hatte alles in den Schatten gestellt, was seine Vorgänger auf diesem Gebiet geleistet hatten. Auch die Tätigkeit seines Nachfolgers, Friedrich Wilhelm II., die im ganzen nur elf Jahre währte, reicht nicht im entferntesten an diese Leistungen heran. Das Schlußverzeichnis in den Akten des Oberhofbauamtes berechnet die Zahl der Immediatbauten auf 133.[123] – Die Bautätigkeit Friedrich Wilhelms erstreckte sich vor allen Dingen auf die ersten drei Jahre. Schon im Jahre 1790 trat eine bedeutende Einschränkung ein, die durch eine Kabinettsorder vom 31. März an den Minister v. Wöllner angeordnet wurde: »Aus bewegenden Ursachen finde ich vor nöthig Euch hierdurch anzubefehlen, sofort alle und jede Bauten bis auf weitere Ordre zu sistieren, ausgenommen das ... Denen sämtlichen Particuliers, welchen entweder Häuser versprochen, oder die auch schon angefangen sind, müsset Ihr bekannt machen, daß sie anjetzt zwar keine Baukosten erhalten können, daß es ihnen aber frei stehe, aus ihren Mitteln fortzubauen, und sie hierdurch die Versicherung erhalten, daß sobald die jetzt abgesagten Bauten in Berlin und Potsdam wieder anfangen können, ihnen die Baukosten erstattet werden sollen.«

Von welchen Gesichtspunkten Friedrich Wilhelm II. bei der Errichtung der Immediatbauten ausgegangen ist, ergibt sich aus zwei Erlassen, von denen der erste vom 30. Juli 1795 dahinging, »nicht mehr Hinter- und Nebengebäude, noch weniger Interieurbauten in Anschlag zu bringen, weil dies gänzlich gegen den Endzweck läuft, die Stadt zu embelliren.« Es kam also wie unter dem Vorgänger in erster Linie darauf an, die Stadt äußerlich zu verschönern. Allerdings sollte dies mit maßvoller Beschränkung geschehen, denn am 20. April 1797 verordnete der König: »Mein Wille ist nächst einer guten innerlichen Disposition und Solidité schöne und geschmackvolle Fassaden zu geben, jedoch müssen es Partikulierhäuser bleiben, keineswegs aber Paläste werden.«

Von der planmäßigen Anlage neuer Stadtteile war nicht mehr die Rede, es handelte sich nur noch um die Erweiterung der Stadt durch einzelne Straßen und vor allen Dingen um den Ausbau vorhandener Straßenzüge (z. B. Nordseite der Behrenstraße). Die Zahl der Einwohner war während der kurzen Regierungszeit Friedrich Wilhelms II. bis zum Jahre 1798 auf 157 000 Seelen (einschließlich einer Garnison von 30 000 Köpfen) gestiegen.

Mit Friedrich Wilhelm II. klingt die Zeit der landesfürstlichen Bautätigkeit ab; sein Nachfolger Friedrich Wilhelm III. hat Wohnhausbauten auf seine Kosten oder mit königlicher Unterstützung schon nicht mehr errichten lassen. Neue Stadterweiterungen wie unter den verschiedenen Vorgängern kamen nicht in Frage. Es folgte ja auch nicht lange nach dem Regierungsantritte des Königs die Leidenszeit der Napoleonischen Kriege, und auch nach den siegreichen Befreiungskämpfen gab es noch schwere Jahre.

Der Ernst der Zeit machte sich unter anderem auch in den Zahlen des Bevölkerungszuwachses bemerkbar. Die Einwohnerzahl wuchs seit dem Tode Friedrichs des Großen in den 19 Jahren von 1786 bis 1805 nur um 20 000 Köpfe und in den 43 Jahren von 1786 bis 1829 nur um 95 000 Seelen, während in den zehn Jahren von 1840 bis 1850 nicht weniger als rd. 100 000 Menschen neue Unterkunft in Wohnungen verlangten. Es war also schon das Bedürfnis nach neuen Häusern und neuen Wohnungen ein beschränktes. Dieser Umstand mag mit dazu beigetragen haben, daß der nächste große Zeitabschnitt in der Geschichte des Berliner Wohnhauses, die durch das gewaltige Anwachsen der Bevölkerung Berlins und die unbeschränkte Herrschaft der Mietkaserne gekennzeichnet wird, den großen Anforderungen und Aufgaben, die während dieser Zeit an den Berliner Wohnungs- und Wohnhausbau sowohl wie auch die Berliner Stadterweiterungskunst herantraten, so vollständig ratlos und gänzlich ungewachsen gegenüber gestanden hat.

***215** Spandauer Brücke 8*

B
Die Gestaltung des Äußeren

216 *Neue Promenade 2*

217 *Friedrichsgracht 35*

Im Ausgange des Kapitels, welches die Gestaltung des Äußeren des Berliner Wohnhauses während der Regierungszeit Friedrichs des Großen behandelt hat, sind schon Bauten besprochen worden, deren Entstehungszeit bereits in die ersten Regierungsjahre Friedrich Wilhelms II. fielen. Schon daraus ergibt sich, daß eine scharfe Trennung in der Entwicklung der Fassadengestaltung zwischen diesen beiden Zeitabschnitten nicht zu machen ist. In der Tat läßt sich die ganze Zeit der Regierung Friedrich Wilhelms II. am besten als eine Zeit des Überganges und allmählichen Umschwungs überlieferter Anschauungen kennzeichnen, die sich sowohl auf politischem, geistigem als auch künstlerischem Gebiet bemerkbar machte. Es ist schon angedeutet worden, in welchem Sinne sich dieser Umschwung vollzogen hat[124], wie die Elemente des Zopfstils, die für die Friderizianische Kunst nach dem Siebenjährigen Kriege so kennzeichnend geworden waren, mehr und mehr von antiken Formen durchsetzt wurden, und wie selbst die aus dem Zopfstil übernommenen architektonischen Gestaltungsmittel eine Umformung in klassischem Sinne, d.h. im Sinne einer Vereinfachung und Verfeinerung, durchmachten.

Die schon besprochenen Beispiele seien noch durch einige Bauten reicherer und einfacherer Art ergänzt. Den reicheren Fassaden sieht man durch ihr palastähnliches Gepräge meistens ihre von allerhöchster Stelle zugewiesene Aufgabe, »die Stadt zu embelliren«, schon von weitem an. Besonders bezeichnend sind bei ihnen die Attiken mit Figuren (Beispiele: Neue Promenade 2, Abb. 216, und Spandauer Brücke 8, Abb. 215, die beide aus dem Jahre 1787 stammen).

Bei dem Hause Neue Schönhauser Straße 5 (Abb. 218) lassen sich die zopfigen Elemente und diejenigen, welche der neuen Richtung entsprechend schon mehr den klassisch-antiken Einschlag zeigen, nach den in dem vorigen Kapitel gegebenen Erläuterungen leicht erkennen. Die über den Fenstern des zweiten Geschosses befindlichen Widderköpfe deuten auf Unger hin.[125] Große Verwandtschaft mit diesem Gebäude zeigt das in der Zeit von 1789 bis 1792 erbaute Haus Mauerstraße 35/36, als dessen Verfasser Borrmann Unger nennt.[125]

Das Neue in der Formengebung verkörpert in reiner und edler Form das unter der Leitung von Titel entstandene Haus Behrenstraße 66 (Abb. 222, 223)[126]. Die Pilaster am Mittelbau, der Triglyphenfries des Hauptgesimses, die Konsolen an den Fensterverdachungen, die Balusterreihen an den Brüstungen, ja sogar die kleinen Tropfen unter den Halbrundfenstern der Seitenrisalite sprechen deutlich die neue Sprache.

Auch einfachere Bauten zeigen, wenn auch in bescheidenerer Weise, die bezeichnende Mischung der Zopfformen mit den antiken Elementen. Die ersteren überwiegen noch bei der Fassade des Hauses Friedrichsgracht 35 (Abb. 217). Umgekehrt schlagen die Formen des Hauses Schloßplatz 6 schon mehr die neue Richtung ein (Abb. 219–221).

Die neue Wendung der Dinge, die sich mit der zunehmenden Beliebtheit der Formen in antik-klassischem Sinne und der ganz allgemein verfolgten Neigung nach größerer Ruhe und Schlichtheit in den oben beschriebenen Bauten so stark vorbereitet hatte, war mit dem Beginn der Regierungszeit Friedrich Wilhelms III. endgültig eingetreten, die Zeit des Neuklassizismus war angebrochen. Die Art und Weise, in der sich die neue Richtung äußerte, läßt sich unschwer erkennen. Vor allen Dingen war man der immer und immer wieder verwendeten Schmuckformen und architektonischen Gestaltungsmittel des Zopfstils, jener Pilaster- und Wandsäulen, der Fensterverdachungen, Muscheln und Kartuschen, der Figuren auf den Attiken, der hängenden Tücher und Löwenfelle endgültig müde. Nach all dem Formenkram ersehnte man Ruhe und Einfachheit. Dabei stützte man sich zwar nach wie vor bei der Formenausbildung der Fassaden auf die antike Formenwelt; aber es geschah dies jetzt in einem ganz anderen Sinne und in einer ganz anderen Weise, als dies bisher geschehen war. Man stellte sich in einen bewußten Gegensatz zum Zopfstil, indem man die für diesen kennzeichnenden Gesimse und plastischen Verzierungen fallen ließ; sie standen einer ruhigen Flächenentwicklung, die man in erster Linie erstrebte, entgegen. Um diese ruhigen Flächen, in die die Fenster meistens sogar ohne jegliche Rahmenprofilierung eingeschnitten wurden, zu beleben, griff man wieder auf die antike Kunst zurück, und zwar benutzte man vorzugsweise das antike Ornament. So entstand jene Kunst »Um 1800«, deren architektonische Äußerungen sich heute wieder besonderer Beliebtheit erfreuen. Diese Äußerungen sind zwar oft recht bescheidener und einfacher Natur, ja man wirft ihnen mitunter wohl auch Dürftigkeit und Gedankenarmut vor. Trotz alledem wird man nicht leugnen können, daß die einfache Formensprache jener Bauten ganz bedeutend anziehender berührt als beispielsweise diejenige, die sich zur Zeit des Zopfstils selbst auf den Fronten bescheidener Häuser breit machte, deren Aufwendigkeit in gar keinem Verhältnis stand zu den schlichten Bürgerwohnungen, die hinter diesen architektonischen Schaustellungen ihr Dasein fristeten. Eine derartige oder doch dem inneren Sinne nach ähnliche Ausgestaltung des Äußeren wird auch heute noch stets am Platze sein, wo es sich um die formale Ausbildung von einzelnen Wohnhäusern handelt – zumal die einheitliche Ausgestaltung einer ganzen Blockwand durch eine Hand voraussichtlich auch in Zukunft eine Ausnahme bleiben wird –, wenn anders das erstrebenswerte Ziel einer ruhig, harmonisch und geschlossen wirkenden Straßenwandung erreicht werden soll.

Noch heute gibt es eine verhältnismäßig große Zahl von Häusern, die als Beispiele für die vorhergegangenen Ausführungen angeführt werden können. Da eine Betrachtung in zeitlicher Reihenfolge infolge des Umstandes, daß sich selbst bei einer um mehrere Jahre unterschiedlichen Entstehungszeit wesentliche stilistische Verschiedenheiten nur selten bemerkbar machen, wenig Reiz bietet, sind die im Nachfolgenden beschriebenen Beispiele nach formalen Gesichtspunkten zusammengestellt.

Der zur Verwendung gelangende Schmuck ist sowohl pflanzlicher wie figürlicher Natur. Es wird sowohl jedes für sich allein verwendet, wie auch beide Arten gleichzeitig vorkommen. Die Ausschmückung mit pflanzlichem Schmuckwerk kann sich auf einige besonders ausgezeichnete Punkte beschränken, aber auch reihen- und friesartig in die Erscheinung treten.

Die einfachste Art der Hervorhebung einzelner Punkte besteht in der Verwendung von Rosetten, wie sie z. B. das Haus Propststraße 8 zeigt (Abb. 225). An die Stelle der Rosetten, denen meist Akanthusformen zugrunde gelegt sind, können auch Kränze, Laubgehänge, Vasen, Füllhörner, bei figürlichem Schmuckwerke Masken, Köpfe und Rundbilder treten. Bei dem im Jahre 1796[127] erbauten stattlichen Hause Neue Grünstraße 27 (Abb. 226, 228) hat man mehrere dieser Mittel gleichzeitig benutzt, sich aber bei ihrer Verwendung wie vorher auf die Hervorhebung einzelner Stellen beschränkt.

Wiederum Rosetten und außerdem noch Vasen benutzt als Schmuckelemente das Haus Landsbergerstraße 55 (Abb. 239); den Mittelpunkt bildet jedoch ein rechteckiges Feld, das mit Akanthusranken und mit figürlichen Darstellungen gefüllt ist. Bezeichnend ist der ganz verschiedene Maßstab, der einerseits bei diesem Felde, anderseits bei den Rosetten und Vasen zur Anwendung gekommen ist; bezeichnend ist ferner, wie nur ganz einfache ruhige Linien unter Vermeidung fast jeglicher Gesimse und Profile die Fläche aufteilen. Bei den friesartigen Darstellungen spielt ebenfalls der Akanthus eine bedeutsame Rolle. Das Haus Niederwallstraße 15 beschränkt sich z. B. auf einen Fries im Mittelfeld, während dieser bei dem Hause Fischerstraße 13 (Abb. 224) bereits über die ganze Breitseite hinweggeführt ist.

Noch klarer verdeutlicht die ornamentale Verwendung der Friesform das Haus Dresdener Straße 74, bei dem akanthusartige Kränze zu einem Fries zusammengereiht sind (Abb. 229). Ein weiteres, bekanntes Beispiel für eine derartige Ausschmückung bietet das Haus Poststraße 23. Dorotheenstraße 6 vereinigt Akanthusfries (Mittelbau), Figurenfries und Rosetten (Seitenrisalit) (Abb. 232, 233).

Die Fassade des bekannten Ermelerschen Hauses, Breite Straße 11, entfaltet durch die Anwendung zweier Friesdarstellungen einen besonderen Reichtum (Abb. 231). Während der Hauptfries unter der Fensterreihe des zweiten Stockwerks aus reichen Rankenzügen mit Akanthus- und sonstigem Blattwerk sowie Rosetten und maskenartigen Köpfen besteht, ist der zweite über dieser Fensterreihe aus Palmetten zusammengesetzt. Ein figürliches Flachbild über dem Torweg erhöht noch den reichen Eindruck. Einen streng stilisierten Palmettenfries besitzt das Haus Stralauer Straße 47 (Abb. 234).

Je später die Entstehungszeit der Häuser ist, desto lieber wendet man sich möglichst abstrakten Formen aus der griechischen Ornamentik zu. Sehr bezeichnend für diese Richtung ist das Haus Gipsstraße 11 (Abb. 236, 237), bei dem ganz schlichte und streng stilisierte Mäanderbänder am Fries des Mittelbaues und unter den Fensterverdachungen des Erdgeschosses das etwas trockene Zierwerk bilden. Derartige Ziermöglichkeiten verwendete man auch an den bescheidensten Bauten, sei es über oder unter den Fenstern, am Hauptgesims, am Torweg oder auch (wie beim Hause Falkoniergasse 8) am Eingang (Abb. 240, 241).

Einen friesartigen Schmuck besitzt auch das im Jahre 1801 erbaute bekannte Habelsche Haus (Weinhandlung) Unter den Linden 30[128] (Abb. 242, 244). Über den Fenstern des Erdgeschosses zieht sich hier ein aus Weinlaub, Vasen und Masken zusammengesetzter Rankenzug hin. Auch auf dem Lindenfries[129] ist das Haus deutlich zu erkennen.

Unter den bisher genannten Beispielen waren bereits einige, die auch figürlichen Schmuck verwendet hatten. In allen diesen Fällen war das Figürliche jedoch mit pflanzlichen Formen gleichzeitig zur Anwendung gekommen, so

218 *Neue Schönhauser Straße 5*

 219–221 *Schloßplatz 2–6*

Humboldt-Institut.
Magazin eleganter
Herren-Garderobe
C. RIESE
Steppdecken
Bier- & Frühstücks-Local.
Stehbierhalle

220

221

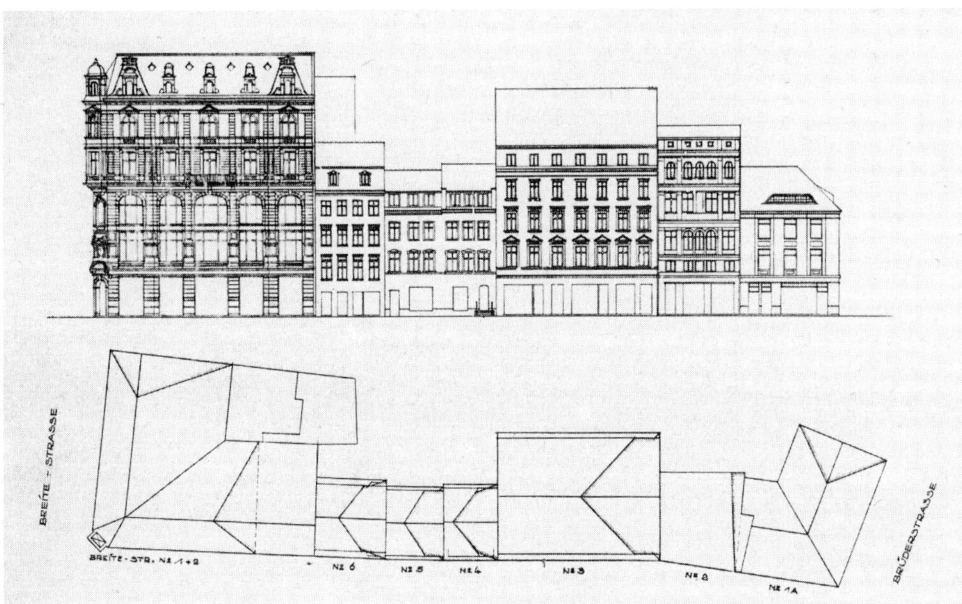
BREITE - STRASSE
BRÜDERSTRASSE

66

222, 223 *Behrenstraße 66*

224 *Fischerstraße 13*

Rechte Seite:
225 *Propststraße 8*

Fritz Gronau
Thiedemann
Specialität
Renovirungen
Max Abraham
8
Otto Stemler
Tischlerarbeit
Max Abraham

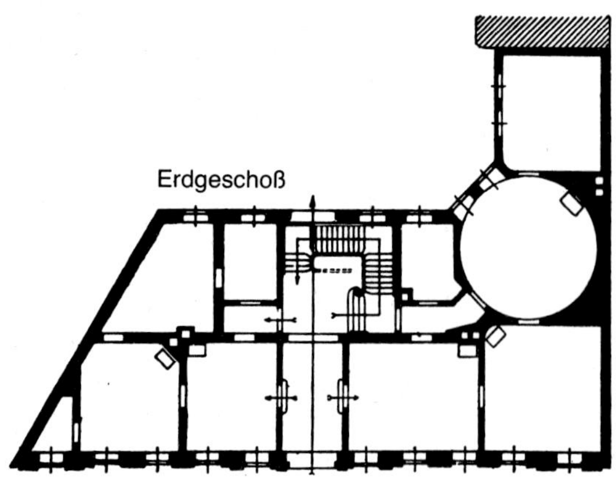

226–228 *Neue Grünstraße 27*

Albert Marwitz
Photographische Apparate
PROJEK
Albert Tuche
Marwitz Export
Tuche Albert
Versand Marwitz
Bamaglicht
Eisenbahnwagen Beleuchtung

229 *Dresdner Straße 74*

230 *Oranienburger Straße 80*

daß auf ihm nicht der alleinige Nachdruck lag. Anders ist es bei dem Hause Adlerstraße 5 (Abb. 248), bei dem ganz plastisch ausgearbeitete, verschieden gestaltete Köpfe den Hauptschmuck bilden. Das vertiefte Feld mit figürlichen Darstellungen unter dem Mittelfenster des ersten Stocks und die Akanthusblätter an den Brüstungen der danebenliegenden Fenster treten gegen diese Köpfe vollständig zurück. Dadurch, daß der figürliche Schmuck einerseits so außerordentlich plastisch gestaltet, anderseits aber so stark verzettelt ist, sodaß ein einheitlicher Eindruck nicht aufkommt, kann man diese Fassadengestaltung keineswegs als glücklich bezeichnen.

Viel besser wirkt hiergegen das Haus Grenadierstraße 23 (Abb. 245–247), bei dem schon die Durchführung eines einheitlichen Maßstabes besonders angenehm berührt.

Vor allen Dingen ist aber der figürliche Schmuck der bezeichnenden großen Linienteilung der Fassade in seiner Wirkung vollkommen untergeordnet, wozu auch der gewählte Flachbildmaßstab beiträgt. Die vertieften, ovalen Felder sind nach dem Vorbild antiker Gemmen gebildet, während eine friesartige Darstellung das Mittelrisalit betont.

Eine stattliche Fassade besaß das abgerissene Haus Neue Friedrichstraße 56 (Abb. 255, 256). Die Felder mit den Puttenflachbildern über den Fenstern des zweiten Stockwerks hatten trotz ihrer starken Vertiefung eine gute Wirkung; eine besondere Note bildete der die mittlere Fenstergruppe betonende, im ersten Stock zu einem Balkon benutzte Vorbau.

Den Höhepunkt der Entwicklung in dem neuklassizistischen Zeitabschnitt bildete Schinkel.

Auch er hat sich eingehend mit dem Wohnhausbau beschäftigt. Das Steinmeiersche Haus, Friedrichstraße 103, Schinkels erster Bau in Berlin (1805 erbaut), ist leider schon im Jahre 1892 abgerissen worden (Abb. 249)[130]. Dem prächtigen Redernschen Palais am Pariser Platz ist im Jahre 1906 das gleiche Schicksal widerfahren (Abb. 250). Auch die Fassade des Hauses Königstraße 62 soll von seiner Hand gestammt haben[131]. Das Haus Museumstraße 5 ist noch erhalten, besitzt jedoch, da es nicht eingebaut ist, mehr villenartiges Gepräge (Abb. 251).

Die Geschichte der Berliner Wohnhausfassade würde unvollständig sein, wollte man Schinkels weitergehende Versuche, in künstlerischem Sinne auf ihre Ausbildung einzuwirken, unerwähnt lassen. Auf seiner italienischen Reise hatte der Meister, besonders in Bologna und Ferra-

231 *Breite Straße 11, Ermeler-Haus, Aufnahme um 1910*

 232, 233 *Dorotheenstraße 6*

6
6
7

Schippang & Wehenkel. Photographische Artikel
August Hahn.
Tischlerei
Bau Möbel Ladeneinrichtung
A. Breuer.
Kupferschmiede.
STRAUSS-APOTHEKE.
47
Strauss Apotheke
Sanatogen
Strauss Apotheke
ringe
Fell u. Rauchwaaren-Handlung
Carl Block
Klempner 16 Meister

Linke Seite:
234 *Stralauer Straße 47*

235 *Kaiser-Wilhelm-Straße 38*

236–238 *Gipsstraße 11*

Erstes Obergeschoß 238

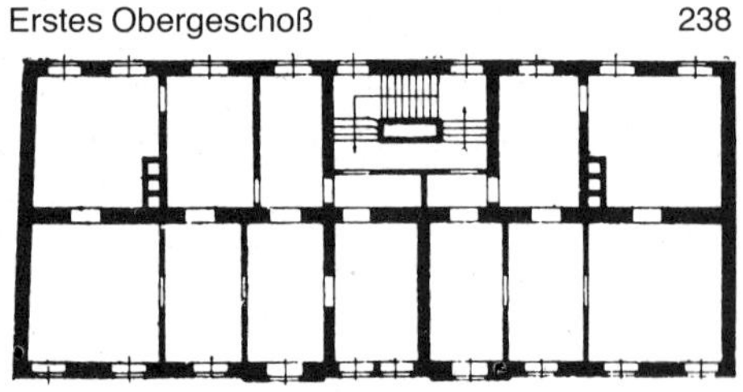

Erdgeschoß

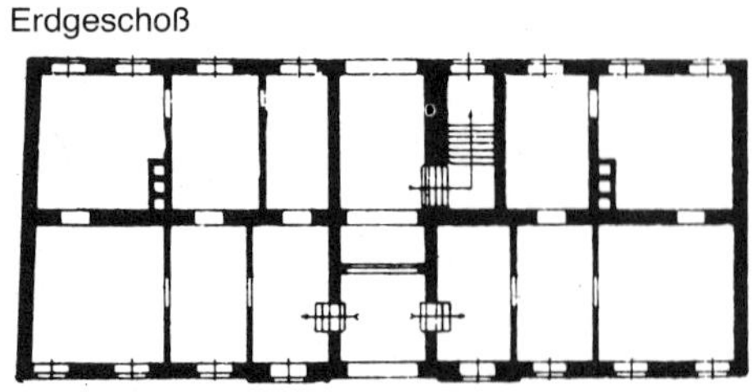

239 *Landsberger Straße 55*

240, 241 *Falkoniergasse 8*

ra, die Formen der Backsteinbaukunst studiert. Als er nach Berlin zurückkehrte, beschloß er, diese Kunst auch hier zu neuem Leben zu erwecken. Den Versuch, den nicht durch Putz verhüllten Backstein in Verbindung mit ornamentierten Terrakottateilen wieder allgemein einzuführen, hat er außer an der Bauakademie und der Werderschen Kirche vor allen Dingen an einem Wohnhaus unternommen, dem bekannten, in den Jahren 1828–30 errichteten Feilnerschen Wohnhaus, Feilnerstraße 1 (Abb. 252–254)[132]. So reizvoll diese Aufgabe war, so geschickt sie der große Meister auch zu lösen verstanden hat, so ist es doch bei diesen Versuchen geblieben; den Backsteinbau in Berlin zur allgemeinen Einführung zu bringen, ist auch ihm nicht gelungen.

C
Die Gestaltung des Grundrisses

1. Reine Vordergebäude

Die Entwicklung des Grundrisses während der Zeit Friedrich Wilhelms II. und Friedrich Wilhelms III. gestaltete sich verhältnismäßig einfach, wenigstens so weit Vordergebäude ohne Hofgebäude in Frage kamen. Man griff auf die in dem vorhergehenden Zeitabschnitt gefundene Lösung, die sich sehr gut bewährt hatte, zurück. Infolgedessen überwiegen die Grundrisse, bei denen der Eingang mit der Durchfahrt verbunden ist. Grundrisse mit Flureingang finden sich in der Regel nur bei kleinen und kleinsten Wohnhäusern.

Ähnlich wie in dem vorigen Abschnitt erinnerte man sich auch hier und da noch einmal an ein Grundrißschema, wie es vor langen Jahrzehnten gebräuchlich gewesen war. So scheint bei Anlagen mit Flureingang der Grundriß verbreitet gewesen zu sein, wie er schon bei den Häusern Friedrichsgracht 15 (Abb. 112) und Kleine Kurstraße 5 (Abb. 108) besprochen worden ist. Das Haus Friedrichsgracht 35 (Fassade: Abb. 217) hat fast genau denselben Grundriß, und der Plan des Vordergebäudes von Propststraße 8 beruht auf demselben Schema.

Das übliche Schema des besseren Wohnhauses stellt der Grundriß vom Hause Unter den Linden 30 dar (Abb. 243). In der Gesamtanlage unterscheidet er sich in nichts von demjenigen, der in dem vorigen Abschnitt als besonders stark verbreitet in mehreren Abwandlungen ausführlich besprochen worden ist. Das Treppenloch, das in jener Zeit die verschiedensten Formen und Ausbildungen erhalten hatte, besitzt jetzt meistens die Rechteckform, nähert sich auch oft stark dem Geviert, fast immer aber sind die Ecken mehr oder weniger ausgerundet (vgl. Abb. 257–261). Die geringen Abwandlungen bei einem neunachsigen Gebäude zeigt Gipsstraße 11 (Abb. 238). Auch das Vorderhaus von Grenadierstraße 23 (Abb. 246) und Hausvoigteiplatz 11 (Abb. 265) haben dieselbe Lösung. Eine Änderung geht nur in rein formaler Beziehung vor sich, und zwar beim Treppengeländer, das entsprechend den Stilwandlungen, welche die Fassade durchmachte, auch seinerseits in einem neuen Gewande auftrat. Zuerst zwar finden sich hier und da noch Formen, die stark an die laubsägeartig bearbeiteten, brettförmigen Traljen der früheren Zeit erinnern, wie z. B. das Treppengeländer vom Hause Neue Grünstraße 27 (Abb. 258). Dann aber geht man bald, besonders nachdem zu Beginn der Regierung Friedrich Wilhelms III. der Neuklassizismus zum Durchbruch gekommen ist, zu der Form der Traljenstäbe über. Diese sind meistens in irgendeiner Form profiliert, wie z. B. bei den Häusern Adlerstraße 5 und Stralauerstraße 48 (Abb. 257). An Stelle der hölzernen Stäbe kommen auch gußeiserne auf, deren Formen leider auch im Holz wiederholt werden (Abb. 259). Schließlich verzichtet man sogar ganz oder doch fast gänzlich auf die Profilierung (Abb. 261) und verwendet einfache vierkantige oder runde Stäbe wie z. B. im Hause Kaiser-Wilhelm-Straße 38 (Abb. 260).

2. Vordergebäude in Verbindung mit Hofgebäuden

Während der Regierungszeit Friedrich Wilhelms II. mögen die Fälle, in denen man bei der Bebauung des hinter dem Vordergebäude liegenden Geländes nach früherer Sitte nur niedrige Werkstatt- und Wirtschaftsgebäude ohne innere Verbindung mit dem Vordergebäude errichtete, schon eine Ausnahme gebildet haben. Eine ästhetisch außerordentlich reizvolle Lösung dieser Art bietet das Haus Propststraße 8 (Abb. 263).

Die Errichtung eines Seitenflügels war nun schon die Regel, und daß man auch jetzt noch zwecks Ersparnis eines Treppenhauses im Seitenflügel zu dem Hilfsmittel der Galerie griff (vgl. S. 189), dafür sei als Beispiel das Haus Alte Leipziger Straße 21 angeführt (Abb. 262). Man sieht auf dem Bilde deutlich, wie die Galerie von der im Vorder-

242, 243 *Unter den Linden 30*

Erdgeschoß

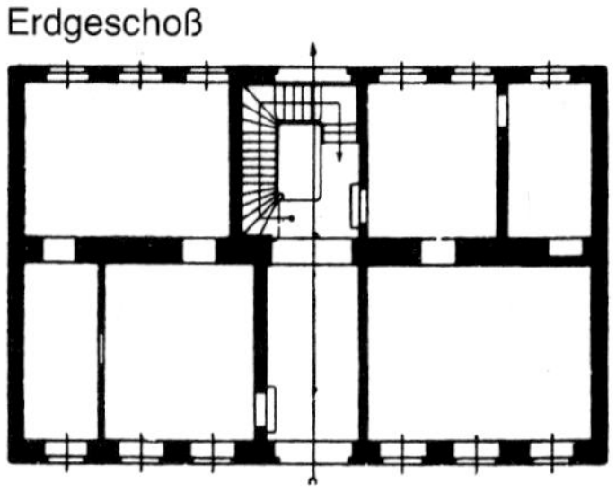

hause in der Ecke liegenden Treppe aus den Zugang zu den Räumen im Seitenflügel vermittelt. Die Galerie ist in diesem Fall nicht mehr auf die hintere Front des Vorderhauses beschränkt (vgl. Abb. 208, 209), sondern zieht sich am ganzen Seitenflügel entlang, um auch die am letzten Ende des langen Gebäudeteils liegenden Räume unmittelbar zugänglich zu machen.

Diese Lösung ist jedoch mehr und mehr im Schwinden; die Einbeziehung einiger Räume im Seitenflügel zu den Wohnungen im Vorderhaus und die Errichtung eines besonderen Treppenhauses im Seitenflügel wird allmählich zur Regel. Der Grundriß des Hauses Grenadierstraße 23 bietet ein lehrreiches Beispiel hierfür (Abb. 246). Zum erstenmal tritt zugleich das für die Berliner Wohnungsgrundrisse so bezeichnend gewordene und bis heute gebliebene und danach so benannte »Berliner Zimmer« auf, jener Raum, der in der Ecke zwischen Vorderhaus und dem Seitenflügel liegt und, wie immer man den Raum auch legen und welche Form man ihm auch geben mag, in seinem größten Teile eine vollkommen unzureichende Belichtung und damit zusammenhängend auch eine vollkommen unzureichende Lüftung besitzt. Dadurch, daß den Räumen im Seitenflügel meistens eine etwas größere Tiefe gegeben wird als dem Berliner Zimmer, entsteht neben dem unglücklichen Raum auch noch eine vorspringende Ecke, die ihm noch weiteres Licht entzieht (vgl. Abb. 246). Um dies nicht so schlimm in Erscheinung treten zu lassen, griff man zu dem sogar heute noch nicht ausgerotteten Hilfsmittel, den Raum in seiner Längenausdehnung zu verkürzen. Dadurch schob sich aber zwischen das Berliner Zimmer und die vorderen Räume ein vollkommen lichtloses Zwischengebilde, das in jener Zeit, in welcher der Alkoven noch immer nicht ganz ausgestorben war, besonders gern zum Schlafen benutzt wurde. Heute ist die Benutzung eines solchen Raumes zum Schlafen, weil zum dauernden Aufenthalt von Menschen nicht geeignet, baupolizeilich verboten. Daß er trotz alledem fast stets dazu benutzt wird, beweisen die Berichte der deutschen Wohnungsämter.

Der besprochene Grundriß ist auch lehrreich und bezeichnend zugleich für die Mischung von mittleren und kleinen Wohnungen in demselben Hause. Auf dem Treppenflur des Seitenflügels sind die zu den hinteren Wohnungen gehörigen Küchen oder Kochstellen nach der schon früher beschriebenen Art (S. 190) wieder vollständig luft- und lichtlos untergebracht.

Einen ganz verwandten Grundriß hatte das Haus Hausvoigteiplatz 11, das in erster Linie größere Wohnungen enthielt, aber trotzdem im Seitenflügel rechts neben der zweiten Treppe wieder ganz kleine Wohnungen von

244 *Unter den Linden 30, Weinstube Habel, Aufnahme um 1910*

Theater-Requisiten
Verleih-Institut
von
Franz Gontard
Holz u. Kohlen.
Ilse
Brikel
23
Theater-Requisiten
Verleih-Institut
von
Franz Gontard

245–247 *Grenadierstraße 23*

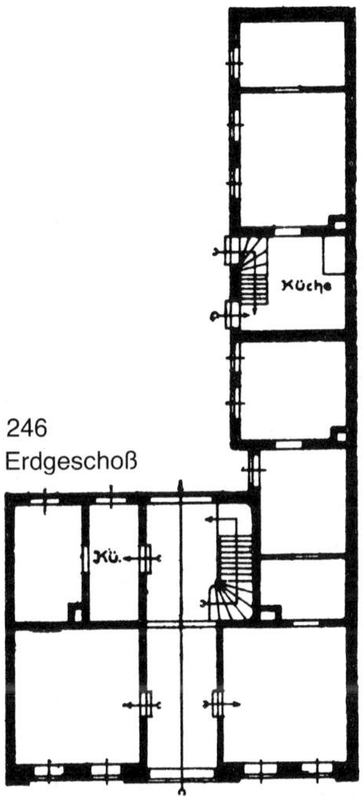

246
Erdgeschoß

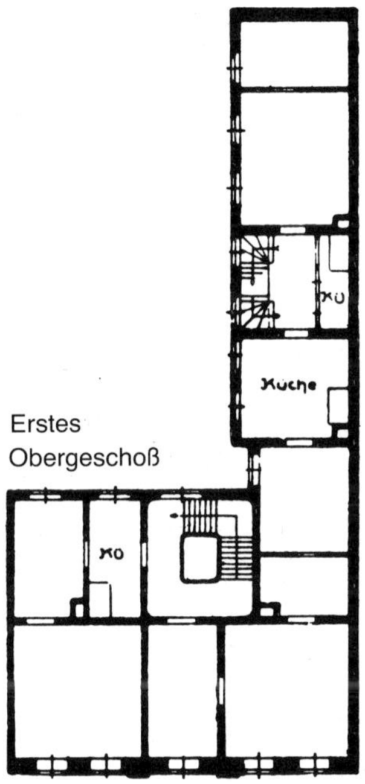

Erstes
Obergeschoß

247

zwei Räumen aufweist (Abb. 265). In der Gesamtanlage ist man hier schon wieder einen Schritt weitergegangen durch die Errichtung eines zweiten Seitenflügels. Von dieser Stelle bis zu jener, wo man dann den Hof von vornherein auf allen vier Seiten ringsherum bebaute, war nur ein kleiner Schritt. Die letztgenannte Art der Bebauung bedingte allerdings schon eine größere Grundstücksbreite. Bei weniger breiten Grundstücken mußte man sich wohl oder übel mit einem Seitenflügel begnügen, an den man aber sehr bald schon ein Quergebäude anschloß.

Den nicht zur Ausführung gekommenen Entwurf zu einem großen Wohnhaus für das Grundstück Französische Straße 31 aus dem Jahre 1805 zeigt Abb. 266. Der Grundriß ist in verschiedenen Beziehungen außerordentlich bezeichnend und bemerkenswert. Während die bisher besprochenen Beispiele noch wie früher sich mit einer Mittelmauer begnügt hatten, ist in diesem Fall, wie dies immer mehr (insbesondere bei größeren Wohnungen) üblich wird, der durch zwei Mittelmauern gebildete Mittelflur angewendet. Das mit der Durchfahrt verbundene Treppenhaus ist in der bekannten Weise gelöst. Neu ist dagegen die Art, wie man versucht hat, die Mängel des Berliner Zimmers zu umgehen, indem man den in der Ecke liegenden Raum durch ein schräg über Eck gelegtes Fenster erhellte. Wenn auch die Belichtung dadurch in mancher Beziehung eine Verbesserung erfuhr, so kam man doch über die mit der bedeutenden Tiefe des Raumes zusammenhängenden Mängel nicht hinweg. Besonders bemerkenswert ist jedoch, daß man die ungünstige Form des Berliner Zimmers in einzelnen Stockwerken durch Zugrundelegung eines Achteckes zu verbessern versuchte. Dadurch ist zweifellos eine geringfügige Verbesserung in der Belichtung auch erreicht, indem die dunkelsten Ecken durch die Seiten des Achtecks abgeschnitten werden.

Bezeichnend ist der Grundriß ferner für die damals oft vorkommende Einschiebung eines Zwischengeschosses

248 *Adlerstraße 5*

im Seitenflügel. Im Erdgeschoß ist der Seitenflügel zur Unterbringung von Stallungen oder von kleinen Wohnungen verwendet.

Die letzteren erhielten jedoch eine so niedrige Stockwerkhöhe, daß zwischen ihnen und dem ersten Obergeschoß noch ein sogenanntes »Entresol« untergebracht werden konnte. Die darin befindlichen Räume konnten auf der Stallseite zu den für die Erdgeschoßwohnungen des Vorderhauses erforderlichen Nebenräumen benutzt werden. Eine neben dem Berliner Zimmer eingeschobene, nur bis zur Fußbodenhöhe des Entresols führende Treppe vermittelt die Verbindung, während die eigentliche Seitenflügeltreppe am Ende dieses Gebäudeteiles liegt. Die ganze Grundrißeinteilung weist sicherlich in mancher Beziehung für die damaligen Verhältnisse eine gewisse Großzügigkeit auf. Anderseits besitzt er, mit dem Maßstabe unserer heutigen Anforderungen an einen in gesundheitlicher Beziehung einwandfreien Grundrißplan gemessen, in den teils gar nicht, teils nur mittelbar belichteten, niemals zu lüftenden Räumen im Seitenflügel wie auch in den dunklen Bettnischen im Berliner Zimmer (Erdgeschoß rechts) Raumanordnungen, die vor unseren heutigen Anschauungen nicht mehr bestehen können.

Dasselbe ist der Fall bezüglich der Abortgelegenheit. Es grenzt geradezu ans Märchenhafte, wenn man erfährt, wie genügsam man in dieser Beziehung noch auf lange, lange Jahrzehnte hinaus im 19. Jahrhundert in Berlin gewesen ist. Aus dem vorliegenden Grundriß (Abb. 266), der in dieser Hinsicht keineswegs eine Ausnahme von der Regel bedeutet, ergibt sich, daß selbst diese immerhin recht vornehmen Wohnungen durchaus nicht sämtlich einen besonderen Raum für den genannten Zweck besaßen. War er vorhanden, so war er vollkommen dunkel und nicht zu lüften (vgl. Erdgeschoß rechts); trotzdem war man sehr befriedigt, weil man froh war, überhaupt ein solches Gemach im Bereiche der Wohnung zu haben. Denn sehr häufig lagen die Aborte gemeinsam für alle Hausbewohner auf dem Hof. In dem vorgenannten dunklen Kämmerchen stand ein Nachtstuhl mit einem Eimer, der beim Fehlen dieses Raumes gewöhnlich im Schlafzimmer oder in der Küche untergebracht war[133].

Jedenfalls sind nach diesem Schema, nur unter Vornahme jeweiliger Abänderungen, welche durch die örtlichen Verhältnisse, andere Grundstücksabmessungen usw. bedingt wurden, die aber die wesentlichen Eigentümlichkeiten der Gesamtanlage nicht berührten, zahlreiche Wohnhäuser in der damaligen Zeit errichtet worden.

Auch der in der Abb. 264 wiedergegebene Grundriß mit Wohnungen von vier Zimmern und Küche (Vorderhaus rechts), drei Zimmern und Küche (Vorderhaus links) und zwei Stuben und Kochstelle (Seitenflügel rechts) hat fast alle die eben erwähnten bezeichnenden Merkmale sowie Mängel und Fehler. Zu den letzteren gehören vor allen Dingen wieder das Berliner Zimmer, das hier in etwas anderer Form auftritt, und die vollkommen finsteren, nicht zu lüftenden Aborte in den größeren Wohnungen. Bezeichnend ist auch die (heute baupolizeilich nicht mehr zulässige) dunkle Kochstelle der Kleinwohnungen im Seitenflügel.

Die weitere Entwicklung des Grundrisses in der nächsten Zeit hat mit derjenigen unter Friedrich dem Großen insofern eine gewisse Ähnlichkeit, als sich alle Abänderungen und Fortbildungsversuche im wesentlichen auf einen einzigen Gebäudeteil beschränken, damals das Treppen-

249 *Friedrichstraße 103, »Steinmeiersches Haus«, während des Abbruchs 1892*

250 *Pariser Platz, »Palais Redern«*

251 *Museumsstraße 5, früher zum Packhof gehörend*

Produkten
und
Papier-

252–254 *Feilnerstraße 1, »Feilnerhaus«*

253

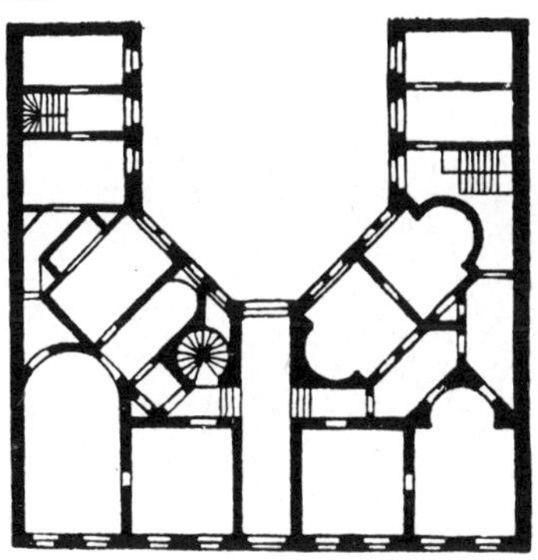

ewirtschaft.
sser
ck Mittag,
&
dtisch
Frühstück Stube
Bouillon
Kaffee
Milch
Gacao.
Billard Zimmer.
Electrotechnische Bedarfsartikel
für electrische Kleinbeleuchtung-Zimmerbeleuchtung etc.
Wandarme.
Tischlampen.
electr. Klingeln.
en gros
Albert Freund
export
Holzdruckknöpfe.
Leitungsdraht.
Fassungen.
Glühbirnen.
Elemente. etc.
Gold
Silberwaa
E. Benke

255, 256 *Neue Friedrichstraße 56*

257 *Stralauer Straße 48, Treppenanfang*

258 *Neue Grünstraße 27*

259 *Landsberger Straße 55*

260 *Kaiser-Wilhelm-Straße 38*

261 *Rosenstraße 13*

262 Alte Leipziger Straße 21, Hofgalerie

264 Mietshaus für Mittelwohnungen, Grundrißschema

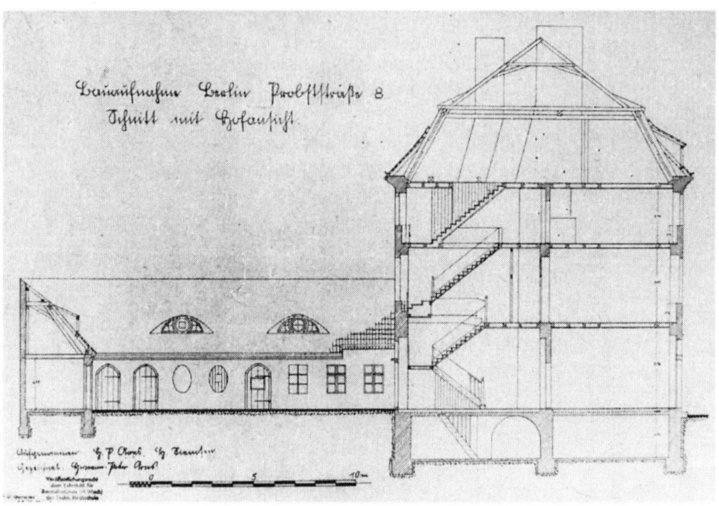

263 Propststraße 8, Schnitt durch den Hof

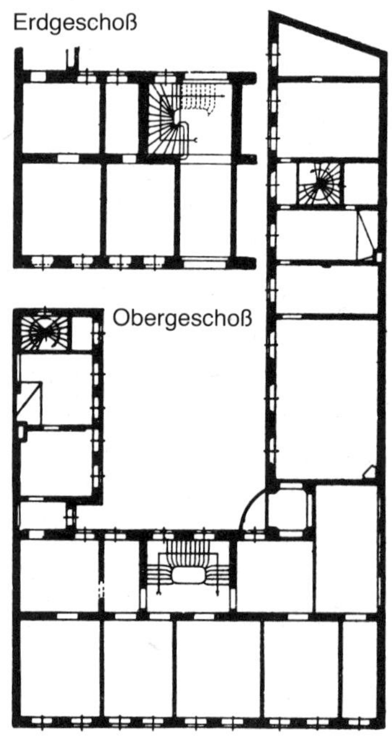

265 Hausvogteiplatz 11

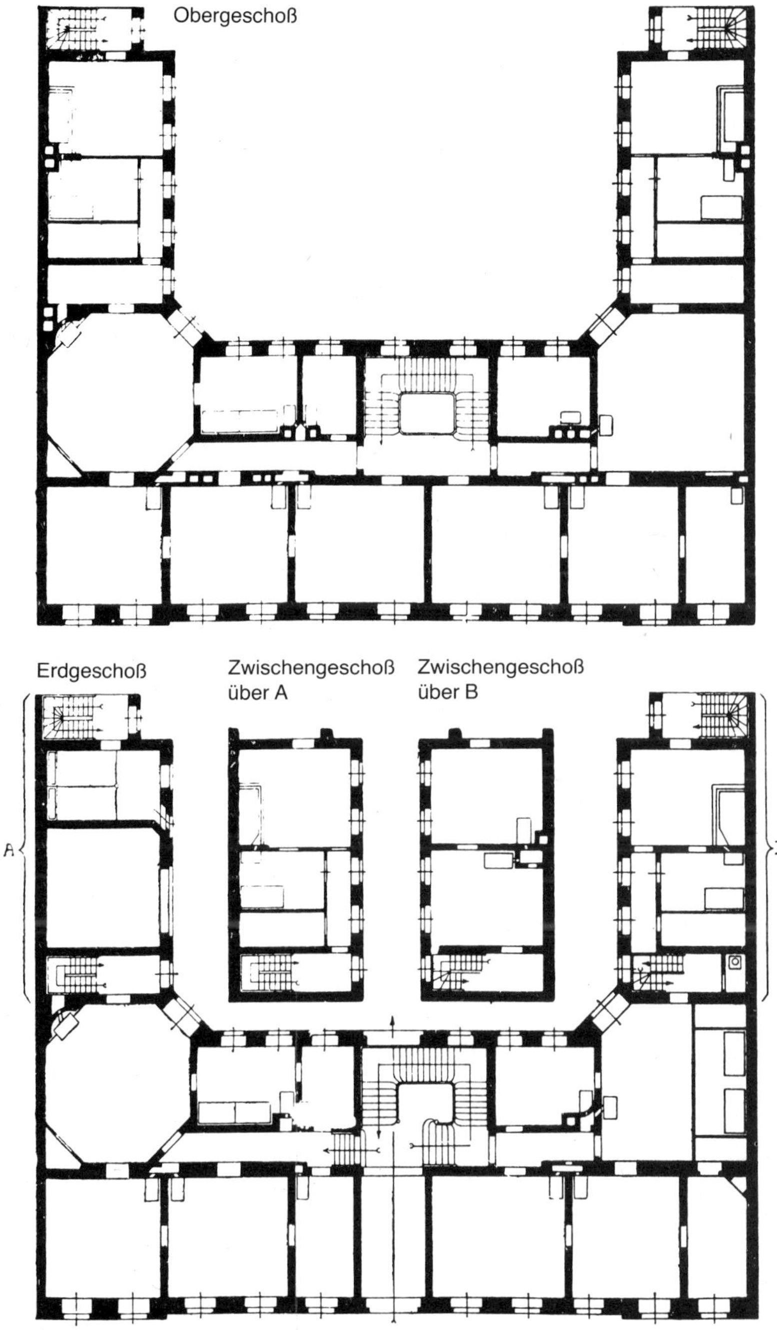

***266** Französische Straße 31, unausgeführter Entwurf zu einem großen Wohnhaus*

haus, jetzt das Berliner Zimmer. Man war sich offenbar der großen Mängel, welche dieses Gebilde in sich trug, sehr bald bewußt und hat immer wieder versucht, die Verbindung von Vorderhaus und Seitenflügel in glücklicherer Weise zu lösen. Die meisten Versuche, die in dieser Richtung unternommen worden sind, fallen in eine Zeit, die bereits außerhalb des Rahmens dieser Arbeit liegt. Viele von ihnen laufen darauf hinaus, das Berliner Zimmer so zu gestalten, daß durch die Zugrundelegung einer besonderen Form eine bessere Belichtung erreicht wird. Ein lehrreiches Beispiel dieser Art bietet das im Jahre 1796[134] erbaute Haus Neue Grünstraße 27 (Abb. 227), bei dem das Berliner Zimmer in recht ansprechender Weise als kreisrunder Raum ausgebildet worden ist. Diese runden und länglichrunden Räume waren von Johann Gotthard Langhans, der sie in vielen Privathäusern und Palästen zur Anwendung brachte, eingeführt worden.

Kein Geringerer als Schinkel hat sich gleichfalls mit der Lösung derselben Aufgabe befaßt. Sein Feilnersches Wohnhaus in der Feilnerstraße 1 (Abb. 252–254) ist so bekannt geworden nicht nur durch die neuartige Verwendung des Ziegelrohbaus bei der Gestaltung der Fassade (S. 218), sondern auch durch die eigenartige Grundrißlösung, bei der das Berliner Zimmer dadurch vollkommen vermieden ist, daß der Architekt außer der Fensterwand auch die übrigen Wände der in der Ecke zwischen Vorderhaus und Seitenflügel liegenden Räume um 45 Grad gedreht hat. Auf diese Weise wurde erreicht, daß jene Räume sämtlich unmittelbares und gerade einfallendes Licht erhielten, freilich auf Kosten der größtmöglichen Ausnutzung des bebauten Flächenraumes zu Wohnräumen, da ein immerhin nicht unbedeutender Bruchteil auf Flure und sonstige dunkle Nebenräume entfällt.

Durch die Anführung der zuletzt beschriebenen Grundrisse, deren Entstehungszeit zum Teil durch Jahreszahlen belegt werden konnte, wird zugleich die vielfach in Büchern und Aufsätzen verbreitete Behauptung widerlegt, daß Schinkel durch den Grundriß des Feilnerschen Wohnhauses als »Vater des Berliner Zimmers« anzusehen sei.

Aus den vorstehenden Ausführungen ergibt sich, daß es Grundrisse mit Berliner Zimmern schon lange vor der Entstehung des aus den Jahren 1828 bis 1830[135] stammenden Feilnerschen Hauses gegeben hat und daß von Schinkel in diesem Grundriß lediglich ein beachtenswerter Beitrag zu der Frage, wie man die Nachteile dieses Raumes umgehen kann, geliefert worden ist.

Schlußbetrachtung

Überfliegt man an dieser Stelle, nach beendeter Wanderung, mit raschem Blick noch einmal das Bild, welches die Geschichte der Entwicklung des Berliner Wohnhauses bis dahin gewährt hat, so ist festzustellen, daß auch hier, wie überall im Leben, Licht und Schatten verteilt waren. Aber dem sachlichen Betrachter kann es nicht entgehen, daß der Schatten den Platz, auf dem der Wanderer angelangt ist, nicht unerheblich verdunkelt. – In der Folgezeit lassen sich aus der Geschichte der Stadt sowohl wie auch aus der des Wohnhauses zwar manche Fortschritte melden, aber fast jeder Fortschritt erfährt auch in irgendeiner Weise eine Einschränkung.[136]

Schon bei den Wohnhäusern, die für den letzten Zeitabschnitt als kennzeichnend geschildert worden waren, war das Vermieten von Wohnungen kein Nebenzweck mehr gewesen, lediglich etwa, um mietefrei zu wohnen, sondern bei ihrer Gestaltung hatte die Erzielung eines möglichst hohen Gewinnes aus dem Mietertrage als planmäßig betriebener Hauptzweck die Grundlage und Voraussetzung gebildet. Es war das »Zinshaus« entstanden, das in einigen besonders lehrreichen Beispielen bereits am Ende des 18. Jahrhunderts in Berlin aufgetreten war (u.a. in den Georgischen »Sechserhäusern« in der Friedrichstraße[137], und bald zu immer größerer und schließlich ausschlaggebender Bedeutung gelangte. 1820 bis 1824 waren schon durch den Kammerherrn v. Wülknitz in der Gartenstraße die ersten ganz großen Mietkasernen erbaut worden, fünf Häuser aus schlechten Steinen und schlechtem Holz mit Lehmstaken (später bekannt unter dem Namen »Familienhäuser«), in denen im Jahre 1827 nicht weniger als 496 Familien mit 2300 Personen wohnten.

Nachdem die Gewohnheitsgesetze, Einzelerlasse und Entscheidungen der früheren Baukommission, nach denen bisher verfahren worden war, 1818 unter dem Titel »Spezial-Bau-Observanzen« lediglich gesammelt und geordnet worden waren, erschien 1853 zum ersten Mal seit dem Großen Kurfürsten – seit 1641! – wieder einmal eine Bauordnung. Durch sie wird der Hofraum auf eine Mindestfläche von 5,34 m (17') im Geviert (28½ qm) festgelegt! Die Folge davon war, daß bald die Hälfte aller Berliner in Hinterhäusern wohnte (47,66 v.H. im Jahre 1900). Unter der Herrschaft dieser Bauordnung ist die Zahl der Einwohner Berlins von etwas über 400000 Menschen um 900000 Menschen auf etwa 1300000 Menschen angewachsen. Geschlechter von Menschen mußten und müssen noch heute in den von dieser Bauordnung geduldeten Kellerwohnungen und in Hofwohnungen, die nie einen Sonnenstrahl zu sehen bekommen – da man von der Rücksicht von Licht und Luft gebotene Bestimmungen nicht kannte – ihr Leben fristen.

Am 19. September 1826 brannte das erste Gaslicht »Unter den Linden«. Aber es dauerte noch lange, bis nur die wichtigsten Straßen mit wirklich einwandfreier Beleuchtung versehen waren.

1856 wurde ein großes Wasserwerk vor dem Stralauer Tor angelegt, doch wollten noch auf lange Jahre hinaus viele Hausbesitzer von der neuen »Mode« der Wasserleitung im eigenen Hause nichts wissen.

1862, am 26. Juli, wurde endlich ein Bebauungsplan für das ganze Weichbild Berlins genehmigt, welcher die Grundlage für die fortschreitende Bebauung der Stadt bilden sollte (Abb. 268). Bis dahin war ein planmäßiger Ausbau Berlins so gut wie ganz unterblieben (Abb. 267). Von da ab war er zwar planmäßig, aber er ging unter alleiniger Berücksichtigung der Mietskaserne, des Vielwohnungshauses, das schon durch die übergroßen Baublöcke und die unförmig tiefen Grundstücke bedingt wurde, vor sich.

Die verhältnismäßig geringen Verbesserungen, welche die Wohnungshygiene auf der einen Seite zu verzeichnen hatte, wurden auf der anderen Seite durch diese Bauart wieder vollkommen wettgemacht. An die Stelle des Einfamilienhauses und des mittleren Wohnhauses mit we-

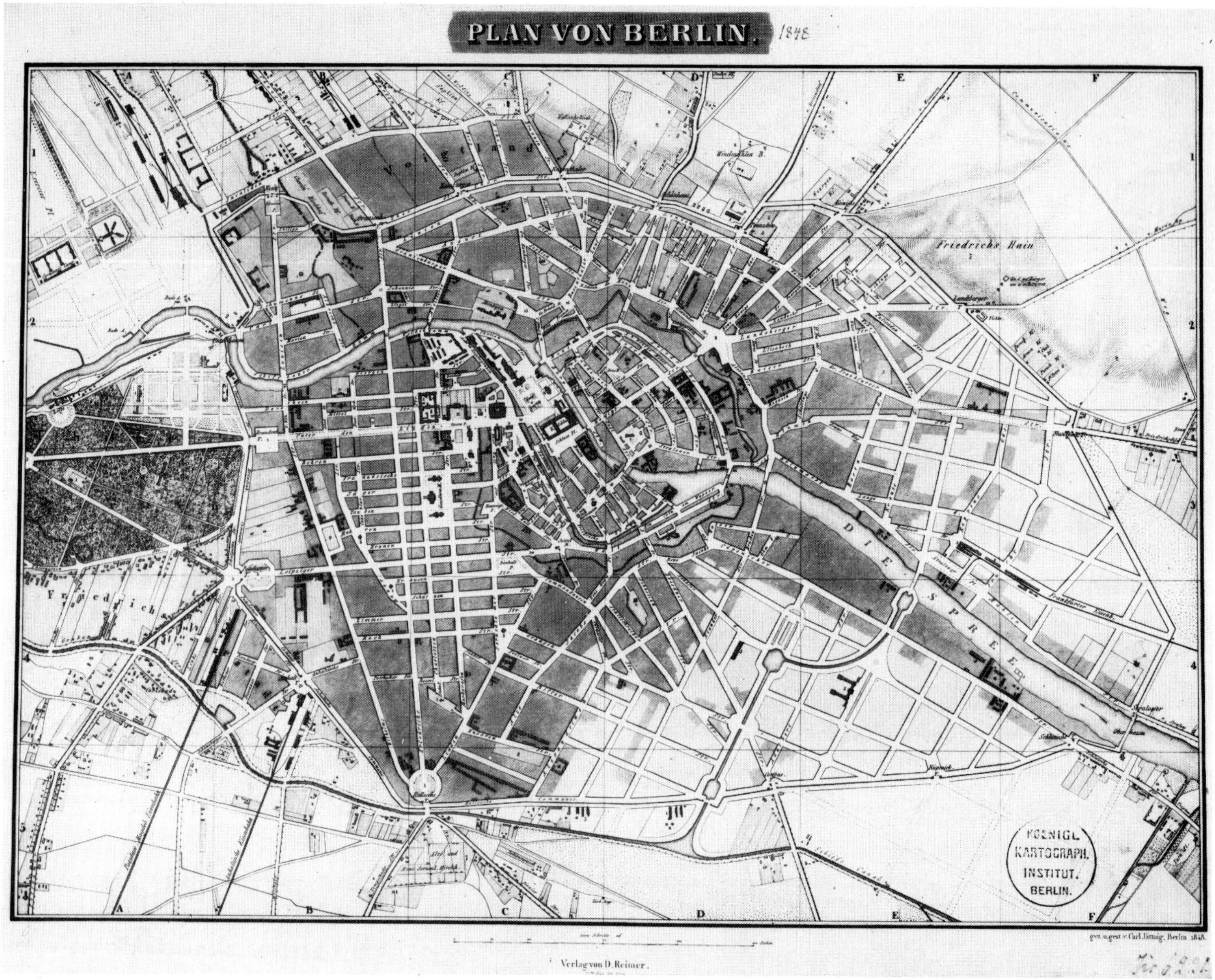

267 *Vermessungsplan von Reimer, 1848*

nig Wohnungen war endgültig und zwangsweise die Mietkaserne getreten, endgültig war die weiträumige Bebauung durch die engräumige ersetzt. Auf Lüftung und Belichtung wurde nach wie vor fast keine Rücksicht genommen. Die Beseitigung der Abfallstoffe blieb noch lange außerordentlich urwüchsig. Die gesundheitlichen Schäden kamen dabei um so mehr zur Wirkung, als eine offene Bebauung und kleine Häuser sie nicht mehr mildern und abschwächen konnten. Eine planmäßige Beeinflussung des Wohnungswesens, wie sie während der Zeit der landesfürstlichen Bautätigkeit zugunsten einer ständigen Vermehrung des Wohnungsangebotes und in Rücksicht auf Niedrighaltung der Mieten dauernd und bewußt stattgefunden hatte, fiel vollkommen weg. Während die bau- und wohnungspolitischen Maßnahmen der Landesfürsten in dieser Zeit Preistreibereien nicht hatten aufkommen lassen, machte sich jetzt ein die Preise der Wohnungen und des Baugeländes mehr und mehr verteuerndes Häuser- und Bodenspekulantentum breiter und breiter. »Wie kann der letzte bebauungsfähige Quadratzentimeter des zur Verfügung stehenden Grundstücks möglichst restlos und möglichst billig ausgenutzt werden«, das war die immer wiederkeh-

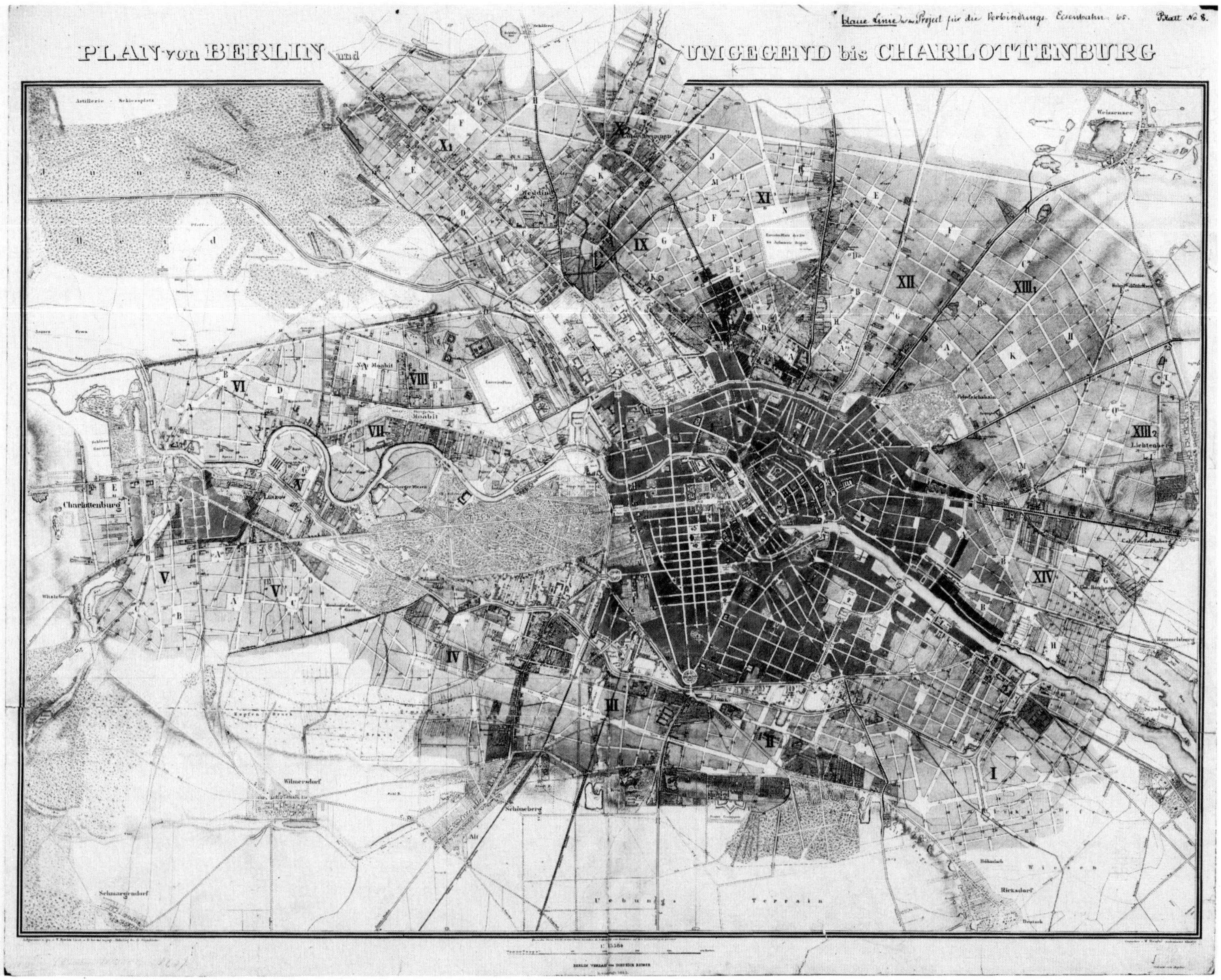

268 *Bebauungsplan von Hobrecht, 1862*

rende, von der Spekulation gestellte Aufgabe. – Während im Jahre 1815 ein Haus durchschnittlich sechs Wohnungen besessen hatte, waren es 1830 schon sieben und 1860 fast zehn. Während im Jahre 1815 ein Haus noch nicht 30 Bewohner beherbergt hatte, waren es 1828 schon 35 und 1860 gar 49.

Auch das Äußere des Berliner Wohnhauses stand unter keinem günstigen Stern. Die Mietkaserne, die in den fünfziger Jahren zum Berliner Wohntypus geworden war, kennzeichnete schon durch ihr Antlitz, daß sie zum Spekulationsgegenstand herabgesunken war, in den Wohnvierteln der kleinen Leute durch lieblose Kasernenarchitektur, in denen der reichen durch protzenhafte Anhäufung von Stuckzieraten. Jedenfalls stand der überwiegende Teil der Berliner Wohnhausfassaden auf einer so niederen Stufe, daß sie auf künstlerische Bewertung einen Anspruch nicht mehr erheben konnten.

Sowohl was das Ansiedelungsschema als auch den Wohnungsgrundriß, sowohl was die Hausform als auch die Hausfassade anbelangte, waren die großen Überlieferungen der Zeit der landesfürstlichen Bautätigkeit verloren gegangen.

Anmerkungen

Fußnoten des Verfassers

1 Man vergleiche hierzu folgende Quellen:
1. Berlinische Chronik. Herausgegeben vom Verein für die Geschichte Berlins durch E. Fidizin. Berlin 1868.
2. P. Clauswitz, Zur Geschichte Berlins. Berlin 1893.
3. J. Chr. Müller und G. G. Küster, Altes und Neues Berlin, 1737, 1752, 1756, 1769.
4. O. Schwebel, Kulturhistorische Bilder aus der Deutschen Reichshauptstadt. Berlin 1882.
5. A. Streckfuß, Vom Fischerdorf zur Weltstadt. Berlin seit 500 Jahren. Berlin 1863.
6. M. Zeiller, Topographia Electoratus Brandenburgici et Ducatus Pomeraniae etc. ..., 1652.

2 Das ist das Recht, Bier zu brauen.

3 Dieser Annahme widerspricht nicht der Umstand, daß nach dem heutigen Stande der Forschungen angenommen werden muß, daß Berlin von vornherein als Stadt planmäßig gegründet worden ist.

4 Schmidt, Collectionum memorabilium Berolinensium, decas tertia, S. 10, 1733.

5 Die Stadt Berlin ist bekanntlich aus zwei Städten, Berlin und Kölln, entstanden (nach den neuesten Forschungen von Dr. Kiekebusch kam ursprünglich sogar noch eine dritte Stadt, der Wedding, in Betracht). Das Weichbild der Stadt Berlin folgte auf der einen Seite einer Linie, die etwa dem Laufe der Neuen Friedrichstraße entspricht, auf der anderen Seite wurde es von der Spree begrenzt. Die Stadt Kölln entsprach etwa dem heutigen Stadtbezirk Alt-Kölln.

6 Nachzulesen bei Küster a. a. O. III., S. 68.

7 Über die Entstehung, Zuverlässigkeit und Bedeutung der wichtigsten Stadtpläne vgl. man auch P. Clauswitz, Die Pläne von Berlin und die Entwicklung des Weichbildes. Berlin 1906 Mittler u. Sohn. – Auf die fast stets veränderte Richtung des Nordpfeils in den verschiedenen Stadtplänen sei besonders aufmerksam gemacht.

8 Über »Burglehen und Freyhäuser« vgl. den Aufsatz von E. v. Siefart in den Mitteilungen des Vereins für die Geschichte Berlins, 1912, S. 132.

9 Vgl. hierzu Clauswitz a. a. O. S. 43.

10 Vgl. Mitteil. des Vereins f. d. Geschichte Berlins 1912, S. 132.

11 Häuser, bei denen die Aufschrift »Freyhaus« noch heute erhalten ist, sind z. B. Breitestraße 3, Klosterstraße 36, Oranienburgerstraße 80, Dorotheenstraße 21, Burgstraße 16 u. a.

12 Erhalten sind solche Räume z. B. noch in dem Hause Hoher Steinweg 15. Sie sind von J. Kohte veröffentlicht in der Denkmalpflege 1905, S. 27 (vgl. dazu das Häuserregister). Ferner sind ältere Gewölbe noch in den Häusern Stralauerstraße 36 und Breite Straße 22 vorhanden. Über weitere, zum Teil im Märkischen Museum aufbewahrte Reste mittelalterlicher Privatbaukunst vgl. Borrmann a. a. O., S. 401 u. 402.

13 Vgl. hierzu H. Vogt, Die Straßennamen der Hauptstadt, nach dem die zwischen den Giebelhäusern liegenden Zwischenräume infolge des Anwachsens der Stadt zu sogenannten Gaten (Gassen) ausgebaut wurden, wobei diese ihren Namen meistens von den Eigentümern der Eckhäuser erhielten und auch mehrfach nach den verschiedenen Besitzern dieser Häuser ihren Namen wechselten; Beispiele daselbst.

14 M. Zeiller a. a. O. S. 27.

15 Vgl. Anm. 7

16 Berlin anno 1690, 20 Ansichten aus Johann Stridbecks des Jüngeren Skizzenbuch. Nach den in der Kgl. Bibliothek in Berlin aufbewahrten Originalen herausgeg. und erläutert von Dr. W. Erman, Berlin 1881. – Da die Stridbeckschen Skizzen noch öfters angeführt werden, sei auf die zeichnerische Eigentümlichkeit dieses Künstlers hingewiesen, die darin besteht, daß er fast alle Gebäude im Maßstabe zu hoch erscheinen läßt. (Vgl. Literaturhinweis)

17 Clauswitz a. a. O. S. 49.

18 So hieß damals die Gebäudesteuer.

19 A. M. Grazian, Italienische Reisebeschreibung durch Deutschland.

20 M. Zeiller a. a. O. S. 27.

21 d. h. so viel wie »einfachen«.

22 Berlinisches Stadtbuch, 1. Buch, S. 33.

23 Genauere Geschichte des Hauses bei Borrmann a. a. O., S. 347.

24 Vgl. Anm. 7 und 27.

25 Clauswitz a. a. O. S. 58.

26 Im Jahre 1651 standen nach Nikolai a. a. O. S. XLV in der Klosterstraße noch Scheunen, die mit Stroh gedeckt waren.

27 Der auf Abb. 18 wiedergegebene Kupferstich von Schultz ist die erste perspektivische Stadtansicht von Berlin und für die Baugeschichte der Stadt besonders wichtig (vgl. auch Borrmann a. a. O. S. 102 u. 104); s. auch Anm. 7.

28 Über das »Recht an der unbebauten Baustelle« vgl. auch Eberstadt, Handbuch des Wohnungswesens, S. 46.

29 Über die Entstehung des Friedrichswerder vgl. den Aufsatz von Dr. H. Michaelson i. Heft 50 d. Schrift. d. V. f. d. Gesch. Berlins (S. 555).

30 Vgl. Anm. 7.

31 Nicolai a. a. O. S. 152.

32 Vgl. auch Clauswitz a. a. O. S. 74.

33 Die teilweise recht belustigend wirkenden Gassenordnungen der Residenz sind im 5. Bande des Corpus constitutionum Marchicarum verewigt.

34 Zum ersten Mal ist die Bauordnung veröffentlicht bei Fr. Behmer, Otia in otio minime otiosi. Lemgo, 1771/72.

35 Unter »Säulen« sind zweifellos die Fachwerkstiele der Giebelwand zu verstehen.

36 Über die Teilung der Häuser vgl. auch Eberstadt, Handbuch des Wohnungswesens, S. 37 ff. Ferner Eberstadt, Rheinische Wohnungsverhältnisse, S. 13. Interessante Beispiele für Hausteilungen finden sich auch bei Behrendt, Die einheitliche Blockfront als Raumelement im Stadtbau, 1911, S. 30, Fußnote 2.

37 Vgl. auch die Abbildungen 39 und 40.

38 Vgl. Anm. 7 und 27.

39 Vgl. Anm. 7 und 27.

40 Vgl. auch Eberstadt, Handbuch des Wohnungswesens, S. 42: »Mit dem Eindringen der Renaissance gelangen während dieser Zeit von Italien nach dem Norden neue Bauformen, die von großem Einfluß auf Städtebau und Wohnungswesen wurden. Neben dem überlieferten alten Bürgerhaus – dem schmalen Grundstück mit kleiner Straßenfront – wird allmählich das in Italien heimische, dort ausgebildete breite Etagenhaus eingeführt.

41 Der Schultzsche Plan wird im allgemeinen als sehr zuverlässig angesehen bis auf den einen Punkt, daß auf ihm manche Gebäude, die erst im Entstehen waren oder gar erst geplant wurden, bereits als vollendet eingezeichnet sind. Vgl. auch Anmerkung 7 und Anmerkung 27.

42 Vgl. hierzu auch die nach Fertigstellung dieser Schrift veröffentlichten Ausführungen von Stadtbaurat Ludwig Hoffman in »Wasmuths Monatsheften für Baukunst«, II. Jahrg., Heft 1, S. 20.

43 Manuskript teilweise unleserlich.

44 Ob der einräumige Hofflügel gleichzeitig mit dem Vorderhaus entstanden ist, läßt sich heute nicht mehr ohne weiteres feststellen. Der Verfasser neigt der Ansicht zu, daß er einer späteren Zeit angehört. Denn die Gewohnheit, den Hof grundsätzlich mit einem Flügel zu Wohnzwecken zu bebauen, hat sich erst bedeutend später herausgebildet (vgl. Seite 114 f. und Seite 185 f.). Jedenfalls kann der Hofflügel bei der vorstehenden Betrachtung völlig außer acht gelassen werden, da es noch heute, wie u. a. auch die nachfolgenden Beispiele beweisen, zahlreiche ähnliche Lösungen ohne einen solchen Anbau gibt. Es sei auch noch bemerkt, daß sich bei einem eingehenden Studium alter Baupolizeiakten außerordentlich oft herausgestellt hat, daß insbesondere diejenigen Seitenflügel, die mit einem schrägen Einsprung an das Vordergebäude anschließen (um dem anstoßenden Raum des Vordergebäudes besseres Licht zu gewähren), in der Regel aus späterer Zeit stammen als das Vordergebäude.

45 Bei allen derartigen Maßanführungen wird stets die Frontbreite zuerst und die Tiefe des Gebäudes an zweiter Stelle genannt werden.

46 Daß die Nichtbenutzung derartiger Räume zum Schlafen ohne Zwangsmaßnahmen auch in unserer heutigen Zeit, die sich ihrer hohen Kultur und Allgemeinbildung so rühmt, nicht durchzuführen gewesen wäre, beweisen die Berichte der deutschen Wohnungsämter, nach denen an die Stelle der Alkoven die gesundheitlich oft noch viel weniger einwandfreien luft- und lichtlosen Flure (die ja den damaligen Grundrissen gänzlich gefehlt haben) als Schlafräume getreten sind.

47 Man vergleiche hierzu und zu den noch weiter unten mitgeteilten Abmessungen Eberstadt, Handbuch des Wohnungswesens, S. 32: »Die Hausbreite ist ca. 5 Meter (= 17 Fuß), ein sehr häufig vorkommendes Maß.«

48 unleserliches Manuskript

49 Das malerische Berlin, herausgegeben vom Märkischen Museum, Heft 3, 1914. Verlag von Julius Bard, Berlin.

50 Auf die eigenartige Treppenlösung beim Hause Parochialstraße 29, die allerdings mit der Grundrißform nichts zu tun hat, sei besonders aufmerksam gemacht. Um z. B. in das erste Obergeschoß des Vorderhauses zu gelangen, muß man erst das Vorderhaus bis zum Hof durchschreiten, die Treppe auf dem Hof emporsteigen, dann wenden, um über die Galerie nach dem Vordergebäude zu gehen. Von hier führt ein Treppenlauf von acht Stufen hinunter in das erste Obergeschoß, daneben ein Treppenlauf von acht Stufen hinauf ins Dachgeschoß.

51 Aus der Gestaltung der Fassade bei diesen Häusern Rückschlüsse auf die Zeit der Entstehung der Grundrisse zu ziehen, ist meistens schon aus dem Grunde gewagt, weil viele von ihnen später in »zeitgemäßen« Formen neu abgeputzt worden sind. So hat z. B. das Haus Nikolaikirchplatz 6 heute eine klassizistische Fassade, während der Grundriß zweifellos viel älter ist.

52 Sie wurden durchschnittlich 6 rheinländische Ruten = 22 m breit angelegt (vgl. die Baustellenanweisungen).

53 Bebauungspläne kleineren Umfanges waren schon bei der Ende des 17. Jahrhunderts erfolgten Anlage der Neustädte Friedrichswerder und Dorotheenstadt (vgl. S. 31) zur Anwendung gekommen; im übrigen folgten die Stadterweiterungen sowohl früher wie auch später ohne bestimmtes System zunächst den Landstraßen (vgl. z. B. Köpenicksche Straße, Landsberger Straße, Bernauer Straße u. a. m.).

54 Nikolai a. a. O. S. 181.

55 Corp. Const. March. V, 1, 4 Nr. XIII.

56 Borrmann a. a. O. S. 404, Fußnote 2.

57 Ein lehrreiches Beispiel dafür ist das in der gleichen Zeit entstandene Zeughaus, dessen Fassade durch eine große Zahl derartiger Abtreppungen gegliedert ist.

58 Besonders hingewiesen sei auf das in beinahe Schlüterschen Formen gehaltene Gesims mit dem starkwulstigen Fries und dem nur über den Pfeilern wiederkehrenden Architrav.

59 Über den großen Einfluß der holländischen Kunst auf das Berliner Bauwesen, der schon aus den Zeiten des Großen Kurfürsten herrührte und mit dessen langjährigen Aufenthalt in Holland und seinen engen Familienbeziehungen zum Hause Oranien – die Kurfürstin Luise war eine holländische Prinzessin – zusammenhing, sowie über die Tätigkeit holländischer Künstler wie Memhard, Nering, Smids und anderer unter ihm und seinem Nachfolger vgl. Borrmann a. a. O. S. 111 ff.; ferner Joseph, Forschungen zur Geschichte von Künstlern des Großen Kurfürsten, Berlin 1895.

60 Borrmann a. a. O. S. 406.

61 Vgl. Anm. 16.

62 Vgl. Anm. 16.

63 Genauere Geschichte bei Borrmann a. a. O. S. 407.

64 Corp. Const. March. V, 1, 2 Nr. XVI.

65 Vgl. hierzu A. E. Brinckmann, Platz und Monument, Berlin 1908 (Ernst Wasmuth), S. 93, 102 u. 108; daselbst auch Abbildungen der angeführten Beispiele.

66 Genauere Einzelheiten über die Entstehung der Anlage finden sich bei Borrmann a. a. O. S. 408.

67 Genauere Einzelheiten über die Entstehung der Anlage finden sich bei Borrmann a. a. O. S. 394.

68 Vgl. Anm. 16.

69 Zum Hause Brüderstraße 13 vgl. man Friedel, Zur Geschichte der Nicolaischen Buchhandlung und des Hauses Brüderstraße 13. Berlin 1891. (Vgl. dazu: P. Parthey, Jugenderinnerungen, Berlin 1871; 1958 Neuauflage unter dem Titel »Das Haus Brüderstraße 13«)

70 Nach diesem ist die Kochstraße genannt.

71 Vgl. Anm. 7.

72 Original in der Bücherei des Vereins f. d. Geschichte Berlins.

73 Vgl. Anm. 7.

74 Der Bär, 1885, S. 525.

75 Vgl. Anm. 59.

76 S. Borrmann a. a. O. S. 412 und Mitteilungen des Vereins f. d. Geschichte Berlins 1908, Nr. 12.

77 Das malerische Berlin, herausgegeben vom Märkischen Museum, Heft 3, 1914. Julius Bard, Berlin.

78 In diesem Hause starb am 27. Januar 1786 der General Hans Joachim von Zieten.

79 Aquarell des Malers Julius Jakob im Märkischen Museum; Federzeichnung im Berliner Kalender 1910, S. 29.

80 Vgl. Anm. 7.

81 Nicolai a. a. O. S. 183.

82 Das Haus gehörte zum »Großen Friedrichswaisenhause« und war das sogenannte »Wenzelsche Haus«. Es wohnten darin sehr kleine, von der Armenverwaltung unterstützte Mieter. Im Jahre 1824 war es so baufällig (Fachwerk!), daß es vorübergehend geräumt werden mußte. Die Kellerwohnungen sind erst 1829 angelegt worden.

83 Die Unterschrift unter einem Aquarell im Märkischen Museum besagt: »Erbaut für die Dienerschaft Friedrichs des Großen«. Der Befund des Grundrisses würde einer solchen Annahme nicht entgegenstehen. In der Vossischen Zeitung (15. Sept. 1909) wird die Ansicht vertreten, daß Knobelsdorff das Haus für sich selbst erbaut habe. Das wird in einem Aufsatze in den Mitteil. des Vereins f. d. Gesch. Berlins (1910, Nr. 10, S. 136) mit Recht bestritten, zumal das Wohnhaus Knobelsdorffs in der Leipziger Straße 85 bekannt ist. Die Architektur des Hauses hat nichts mit Knobelsdorff zu tun, auch der Grundriß widerspricht dieser Auffassung.

84 Nicolai a. a. O. S. 183.

85 Es ist hier selbstverständlich immer nur von ausgesprochenen Seitenflügelbauten die Rede. Die gelegentliche, nicht planmäßige Erweiterung der Vorderwohnungen durch einzelne Räume in kurzen Anbauten wird auch schon früher vorgekommen sein.

86 Akten des Polizeipräsidiums. (Die Baupolizeiakten des Stadtbezirks Mitte sind im 2. Weltkrieg vernichtet oder verloren gegangen)

87 Hypothekenbuch, Staatsarchiv. (Heute im Stadtarchiv Berlin)

88 Über die Geschichte des Vogtlandes vgl. Ed. Kuntze, Das Jubiläum vom Vogtlande oder Geschichte der Gründung und Entwicklung der Rosenthaler Vorstadt bei Berlin von 1755–1855 (Berlin 1855) sowie Frensdorff im Berliner Kalender 1905. (Vgl. dazu auch R. Skoda, Wohnhäuser und Wohnhäuser der Stadtarmut ... 1968)

89 Freye Bemerkungen über Berlin, Leipzig und Prag. Original und Kopie, 1785.

90 Berlin, von seiner Entstehung bis auf die gegenwärtige Zeit historisch-geographisch beschrieben. Berlin, bei Wilhelm Dieterici, 1798.

91 Gretzschel, Das Wohnungswesen, S. 584.

92 Nicolai a. a. O. S. 174.

93 Die Straße Unter den Linden um das Jahr 1822. Mitteilungen des Vereins f. d. Geschichte Berlins, 1908, Nr. 4; daselbst ist der ganze, über 7 m lange Fries abgebildet. (Vgl. dazu Straßen und Häuserregister)

94 Boumann stellte fest, daß bei einzelnen Häusern die Grundmauern zu schwach, bei anderen die Fensterpfeiler zu schmal waren, um ein viertes Geschoß tragen zu können.

95 Über die Geschichte des Gendarmenmarktes vgl. Borrmann im Berliner Kalender 1903. Die Medaille für den Turmbau auf dem Gendarmenmarkt von Koppin zeigt noch die alte Umgebung der Kirche vor Erbauung des Kuppelturmes durch Gontard.

96 Originalzeichnungen in der Bücherei des Berliner Magistrats. (Heute im Stadtarchiv Berlin)

97 Bezeichnend ist auch in diesem Zusammenhang, daß sich Maler, Kupferstecher, Dekorateure usw. mit dem Entwerfen von Fassaden beschäftigten (vgl. z. B. die Entwürfe von Hoppenhaupt u. a.).

98 Einzelne Bauteile sind beim Abbruch der Kunstgewerbeschule überwiesen worden (heutiger Verbleib unbekannt, vermutlich zerstört).

99 Genauere Geschichte bei Borrmann a.a.O. S.415 und im »Bär« 1884, Nr.6.
100 Borrmann a.a.O. S.418.
101 Ob dieser Umbau schon im Jahre 1753 vorgenommen worden ist, in welchem Jahre das Haus durch eine Feuersbrunst teilweise zerstört wurde, erscheint zweifelhaft, da die Formen der Fassade auf eine spätere Zeit hinweisen.

102 Geh. Staatsarchiv, Akten des Oberhofbauamts, Immediatbauten von 1763 bis 1775, Rubr. IV. Nr. 1a, 1770 (heute im Zentralen Staatsarchiv Potsdam).
103 Akten des Polizeipräsidiums. (Vgl. Anm. 98)
104 Akten des Polizeipräsidiums. (Vgl. Anm. 98)
105 Vgl. Jahrgang 1940 der Zeitschrift für Bauwesen, S.37.
106 Über die Grundrißgestaltung bei Siebenfensterhäusern (sowie Fünf- und Neunfensterhäusern) vgl. S.170.
107 Geh. Staatsarchiv, Akten des Oberhofbauamts. Rubr. IV. Nr. 1a. Bei Borrmann a.a.O. S.128 ist die Grundstückzahl mit 44 angegeben. (Vgl. Anm. 102)
108 Schadow, Kunstwerke und Kunstansichten, S.X.
109 Vgl. Anm. 89.
110 Veröffentlicht in der Zeitschrift des Verb. Deutsches Arch.- u. Ing.-Vereine 1913, Nr. 28 u. 29.

111 Rowald, Die neueren Formen des Städtischen Wohnhauses in Deutschland, Hannover 1889. – Soweit der Verfasser feststellen konnte, hat sich vor ihm außer Rowald nur noch Tuckermann in einem Aufsatz in dem »Wochenblatt für Ingenieure und Architekten« (Jahrg. 1879, S.197) mit der Erforschung des älteren Berliner Wohnhausgrundrisses beschäftigt. Es ist nun merkwürdig, daß beide Verfasser nur drei Grundrisse von Berliner Wohnhäusern bringen (von denen oben noch die Rede sein wird), und daß diese drei Grundrisse vollkommen übereinstimmen. Es müssen also beide Verfasser entweder dieselbe Quelle benutzt, oder aber es müßte Rowald, als der Jüngere, auf Tuckermann zurückgegriffen haben. Tuckermann will den oben besprochenen Grundriß schon in die Zeit des Großen Kurfürsten setzen, betont aber selbst, daß er einen Beweis dafür nicht erbringen könne – Etwas eingehender hat sich außer den beiden Genannten noch Nitze in seinem Buche »Die Entwicklung des Wohnungswesens von Großberlin«, das mit dem wesentlichsten Teil der vorliegenden Arbeit gleichzeitig entstanden ist, mit dem Berliner Wohnungsgrundriß durch Veröffentlichung verschiedener älterer Beispiele befaßt.
Der Hauptwert der Nitzeschen Arbeit liegt in der Darstellung der gesetzgeberischen und baupolizeilichen Maßnahmen auf dem Gebiete des Berliner Wohnhausbaus und in der Fortführung dieser Darstellung bis in die neuere Zeit.
112 Über die Entwicklung der schmiedeeisernen Treppengeländer vgl. S. Kracauer, Die Entwicklung der Schmiedekunst in Berlin, Potsdam usw. Worms 1915.
113 Über das Ermelersche Haus vgl. man: Borrmann a.a.O. S.419; Dr. Hedwig Michaelson im Großberliner Kalender 1913, S.302; Wochenschrift des Berliner Architektenvereins 1914, Nr. 14a, S.227; der Bär 1880, S.340. (Nach 1917 erschienene Literatur: W. Stengel: Führer durch das Ermeler-Haus Breite Straße 11. Berlin 1932. G. Vnadens: Vom Ermeler Haus zum Weltenhaus. Zürich und Leipzig 1934. H. Ladendorf: Das Ermeler Haus. In: Zeitschrift des Vereins für die Geschichte Berlins, 1937, S.76, F. Rothstein: Berlin, das Ermeler-Haus, Leipzig: E. A. Seemann, Buch und Kunstverlag, 1980, Baudenkmale; 37).
114 Vgl. Anm. 112.
115 Zahlreiche Beispiele dieses vorbildlichen alten Berliner Bauhandwerks sind veröffentlicht in dem Werke von Seeck und Guth, Älteres Berliner Bauhandwerk, Aufnahmen von Schülern der Unterrichtsanstalt des Königl. Kunstgewerbemuseums in Berlin. Verlag Baumgaertel, Berlin 1912.
116 Vgl. Anm. 111.
117 Nicolai a.a.O. S.238.
118 Justus Konrad Müller, Berlin und seine Bewohner. London 1792.
119 Vgl. Anm. 89.
120 Akten des Polizeipräsidiums. (Vgl. Anm. 86)
121 Vgl. Anm. 111.
122 Gemeint ist Frankfurt a. M.
123 Borrmann a.a.O. S.133.
124 Vgl. hierzu die Ausführungen auf Seite 135ff, über das Wesen des Berliner Zopfstils insbesondere Seite 138.
125 Schmitz bezeichnet in seinem Buche »Berliner Baumeister vom Ausgang des 18. Jahrhunderts« ohne Quellenangabe Fr. W. Titel als den Architekten. In einem Aktenstück vom 17. März 1792 (Bauetat für 1792) in: Akta des Kgl. Oberhofbauamts betreffend die von S. Majestät alljährlich approbierten Bau-Etats für Berlin (Geh. Staatsarchiv Vol. I, Rubr. IV, heute Zentrales Staatsarchiv Potsdam) wird als Architekt des Hauses der Frau Generalin von Rosière der Geh. Oberbaurat Unger genannt. Das Haus der Generalin von Rosière war aber Mauerstraße 35/36. Für Schönhauserstraße 5 kommt zweifellos derselbe Architekt wie für Mauerstraße 35/36 in Frage.
126 Genaueres bei Borrmann a.a.O., S.351.
127 Akten des Polizeipräsidiums. (Vgl. Anm. 86)
128 Nach Mitteilung der Firma Habel.
129 Vgl. Anm. 93.
130 Nach Borrmann a.a.O. S.424 bewahrte der Berliner Architektenverein Aufnahmen von diesem Hause, bei dem sie jedoch nicht aufzufinden sind. (Eine dieser sehr seltenen Fotografien vom Abbruch des Steinmeierschen Hauses wird im Meßbildarchiv des Instituts für Denkmalpflege aufbewahrt.)
131 »Der Bär« 1881, Seite 572.
132 Vgl. F. Adler, die Bauschule zu Berlin von C. F. Schinkel, Festrede, Seite 9.
133 Als ein Beispiel für viele ähnliche Fälle sei erwähnt, daß im Hause Petristraße 28 im Jahre 1879 ein Abort nicht vorhanden war, sondern »daß jeder Mieter einen Nachtstuhl in der Küche hat und der Geruch so stark ist, daß leicht Krankhei-

ten dadurch entstehen können« (Akten des Pol.-Präs.). Auf diese Beschwerde hin wurde damals ein »Appartement« für sämtliche Mietparteien angelegt.

134 Akten des Polizeipräsidiums. (Vgl. Anm. 86)

135 Vgl. Anm. 132.

136 Vgl. hierüber auch Hegemann, Der Städtebau, Band I.

137 Berlin und seine Bauten, 1877, Seite 411.

Ergänzende Anmerkungen zur neuen Ausgabe:

I. Eines dieser Eckhäuser, Hoher Steinweg 15, Ecke Königstraße, heute Rathausstraße, wurde nach dem zweiten Weltkrieg untersucht und aufgemessen. Das Forschungsergebnis bestätigt die Annahme des Verfassers.
E. Reinbacher: Über die mittelalterliche Bebauung des Grundstücks Hoher Steinweg 15 in Berlin. In: Ausgrabungen und Funde 4 (1956) S. 189.

II. 1931 wurde das Lagerhaus Klosterstraße 76 abgebrochen, um dort ein Geschäftshaus für Wertheim zu errichten. Unter den Umbauten des 17./18. Jahrhunderts wurde das gotische Stufenportal (Backstein) des Hohen Hauses freigelegt, ausgebaut und ins Märkische Museum verbracht.
J. Kohte: Hohes Haus in Berlin. In: Forschungen zur brdb. und preußischen Geschichte. Berlin. Bd. 48 (1935) S. 146.

III. Vorher gab der Kurfürst an bestimmte Personen, zumeist Adlige und Hofbeamte, die Häuser zu Lehen. Diese mußten sich dafür verpflichten, den Kurfürsten zum Schutz mit Leib und Leben beizustehen. Dieser Passus wurde bis in das 17. Jahrhundert hinein in den Urkunden gebraucht. Diese Häuser bzw. Grundstücke lagen auf dem Grundbesitz des Landesherrn bzw. des Kurfürsten, nicht auf städtischem Territorium. Diese Zuschreibungen gehen auf die Zeit der Stadtgründung zurück. Zum Territorium des Grundherrn gehörte u. a. auch die gesamte Klosterstraße.
Starb der Belehnte und erneuerten seine Erben den Antrag nicht, fiel das Lehen an den Kurfürsten zurück, der es dann erneut vergab. Erst im 17. Jahrhundert wurde das Verkaufsrecht teilweise eingeführt. Ein gutes Beispiel für diese Entwicklung zeigte das Haus Klosterstraße 73. (Staatsarchiv Potsdam) Nach der Säkularisation fielen auch die zahlreichen kirchlichen Grundstücke an den Kurfürsten, die er ebenfalls als Lehen vergab. Die Burglehen und Freihäuser blieben bis 1844 bestehen, und damit auch die alte Auflage, das Gefolge fremder Fürstlichkeiten bei einem Besuch am Hofe aufzunehmen. Da diese Verpflichtung inzwischen zu einer schweren Belastung der Besitzer wurde, einigten sich diese untereinander auf eine gemeinsame jährliche Ablösung von 1000 Taler, zahlbar an das Hofmarschallamt. Diese Steuer wurde erst 1871 durch eine Kapitalszeichnung endgültig aufgehoben.

IV. Im Zentralen Staatsarchiv, Dienststelle Merseburg, Hausarchiv, Rep. 192, Theodor von der Knesebeck, No. 10, ist die Liste der ersten Einwohner der Dorotheenstadt aus dem Jahre 1673 aufbewahrt.

V. Die Privilegien für die Neuansiedlung, meistens als Aufrufe formuliert, sind einzusehen im Corpus constitutionum Marchicarum im Stadtarchiv. Das Edikt von Potsdam vom 29. 10./8. 11. 1685, die Antwort des brandenburgischen Kurfürsten auf das Edikt von Nantes Ludwig XIV. von Frankreich ist zu finden in Bd. II I L XV.

VI. Diese zurückgesetzten, eingebauten Dachgeschosse sind in den meisten Fällen erst nachträglich, seit der 2. Hälfte des 18. Jh. erfolgt, um der in der Regierungszeit Friedrich II. einsetzenden Wohnungsknappheit zu begegnen. Besonders geeignet für dieses Verfahren waren die hohen Dachstühle des 17. Jahrhunderts. Sehr deutlich ist dieses Vorgehen bei den Häusern Parochialstraße 20 bis 22 zu erkennen.

VII. A. Gut hat mit seiner Vermutung, daß es sich bei den einräumigen Gebäuden am Ende der Höfe um alte Küchengebäude handelt, zweifellos recht; das hatten die Untersuchungen beim Haus Hoher Steinweg 15 1956/57 ergeben. (Vgl. Anm. I) Vermutlich ist nach dem Großbrand von 1380, dem fast die ganze Stadt zum Opfer fiel, eine entsprechende Verordnung erlassen worden, wonach der Herdraum außerhalb des Wohnhauses liegen mußte.
Bei den einfachen Wohnhäusern, die zumeist aus Fachwerk waren, waren die massiven Küchenhäuser nur eingeschossig. Sie wurden zumeist im 18. Jh. aufgestockt und zu Wohnungen ausgebaut. Bei den größeren Patrizierhäusern wie Hoher Steinweg 15 waren sie zweigeschossig. Das Erdgeschoß war dreigeteilt, in der Mitte lag der Herdraum mit dem durchlaufenden offenen Kamin, daneben auf der einen Seite die Speisekammer, auf der anderen Seite ein überwölbter Eßraum. Im Obergeschoß lagen darüber die Badestuben, die vom Kamin her heizbar waren. Sie waren vermutlich durch eine Außentreppe erreichbar. Zumeist wurden diese Küchengebäude später, bei gleichzeitiger Überbauung des Hofes, in das Vordergebäude miteinbezogen. Ein solcher Fall war neben dem Hohen Steinweg 15 noch im Haus Köllnischer Fischmarkt 5 nachzuweisen.

VIII. Es sind tatsächlich eine Reihe von Haustypen für die unterschiedlichsten Grundstücksbreiten nachzuweisen, die unter A. Nehring und M. Grünberg ausgearbeitet wurden und im Berliner Straßenbild immer wiederkehren. 1730 ist ein Stich bei Jerimias Wolff Augsburg veröffentlicht worden mit der Unterschrift: »Zwey von Hr. von Grünenberg inventirte und gebaute Bürgerli. Wohnhäußer mit ihren Faciaten und Grundriße.« Es handelt sich dabei um ein vierachsiges und ein fünfachsiges Wohnhaus mit zwei Obergeschossen und Zwerchgiebel. Tatsächlich sind aber diese Bauten schon seit etwa 1688 errichtet worden. Dazu gehört auch das noch erhaltene Haus Brüderstraße 10. Vermutlich ist dieser Typ unter Nehring entstanden und später unter seinem Nachfolger im Bauamt, Martin Grünberg, weiterentwickelt worden, wobei im Laufe der folgenden Jahrzehnte die Höhe und Breite der fünfachsigen Bauten reduziert wurde. Das letzte nachweisbare Haus dieses Typs ist Neukölln am Wasser 10 (heute Märkisches Ufer 18, Otto-Nagel-Haus), das 1703 erbaut wurde. Am genauesten entsprach dem auf dem Stich wiedergegebenen Fünfachsenhauses das 1937 abgebrochene Haus Breite Straße 23 (vgl. G. Schiedlausky: Martin Grünberg, Burg b. Magdeburg 1942, S. 129). Auch der vierachsige Typ wurde häufig gebaut. Dazu gehörte das 1960 abgebrochene Haus Brüderstraße 8. Auf der Zeichnung der Breite Straße entsprechen die Häuser Nr. 18 und 26 ebenfalls diesem Typ. (Vgl. dazu L. Alfieri: Häuser in der Breiten Straße im 17. Jh. In: Vermischte Schriften des Vereins für die Geschichte Berlins, 1888, 2. Bd./Tafel 12).

IX. Hier ist der Dachausbau zweifellos später erfolgt.

X. Bei diesem Haus handelt es sich wahrscheinlich um einen weiteren unter Nehring bzw. Grünberg entwickelten Typ. Ein entsprechendes Wohnhaus stand noch Klosterstr. 38.

XI. Die Ähnlichkeit dieses Haustyps mit dem Vierachsenhaus auf dem Stich von Wolff ist unverkennbar. Vermutlich lag dieser Gestaltung für das noch aus dem Mittelalter stammende Dreiachsenhaus, das inzwischen nach dem Verbot von Giebelhäusern zumeist nach Aufsetzen eines weiteren Geschosses zum Traufenhaus umgestaltet wurde, ebenfalls eine bestimmte Norm zugrunde. Dieser Typ des Dreiachsenhauses war bis zum Ende des 19. Jahrhunderts vorwiegend in den Neben- und Seitenstraßen von Alt-Berlin und Kölln anzutreffen.

XII. Es ist wahrscheinlicher, daß der Niederländer Rütger von Langerfeld der Architekt des Derfflinger-Hauses war. Von ihm stammt auch der Umbau von Schloß Köpenick. Beide Gebäude stimmten in der künstlerischen Auffassung wie auch in den Details in auffälliger Weise überein.

XIII. Hinweise über die sozialen und städtebaulichen Gesichtspunkte dieser einheitlichen Gebäudegruppe geben die erhaltenen Baustellenanweisungen im Zentralen Staatsarchiv Potsdam, Preuß.-Brandenb. (Rep. 78 III B 21 Köln 2, 4, 4, 7)
Dazu: H. Matzdorff: Die alte Stechbahn und ihre Bewohner. In: Zeitschrift des Vereins f. d. Gesch. Berlins (1936), S. 117.

XIV. Dazu: Gedenkschrift des Ministers Friedrich Wilhelm von Grumbkow an Friedrich Wilhelm I. vom 14. Juni 1713. In: P. Voigt: Grundrechte und Wohnungsfragen in Berlin und seinen Vororten. Jena 1901. Anhang.

XV. Heute: Stresemannstraße.

XVI. Vgl. dazu: R. Herz: Berliner Barock. Berlin 1928, S. 122.

XVII. Nach einem Erlaß Friedrich Wilhelm I. war eine Überbauung der Höfe mit Wohngebäuden verboten. Vgl. Corpus constitutionum Marchicarum.

XVIII. Das Gebäude Poststraße 16 wurde 1937 für den geplanten Neubau des Mühlendamms abgebrochen. Die ausgebauten Teile wurden teilweise auf dem Lagerplatz Seestrasse und im Märkischen Museum aufbewahrt. Mit dem Wiederaufbau auf etwa derselben Stelle wurde im Zusammenhang mit der Umbauung der Nikolaikirche begonnen.

XIX. Sie wurden bis auf das Haus Neue Grünstraße 27 im zweiten Weltkrieg vollständig vernichtet.

XX. In neuester Zeit konnte belegt werden, daß das Haus Königstraße 62 tatsächlich von Schinkel ist. Im Wallraff-Richartz-Museum Köln wird das Skizzenbuch des Architekten Jacob Ignaz Hittorff (1820–1821) aufbewahrt. Darin findet sich ein Blatt mit der Unterschrift: Maison particulière Rue Koenigstraße à Berlin par Schinkel, toût 1821. Es war ein 6achsiges, 6geschossiges Gebäude mit gekoppelten Fenstern, getrennt durch Pilaster. Im Erdgeschoß waren Läden. Das Haus hatte ein flaches Dach mit einem ähnlichen Abschluß wie die Bauakademie. Die Mauerteile waren in einem warmen Rosa angegeben. Es handelte sich hierbei zweifellos um einen Umbau.
Dazu: Rave, P. O.: K. F. Schinkel, Lebenswerk. Berlin III. Bauten f. Wissenschaft, Verwaltung, Heer, Wohnbau. Berlin: Dt. Kunstverlag 1962, S. 202.

Quellen zum Hauptteil

R. Borrmann, Die Bau- und Kunstdenkmäler von Berlin. Berlin 1893.
P. Clauswitz, Zur Geschichte Berlins. Berlin 1893.
C. Doehl, Repertorium des Baurechts und der Baupolizei. Berlin 1867.
E. Fidicin, Historisch-diplomatische Beiträge zur Geschichte der Stadt Berlin. Berlin 1837–42.
E. Fidicin, Berlin historisch und topographisch dargestellt. Berlin 1852.
Gercke, Beschreibung der weltberühmten Königl. Preuß. und Kurf. Haupt- und Residenzstadt Berlin, Handschrift. Berlin 1716, Magistratsbücherei.
F. Holtze, Geschichte der Befestigung von Berlin. Berlin 1874.
D. Joseph, Die Friedrichstadt in Berlin. Berlin 1911.
A. B. König, Versuch einer historischen Schilderung der Hauptveränderungen usw. der Residenzstadt Berlin seit den ältesten Zeiten bis zum Jahre 1786. Berlin 1792–99.
W. Mila, Berlin, Geschichte des Ursprungs usw. Berlin-Stettin 1829.
J. Chr. Müller und G. G. Küster, Altes und neues Berlin. Berlin 1737, 1752, 1756, 1769.
F. Nicolai, Beschreibung der königlichen Residenzstädte Berlin und Potsdam und aller daselbst befindlichen Merkwürdigkeiten. Berlin 1779, 2. Auflage (2 Bände).
J. D. Fr. Rumpf, Berlin und Potsdam. Berlin 1814 und später.

O. Schwebel, Geschichte der Stadt Berlin. Berlin 1888.
C. Seidel, Berlins Architektur in kunstwissenschaftlicher Hinsicht. Berlin 1830.
A. Streckfuß, Vom Fischerdorf zur Weltstadt. Berlin seit 500 Jahren. Berlin 1863.
J. P. Süßmilch, Der Königl. Residentz Berlin schneller Wachstum und Erbauung. Berlin 1752.
A. Woltmann, Die Baugeschichte Berlins. Berlin 1872.

Berlin, von seiner Entstehung bis auf die gegenwärtige Zeit historisch-geographisch beschrieben. Berlin bei Wilhelm Dieterici, 1798.
»Der Bär«, Illustr. Berliner Wochenschr., Jahrg. 1874–1900.
Mitteilungen des Vereins für die Geschichte Berlins, erschienen seit 1884.
Schriften des Vereins für die Geschichte Berlins.

Literaturhinweise des Bearbeiters

Bibliographie zur Kunstgeschichte von Berlin und Potsdam. Von S. Badstübner-Groeger. Berlin: Akademie-Verlag, 1968.
Berlin-Bibliographie. In der Senatsbibliothek Berlin, bearb. von U. Scholz und R. Stromeyer. Veröffentlichungen der Historischen Kommission zu Berlin, Bd. 15, 22. Berlin: de Gruyter, 1965 / Ergänzungsband 1973.
E. Boersch-Supan: Berliner Baukunst nach Schinkel 1840–1870. München: Prestel-Verlag, 1977.
K. Brendel: Die Straße Unter den Linden. Ihre Entwicklung vom kurfürstlichen Jagdweg zur Prachtstraße unter Friedrich Wilhelm III. Berlin TU, Diss. 1949.
H. Brost, L. Demps: Berlin wird Weltstadt. Photographien von F. Albert Schwartz. Leipzig: Edition Leipzig, 1981.
Die Stadt Berlin im Jahre 1690. Gezeichnet von Johann Stridbeck dem Jüngeren. Leipzig: Edition Leipzig, 1981.
H. Ehrlich: Die Berliner Bauordnungen. Berlin TH, Diss. 1933.
P. Gebhardt: Die Bürgerbücher von Cölln an der Spree 1508 bis 1611. Berlin 1930.
J. F. Geist, K. Kürvers: Das Berliner Mietshaus, 1740–1862. München: Prestel-Verlag, 1980, Bd. 1.
G. E. Graf: Die Entwicklung des Straßengrundrisses von Berlin. In: Beiträge zur Georgraphie Berlins. Berlin (1918) 2.
R. Herz: Berliner Barock. Berlin 1928.
St. Hirzel: Johann Arnold Nehring, ein Märkischer Baumeister. Dresden TH, Diss. 1926. Masch-Msc.
H. Jahn: Berlin im Todesjahr des Gr. Kurfürsten. Berlin 1935.
Max Jähns: Die Friedrichstadt unter dem Großen Kurfürsten und Friedrich I. Hrsg. D. Joseph, Berlin 1912.
E. Kaeber: Bürgerrecht, Bevölkerungsherkunft und Berufsstatistik Berlins bis zur Mitte des 18. Jhs. Berlin 1934.
H.-W. Klünner: Das Panorama der Straße Unter den Linden vom Jahre 1820. In: Mitteilungen des Vereins für die Geschichte Berlins. – Berlin (1965/1966) 1–4.
J. Kohte: Wohnhäuser von kunstgeschichtlichem Wert in Berlin und Vororten. In: Zeitschrift für Bauwesen. Berlin (1923) – S. 113 und später.

R. Lüdicke: Die Geschichte der Berliner Stadtgrundstücke seit Einführung der Grundstücksbücher Ende 17. Jahrhundert. Berlin 1933.
H. Mackowsky: Häuser und Menschen im alten Berlin. Berlin 1923.
H. Müther: Berlins Bautradition. Berlin: Verlag das Neue Berlin, 1956.
H. Oldenburg: Die Entwicklung der Baupolizeiverordnungen und deren Einfluß auf die Baugestaltung. Hannover, TH, 1938.
M. Osborn: Berlins Aufstieg zur Weltstadt. Berlin 1929.

E. Pudor: Alte Berliner Privathäuser. In: Mitt. des Vereins f. d. Geschichte Berlins – Berlin 27 (1910) – S. 129, 141.
H. Rachel: Das Berliner Wirtschaftsleben im Zeitalter des Frühkapitalismus. Berlin 1931.
G. Reimann: Das Berliner Straßenbild des 18. und 19. Jahrhunderts. Berlin: Henschelverlag, 1954.
E. Schachinger: Alte Wohnhäuser in Berlin. Berlin: Verlag Bruno Hessling, 1969.
G. Schiedlausky: Martin Grünberg. Burg b. Magdeburg 1942.
A. Schinz: Berlin – Stadtschicksal und Städtebau. Braunschweig: Westermann, 1964.
H. Schierer: Die Befestigung Berlins zur Zeit des Großen Kurfürsten. In: Schriften des Vereins f. d. Geschichte Berlins. – Berlin 57 (1939).
H. Schmitz: Berliner Baumeister vom Ausgang des 18. Jahrhunderts. Berlin 1925.
R. Skoda: Wohnhäuser und Wohnverhältnisse der Stadtarmut, dargestellt insbesondere an der Rosenthaler Vorstadt von Berlin zwischen 1750 und 1850. Weimar, HAB, Diss. 1968.
W. Stengel: Alte Wohnkultur in Berlin und in der Mark, im Spiegel der Quellen des 16.–19. Jahrhunderts. Berlin: Hessling, 1958.
F. Wendtland: Berlins Garten und Parke, von der Gründung der Stadt bis zum ausgehenden neunzehnten Jahrhundert. Frankfurt (Main) / Berlin / Wien: Propyläen-Verlag, 1979.

Künstler- und Namenverzeichnis

Straßen- und Häuserverzeichnis

Bei den noch erhaltenen Bauten sind Abbildungen des heutigen Zustands beigefügt.

Adlerstraße / ehem. Friedrichswerder
seit 1930 überbaut

Schon seit dem 16. Jahrhundert mit Gebäuden des Jägerhofs bebaut. Hier sollen die Käfige der Geier und Adler gestanden haben.

Nr. 5 nach 1800 erbaut	1927 abgebrochen	224	*248*

Alte Jakobstraße / früher Köllnische Vorstadt
Querstraße der neuen Roßstraße. Sie entstand im Zuge der allmählichen Besiedlung der Köllnischen Vorstadt Ende des 18., Anfang des 19. Jahrhunderts. Ihren Namen hat sie nach dem früher dort an der Ausfallstraße nach Südosten liegenden Jakobshospital. Die vorwiegend noch alte Bausubstanz wurde im zweiten Weltkrieg zerstört.

Nr. 70 um 1770 erbaut	zerstört	145, 172	*144, 145, 187, 188*

Alte Leipziger Staße / ehem. Friedrichswerder
seit 1930 überbaut

Wurde bei der Gründung der Neustadt Friedrichswerder als Ausfallstraße nach Südwesten angelegt. Hier stand auch zunächst das Leipziger Tor. Mit der Gründung der Friedrichstadt wurde das Tor nach dem heutigen Leipziger Platz verlegt.

Nr. 21 Hofflügel um 1800 erbaut	1927 abgebrochen	234	*262*

Am Kupfergraben / ehem. Friedrichswerder
Auf dem Memhardtschen Plan von 1653 als »neuer Ausfluß der Spree« bezeichnet. Ihren Namen hat die Straße nach dem königlichen Gießhaus erhalten, das unter Kurfürst Friedrich III. hinter dem Zeughaus, dem heutigen Museum für Deutsche Geschichte, stand.

Nr. 7 um 1750 erbaut, 1830 um linken Seitenflügel erweitert	erhalten: »Max-Planck-Haus«, Sitz der Physikalischen Gesellschaft der DDR	146, 255	*146, 147, A1, A2*

An der Fischerbrücke, früher Alt-Kölln
heute überbaut mit dem neuen Wohngebiet Fischerinsel

Im Zusammenhang mit der Spreeregulierung und Anlage der Friedrichsgracht um 1680 entstanden. Vorher befanden sich hier nur einige Durchgänge von der Fischerstraße zur Spree mit Schuppen und Lagern für die Fischer sowie am Südende der alte Köllnische Schlachthof. Nach seiner Begradigung und Befestigung wurden hier auch größere Bürgerhäuser erbaut. Nach der Jahrhundertwende entstand an gleicher Stelle eine Rei-

Straßen- und Häuserverzeichnis	Bauzustand	Seite	Abb.
he von Läden und Einrichtungen für die Schiffahrt. Ihren Namen hat die Straße nach der hölzernen Brücke erhalten, die vom Mühlendamm zum Ostufer der Insel führte. Später wurde sie durch eine Stahlkonstruktion ersetzt. Die Vorderhäuser und Hofgebäude wurden im zweiten Weltkrieg zerstört oder stark beschädigt.			
Nr. 2/3 um 1734 erbaut	zerstört	96	*95*
Nr. 6 Durchgang zur Fischerstraße. In der Anlage vermutlich noch mittelalterlich	1959/60 wegen Baufälligkeit abgetragen		
An der Schleuse / ehem. Friedrichswerder 1964 überbaut Zwar auf der Ostseite der Spree gelegen, rechnete die Straße aber noch zur Neustadt Friedrichswerder. Sie führte von der Stechbahn bis zur Spreegasse (Sperlingsgasse). Sie wurde etwa 1668/70 angelegt. Zu den ersten Bauten, in der Höhe der Schleuse gelegen, gehörte das Wohnhaus des Bau- und Schleusenmeisters Matthias Smids.		57	*44*
Nr. 12 um 1690 erbaut, vermutlich nach Entwürfen von Nehring um 1690 erbaut	1938 abgebrochen	56	*43*
An der Spandauer Brücke	siehe Spandauer Brücke		
An der Stechbahn / früher Alt-Kölln 1964 überbaut Ursprünglich hölzerne Kampfbahn zur Austragung von Ritterspielen auf der Südseite der Schloßfreiheit. Seit Anfang des 18. Jahrhunderts bebaut.			
Nr. 1–7 Freihäuser mit Kaufgewölbe 1702 von J. de Bodt erbaut	1865, 1888 abgebrochen	74	*71*
Behrenstraße / ehem. Friedrichstadt um 1670 angelegt Anfangs Südgrenze der Dorotheenstadt, später in die Friedrichstadt einbezogen. Benannt nach dem Bauingenieur Behr, der die Vermessung der Neustädte vornahm (vgl. Baustellenanweisungen). Seit 1900 stehen hier vorwiegend Bankgebäude.			
Nr. 66 1792/93 als königlicher Immediatbau nach Plänen von F. W. Titel erbaut	zerstört	204, 205	*222, 223*
Baugeschichte: Ursprünglich Wohnhaus, später Generalstabsgebäude und Militärkabinett. Seit 1931 Sitz des katholischen Bischofs von Berlin.			
Belle-Alliance-Platz / ehem. Friedrichstadt heute: Mehringplatz Im Zuge der Stadterweiterung von 1732/34 als »Rondell« vor dem Halleschen Tor angelegt, von dem strahlenförmig drei Straßen, die Wilhelmstraße, die Friedrichstraße und die Lindenstraße nach Norden gingen. Die erste Bebauung bestand aus getypten dreigeschossigen Wohnhäusern mit gleicher First- und Traufhöhe. Die letzte, fünfgeschossige Bebauung vom Ende des 19. Jahrhunderts wurde im zweiten Weltkrieg zerstört. Der Neuaufbau nach Plänen von Hans Scharoun war 1975 abgeschlossen.		101	*103*
Breite Straße / früher Alt-Kölln Gehört zu den ältesten Straßen der Stadt. Zunächst blieb die Wasserseite unbebaut. Im 16./17. Jahrhundert erfolgte die Vergabe der Grundstücke als Burglehen an höhere Hofbeamte. 1937 mußten die auf der Ostseite gelegenen Häuser Nr. 21–23 für den ge-		22, 23	*13, 15*

Straßen- und Häuserverzeichnis	Bauzustand	Seite	Abb.

planten Neubau der Mühlendammbrücke abgebrochen werden. Nach der Zerstörung eines Großteils der Bausubstanz, insbesondere auf der Westseite, im zweiten Weltkrieg wurde die verbreiterte Straße mit Büro- und Verwaltungsgebäuden wiederaufgebaut.

Straßen- und Häuserverzeichnis	Bauzustand	Seite	Abb.
Nr. 3 Freihaus um 1740 erbaut	zerstört	110, 171	*115, 185*
Nr. 5 1770 von J. Boumann erbaut	zerstört	154	*156*
Nr. 11 »Ermeler-Haus« um 1690 erbaut	erhalten, 1967 versetzt an das Märkische Ufer (s. dort), genutzt als Gaststätte, mit historischen Räumen im 2. Obergeschoß	173/74, 176/77, 211, 267	*189–194, 231 A12, A13*

Baugeschichte: 1767 Umbau für den Hoflieferanten P. Damm. Später wurde das Gebäude von dem Tabakfabrikanten Neumann übernommen, 1806 die Fassade verändert, ein Tabakladen ein- und der Stall im Hof zur Tabakfabrik ausgebaut. 1824 erwarb der Tabakhändler Ermeler das Gebäude und die Fabrik. Beide wurden 1931/32 Außenstelle des Märkischen Museums. Nach dem Krieg wurden die Gebäude vom Stadtarchiv und von der Ratsbibliothek genutzt. 1967 wurde das Vorderhaus mit Seitenflügel abgetragen und an das Märkische Ufer 10/12 versetzt (s. dort).

Straßen- und Häuserverzeichnis	Bauzustand	Seite	Abb.
Nr. 15 (16) um 1600 erbaut	zerstört. 1867 Umbau für das Kaufhaus Rudolf Hertzog	23	*14*
Nr. 16 (17) um 1600 erbaut	1744 abgebrochen	23	*14*
Nr. 17 (18) um 1688 erbaut	Ende des 18. Jahrhunderts abgebrochen	23	*14*
Nr. 18 (19) Ende 16. Jahrhundert erbaut	Ende des 18. Jahrhunderts abgebrochen	23	*14*
Nr. 21 (24) um 1600 erbaut	1937 abgebrochen	23	*14*
Nr. 22 (25) um 1600 erbaut	1937 abgebrochen	23	*14*
Nr. (26) 1680 erbaut	1692 zusammen mit dem nördlich angrenzenden Neubau Nr. 23 vereinigt	23	*14*
Nr. 23 1692 von M. Grünberg erbaut	1937 abgebrochen. Reiches Bürgerhaus mit Stuckdecken aus der Erbauungszeit	23	*14*
Nr. 35/36 »Ribbeckhaus«, Anfang 17. Jahrhundert erbaut	erhalten: Genutzt vom Bund der Architekten der DDR und dem Demokratischen Frauenbund Deutschlands	23–25, 255	*15–17, A3*

Baugeschichte: Ursprünglich zwei Wohnhäuser adliger Hofbeamter. 1624 wurden sie vom Freiherrn von Ribbeck erworben (Wappen und Inschrift über der Tür) und zu einem Bau unter einer Fassade vereinigt. 1629/30 erfolgte ein erneuter Umbau durch B. Benzelt, Dresden. Nach 1670 nicht mehr als Wohnhaus genutzt, sondern in den danebenliegenden Marstall mit einbezogen. Ende des 18. Jahrhunderts wurde in diesem Haus die königliche Oberrechnungskammer untergebracht. Wegen Raummangels wurde nach 1800 ein zweites Obergeschoß aufgesetzt, und im dazugehörigen rechten Seitenflügel wurden Zwischengeschosse eingezogen. Die Zwerchgiebel wurden in veränderter Form wieder aufgesetzt. 1863 Entfernung der stark vorspringenden, beischlagähnlichen Treppe zur Straße, Bau der heutigen Anlage, 1866 Anbringung eines Sockels in Diamantquader-Putz sowie von Ornamentfriesen in nachempfundenen Formen im II. Obergeschoß an der Fassade. Im zweiten Weltkrieg wurde das Gebäude beschädigt,

1953 wiederhergestellt, dabei Beseitigung des Treppenturms und Veränderung der Raumeinteilung. 1960 wurde die ursprüngliche Portalumrandung von 1624 durch eine Kopie ersetzt. 1964/65 Neuputz der Fassade mit gleichzeitiger Entfernung der dekorativen Zutaten von 1866.

Straßen- und Häuserverzeichnis	Bauzustand	Seite	Abb.
Brüderstraße / früher Alt-Kölln		70	*63*

Gehört zu den ältesten Straßen der Stadt, verlief ursprünglich nur von der Petrikirche zur heutigen Neumannsgasse. Sie wurde nach dem Konvent der Dominikanerbrüder genannt, die sich seit 1297 hier niedergelassen hatten. Der nördlich gelegene Straßenteil zwischen Neumannsgasse und Dominikanerkirche wurde offenbar erst später bebaut. Er hieß »Nach dem Neuen Stifte«. In der zweiten Hälfte des 17. Jahrhunderts erhielt die ganze Straße den Namen Brüderstraße. Hier befand sich eine größere Anzahl Häuser in kirchlichem Besitz. Nach der Säkularisation wurden diese Grundstücke zumeist Hofbeamten zu Lehen gegeben, einige wurden auch der Petrikirche überschrieben. Die Grundstücke auf der westlichen Straßenseite waren relativ tief und stießen mit ihren Gärten an die Stadtmauer. Ende des 19. Jahrhunderts nahm die Straße durch das Warenhaus von Rudolf Hertzog immer mehr den Charakter einer Geschäftsstraße an. Im zweiten Weltkrieg wurden zwei Drittel ihrer Bausubstanz zerstört. Ihr nördlicher Teil wurde 1963 mit dem Staatsratsgebäude überbaut, so daß jetzt keine direkte Verbindung mehr mit dem früheren Schloßplatz (heute Marx-Engels-Platz) besteht.

Straßen- und Häuserverzeichnis	Bauzustand	Seite	Abb.
Nr. 2 1628 erbaut	1897 abgebochen	108, 109	*113, 114*

Baugeschichte: Als Palais des Grafen Schwarzenberg unter Benutzung eines älteren Propsteigebäudes mit zahlreichen Nebengebäuden, die bis zur Spree reichten, errichtet (Statthalterei). 1680 für den Grafen Otto von Schwerin ausgebaut, seit 1698 Sitz verschiedener Landeskollegien. 1735 wurde das umfangreiche Grundstück parzelliert und an Privatpersonen verkauft. Aus dieser Zeit stammt die bis zu dem Abbruch unverändert erhalten gebliebene Fassade.

Straßen- und Häuserverzeichnis	Bauzustand	Seite	Abb.
Nr. 10 um 1688 erbaut	erhalten: Genutzt vom Institut für Denkmalpflege in der DDR	71, 78, 259	*65, 76, A4, 5*

Baugeschichte: Erbaut für Freiherrn von Happe. Von Mitte des 18. Jahrhunderts bis 1945 Propsteigebäude der Petrikirche, um 1800 Fassade verändert. Im zweiten Weltkrieg wurde das Gebäude beschädigt, danach mehrmals restauriert. Im Erdgeschoß befindet sich eine Stuckdecke aus der Erbauungszeit mit Deckengemälde.

Straßen- und Häuserverzeichnis	Bauzustand	Seite	Abb.
Nr. 13 »Nikolaihaus«, 1709/10 als Erweiterung eines Vorgängerbaus errichtet	erhalten: Genutzt vom Institut für Denkmalpflege in der DDR	70, 76, 77, 82, 184, 259	*64, 73–75, 81, 206 A6, 7*

Baugeschichte: Seit 1788 Wohn- und Geschäftshaus des Verlegers Friedrich Nikolai. 1803 von F. Zelter einschließlich der Anlage im Hof umgebaut. Im zweiten Weltkrieg wurde das Hintergebäude zerstört, Vorderhaus und Hofgebäude wurden beschädigt. Letztere sowie der Innenhof sind wiederhergestellt – bei Einbau von Teilen des 1936 abgebrochenen Weydinger-Hauses im Hofgebäude.

Straßen- und Häuserverzeichnis	Bauzustand	Seite	Abb.
Nr. 43 um 1770 erbaut	Hofgebäude später zerstört	129	*128*

Charlottenstraße / ehem. Friedrichstadt

Westliche Begrenzung des ehem. Gendarmenmarktes, heute Platz der Akademie. Die teilweise noch aus dem 18. und 19. Jahrhundert stammende Bausubstanz größtenteils zerstört. Die Platzwände sind im Wiederaufbau.

Straßen- und Häuserverzeichnis	Bauzustand	Seite	Abb.
Nr. 49 um 1780 von Gontard erbaut, Weinlokal Lutter und Wegener	bis auf das Kellergeschoß zerstört. 1959 abgebrochen	194	*214*

***A 1,2** Am Kupfergraben 7, Max-Planck-Haus*

***A 3** Breite Straße 35/36, »Ribbeckhaus«*

Straßen- und Häuserverzeichnis	Bauzustand	Seite	Abb.
Clara-Zetkin-Straße	siehe Dorotheenstraße		

Dönhoffplatz / ehem. Friedrichstadt
Platzartige Ausweitung an der Leipziger Straße. Vorher Esplanade vor dem Alten Leipziger Tor. Seit 1734 bebaut, vorwiegend mit größeren Palais. Mit der Anlage war Graf Dönhoff beauftragt. Anfang des 20. Jahrhunderts wurden hier Geschäfts- und Warenhäuser errichtet. Die angrenzenden Bauten wurden im zweiten Weltkrieg zerstört. Heute als Grünplatz in den Neuaufbau der Leipziger Straße mit einbezogen. Neuer Standort der früheren Spittelkolonnaden.

Dorotheenstraße / ehem. Dorotheenstadt
heute: Clara-Zetkin-Straße

Zwischen 1671 und 1674 angelegt. Sie hieß zuerst Letzte oder Hintere Straße. Erst 1822 wurde sie nach der zweiten Frau des Kurfürsten Friedrich Wilhelm benannt. Zuerst wurde der Teil westlich der späteren Friedrichstraße bebaut, davon hauptsächlich der Abschnitt zwischen Neustädtischer Kirchstraße und Friedrichstraße. Gegenüber der Kirche, am Ufer der Spree, lagen zunächst der Schiffsbauhof und das Vorwerk. Ende des 17. Jahrhunderts wurde dieses Gelände in Gärten aufgeteilt. Dort wurde auch die Villa Kamecke von Schlüter errichtet (später Loge Royal York). Auf der anderen Seite der Friedrichstraße befanden sich der Bauhof und die Sternwarte. Letztere war dem Komplex des Marstalls – später Akademie der Künste und der Wissenschaften – angeschlossen. Dieser Teil der Straße hieß zunächst »Hinter dem Observatorium«, der östliche Straßenabschnitt bis zum Kupfergraben trug die Bezeichnung »Hinter dem Bauhofe«. Die Dorotheenstraße war im 18. Jahrhundert vor allem in ihrem westlichen Teil eine ruhige Wohnstraße. Als am Anfang des 19. Jahrhunderts die Universität gegründet wurde, nahm sie den Charakter eines »Quartier Latin« an. Im Laufe des 19. Jahrhunderts mußte eine Reihe von Privatbauten wissenschaftlichen Instituten weichen. In den zwanziger Jahren des 20. Jahrhunderts wurde der Abschnitt östlich der Neustädtischen Kirchstraße in den Amüsierbetrieb der Friedrichstraße (»Wintergarten«) einbezogen. Im zweiten Weltkrieg wurden zwei Drittel der Bausubstanz, darunter zahlreiche wissenschaftliche Institute sowie die Dorotheenstädtische Kirche, zerstört oder beschädigt. 1950 wurde die Straße nach Clara Zetkin benannt.

Nr. 6 (früher 5) um 1810 für den General-Chirurgen Görcke errichtet. Der Inhalt der Reliefs bezieht sich auf den Beruf des Bauherrn. Später war hier die Universitäts-Poliklinik untergebracht.	zerstört	212, 213	*232, 233*

Dresdener Straße / früher Köllnische Vorstadt
Ursprünglich Landstraße, später in das Straßennetz von Neukölln übernommen, wo sie dann in den Oranienplatz einmündete. Die Bausubstanz wurde im zweiten Weltkrieg zum größten Teil zerstört, die noch erhaltenen Bauten, wie die Markthalle, wurden in die Neubebauung einbezogen.

Nr. 74 um 1800 erbaut	zerstört	210	*229*
Falkoniergasse / ehem. Friedrichswerder		218	*240*

überbaut
War eine enge Gasse, die hinter dem ehemaligen Reitstall verlief und den Werderschen Markt mit der Rosenstraße verband. Das Baugelände wurde zwischen 1656 und 1658 an niedere Hofbeamte vergeben (vgl. Baustellenanweisungen). Die Häuser waren ursprünglich zweigeschossig und besaßen kleine enge Höfe. Im Laufe des 19. Jahrhun-

derts wurden die meisten von ihnen beseitigt oder aufgestockt. Nach dem zweiten Weltkrieg war die Bebauung nur noch lückenhaft. Im Zuge der Neuordnung des Stadtzentrums wurde die Straße gänzlich beseitigt.

Nr. 8 vermutlich um 1660 erbaut, später nur leicht verändert	zerstört	218	*240, 241*

Feilnerstraße / ehem. Köllnische Vorstadt
Früher Hasenhegerstraße. Benannt nach dem Fabrikanten Feilner, der hier seit 1800 eine Ofenfabrik betrieb und auch die Terrakotten für die Bauten Schinkels herstellte.

Nr. 1 1828 von Schinkel für den Ofenfabrikanten Feilner erbaut	zerstört	228, 229	*252–254*
Fischerbrücke	siehe An der Fischerbrücke		
Fischerstraße / früher Alt-Kölln heute: überbaut mit dem neuen Wohngebiet Fischerinsel		117	*119*

Zählte zu den ältesten Straßen in diesem mittelalterlichen Stadtteil. Die Fischerstraße ging vom Köllnischen Markt ab und war die Ausfallstraße nach Süden. Das Köpenicker Tor stand im Mittelalter etwa in Höhe der späteren Köllnischen Straße. Im Zusammenhang mit der Anlage von Neukölln wurde die Straße um 1680 bis zur Friedrichsgracht verlängert und bebaut. Die Grundstücke auf der östlichen Straßenseite zeichneten sich durch große Tiefe aus und reichten wohl ursprünglich bis zur Spree. Wie weit diese sogenannten Durchgänge mit Wohnhäusern bebaut waren, ist heute nicht mehr festzustellen. Nach der Regulierung der Spree im 17. Jahrhundert und der Anlage und Bebauung der Straße An der Fischerbrücke entstanden bei den Häusern der Fischerstraße aus den Durchgängen schmale, aber noch relativ tiefe Höfe, die zumeist mit kleinbürgerlichen Wohnhäusern bebaut wurden. Ob in dieser Straße wirklich die Wohnhäuser der Fischer standen, ist zweifelhaft. Vermutlich hatten sie ihre Geräte und Kähne nur in Schuppen in den Durchgängen zum Wasser aufbewahrt. Die Art der Besteuerung weist darauf hin, daß hier vorwiegend wohlhabende Bürger gewohnt haben. Aus den alten »Schoßbüchern« ist ebenfalls zu ersehen, daß die Besitzer der Häuser hauptsächlich Handwerker und angesehene Kaufleute waren. Den kleinbürgerlichen Charakter erhielt die Straße erst im Verlaufe des 19. Jahrhunderts. Im zweiten Weltkrieg wurde ein Teil der alten Bausubstanz beschädigt oder zerstört. Seit 1967 entstand hier ein neues Wohnviertel.

Nr. 13 erbaut um 1685, um 1800 um zwei Geschosse erhöht und Fassade mit Akanthusfries neu gestaltet	zerstört	206	*224*
Nr. 21 »Zum Nußbaum« (Giebelhaus), zwischen 1571 und 1596 erbaut	zerstört	18	*9*

Baugeschichte: Ursprünglich am Stadttor, wahrscheinlich schon als Gasthaus errichtet. Wurde erst in neuerer Zeit durch den häufigen Besuch des Malers Heinrich Zille bekannt. Ist zum Wiederaufbau an einem anderen Standort vorgesehen.

Nr. 28 »Blüthgen-Haus« (Giebelhaus), um 1600 erbaut, im 18. Jahrhundert durchgreifender Umbau	zerstört	20, 21, 116	*11, 12, 118*
Nr. 29 »Haus zum Eichhorn«, 1604 erbaut	zerstört	186, 187	*208, 209*

Baugeschichte: Jahreszahl im Hauszeichen, einem Wappen mit Eichhörnchen (aufbewahrt im Märkischen Museum). Vermutlich im 18. Jahrhundert aufgestockt und die Hofgebäude errichtet. Fassade Anfang des 19. Jahrhunderts verändert.

Straßen- und Häuserverzeichnis	Bauzustand	Seite	Abb.
Nr. 32 »Ritterhaus«, zweite Hälfte 16. Jahrhundert erbaut (Giebelhaus, vermutlich ursprünglich unverputzt), im 18. Jahrhundert durchgreifender Umbau	zerstört	187	*210*

Französische Straße / ehem. Friedrichstadt

Wurde nach 1688 angelegt. Sie tangiert den Friedrichstädtischen Markt (Gendarmenmarkt, heute Platz der Akademie) an seiner Nordseite. Im Osten setzte sie sich, zunächst noch getrennt durch den Wallgraben, durch die schon zum Friedrichswerder gehörende Werderstraße fort. Ihren Namen erhielt sie nach den französischen Réfugiés, die vorwiegend diese Straße bewohnten. Die Französische Straße war zunächst am Ende des 17. Jahrhunderts und zu Beginn des 18. Jahrhunderts nur locker besiedelt. Erst in der 2. Hälfte des 18. Jahrhunderts war die Bebauung vollständig durchgeführt. Es war eine ruhige Wohnstraße mit kleineren Palais und größeren Bürgerhäusern. Sie gehörte zu der beliebtesten Wohngegend der Residenz. Ende des 19. Jahrhunderts wurden hier Geschäftshäuser errichtet, die im zweiten Weltkrieg zerstört wurden.

Straßen- und Häuserverzeichnis	Bauzustand	Seite	Abb.
Nr. 29 »Naturforscher Haus«, vermutlich um 1690 von M. Smids erbaut	zerstört		

Baugeschichte: 1788 schenkte der König das Gebäude der »Gesellschaft naturforschender Freunde«, zu der u. a. auch der Freiherr vom Stein und eine Reihe angesehener Professoren gehörten. Im selben Jahr wurde das Haus um ein Geschoß erhöht, die Fassade leicht verändert, im Innern wurden entscheidende Umbauten vorgenommen.

Straßen- und Häuserverzeichnis	Bauzustand	Seite	Abb.
Nr. 31 unausgeführter Entwurf von 1805		235	*266*
Friedrichsgracht / ehem. Friedrichswerder und Alt-Kölln		67	*60*

Nach der Regulierung der Spree und der Beseitigung der mittelalterlichen Stadtmauer zwischen 1670/81 angelegt. Sie verlief in einem Halbkreis entlang dem Spreearm von der Spreegasse (Sperlingsgasse) im Westen bis zur ebenfalls neu angelegten Straße An der Fischerbrücke im Osten. Der westlich gelegene Abschnitt der Friedrichsgracht gehörte verwaltungsmäßig zur Neustadt Friedrichswerder. Er hieß zunächst An der Gertrauden- und An der Spreegassenbrücke. Seine Bebauung setzte bereits 1670 ein. Die Grundstücke wurden hauptsächlich an Baubeamte abgegeben. Der südliche Teil unterstand juristisch dem Rat von Kölln. Dieser Abschnitt wurde erst seit 1681 bebaut und hatte vorwiegend kleinbürgerlichen Charakter, den er auch bis zur Zerstörung der Bausubstanz im zweiten Weltkrieg beibehielt. Die zerstörten Gebäude wurden im West- und Südabschnitt bis auf das Haus Friedrichsgracht 55 abgetragen und durch neue Wohnbauten ersetzt. Die noch erhaltenen Bauten des Südostabschnittes wurden teilweise versetzt.

Straßen- und Häuserverzeichnis	Bauzustand	Seite	Abb.
Nr. 7 um 1681 erbaut. Mietshaus für Manufakturarbeiter mit Doppeltüranlage	zerstört	37	*30, 31*
Nr. 8 um 1681 erbaut. Mietshaus für Manufakturarbeiter mit Doppeltüranlage	zerstört	37	*30, 31*
Nr. 9 um 1681 erbaut. Mietshaus für Manufakturarbeiter mit Doppeltüranlage, später aufgestockt	zerstört		

A 4,5 *Brüderstraße 10, »Galgenhaus«, Institut für Denkmalpflege*

A 5 *Gitter aus der Erbauungszeit*

A 6,7 *Brüderstraße 13, »Nikolaihaus«, Institut für Denkmalpflege*

A 7 *Hofansicht*

A 8 *Gipsstraße 11, Haustür*

A 9 *Klosterstraße 68, Haus der Jungen Talente*

A 10 *Glinkastraße 5, Pfarrhäuser*

Straßen- und Häuserverzeichnis	Bauzustand	Seite	Abb.
Nr. 10 um 1681 erbaut. Mietshaus für Manufakturarbeiter mit Doppeltüranlage, später aufgestockt	zerstört		
Nr. 14 Anfang des 18. Jahrhunderts erbaut. Ausbau des Dachgeschosses im 19. Jahrhundert	für die Neubebauung der Fischerinsel 1967 abgetragen	107	*111, 112*
Nr. 15 Mitte des 18. Jahrhunderts erbaut	erhalten, versetzt an das Märkische Ufer 10/12, genutzt als Funktionsgebäude der Gaststätte »Ermeler-Haus«	105, 106, 107, 267	*109–112, A13*
Nr. 35 vermutlich 1780/90 erbaut	zerstört	38, 198	*32, 217*
Nr. 57 (47) »Schindlersches Waisenhaus«, um 1686 von M. Smids erbaut	zerstört	67, 68	*60, 61*

Baugeschichte: Als Bauherr wird der kurfürstliche Bauschreiber Martin Lauer genannt, der das sehr komfortable Haus sofort mit Gewinn vermietete. Seit 1811 Schindlersches Waisenhaus, 1811/12 durchgreifender innerer Umbau, dabei auch leichte Veränderung der Fassade. Im Innern wurden im Laufe des 19. und 20. Jahrhunderts noch mehrmals Veränderungen vorgenommen. Vor allem wurden die Seiten- und Hintergebäude häufig um- und ausgebaut und schließlich am Ende des 19. Jahrhunderts massiv neu errichtet. Das Gebäude blieb bis zu seiner Zerstörung Waisenhaus.

Nr. 58 »Possartsches Haus«, um 1686 von M. Smids erbaut	zerstört	67, 69	*60, 62*

Baugeschichte: Als Bauherr wird der kurfürstliche Bauschreiber Butendach genannt, der es bereits 1696 an den Minister von Ilgen, den Prinzenerzieher, verkaufte. 1854 Brand, der vor allem den Dachstuhl vernichtete. 1867 erwarb der Kunstsammler Possart das Gebäude. Während er das Erdgeschoß für Geschäftszwecke vermietete, stattete er das Obergeschoß im Rokokostil, größtenteils mit erworbenen Originalen, aus. 1878 ließ er die Fassade restaurieren und gleichzeitig im Stil des Neobarocks verändern. Die Fassade wurde mit Sandsteinplatten verkleidet. An die Stelle des Frontispizes trat eine Balusterattika mit Vasen. Die Anzahl der Pilaster wurde erhöht, und die Fensterüberdachungen wurden entfernt. Bis zu seiner Zerstörung blieb das Gebäude im Besitz der Possartschen Erben.

Friedrichstädtischer Markt siehe Gendarmenmarkt

Friedrichstraße / ehem. Friedrichstadt – Dorotheenstadt

Benannt nach König Friedrich I., verläuft vom Halleschen Tor (heute Mehringplatz) über die Spree hinweg bis zum Oranienburger Tor. In ihrem südlichen Teil hatten sich seit Anfang dieses Jahrhunderts vorwiegend Verlage und Zeitungen niedergelassen, in ihrem mittleren Abschnitt entwickelte sie sich dagegen zur Geschäftsstraße mit Amüsierbetrieb. Im Teil zwischen Spree und Oranienburger Tor wurden am Ende des 19. Jahrhunderts große Mietshäuser mit herrschaftlichen Wohnungen errichtet. Nach dem Bau der Stadtbahn entstand eine Reihe größerer und kleinerer Hotels um den Bahnhof Friedrichstraße, der neben dem Bahnhof Alexanderplatz der am stärksten frequentierte Bahnhof der Innenstadt war. Im zweiten Weltkrieg wurden viele Bauten zerstört.

Nr. 103 »Steinmeiersches Haus«, 1805 nach Plänen von K. F. Schinkel für den Bauunternehmer Steinmeier errichtet	1892 abgebrochen	225	*249*

Gartenstraße/ehem. Oranienburger Vorstadt

Gelände zwischen Hamburger Straße und Rosenthaler Tor, früher in Besitz des Invalidenhauses. Das Gelände zwischen Brunnen-, Acker- und Bergstraße wurde seit 1772 an Gärtner zur Anlage von Gemüsegärten (daher Gartenstraße) abgegeben. Da sich die Gemüsezucht nicht lohnte und die Gärtner mit Hypothekenschulden belastet waren, konnte bereits 1824 ein Teil des Geländes durch den Freiherrn von Wülknitz parzelliert werden, um darauf Mietskasernen zu errichten (Wülknitzsche Familienhäuser). Seit 1872 Überbauung des Geländes mit vier- und fünfgeschossigen Mietshäusern. 1930 Bau eines für seine Zeit vorbildlichen Schwimmbades auf dem Grundstück Nr. 5 nach Entwürfen von Heinrich Tessenow und Carlo Jelkmann.

Gendarmenmarkt/ehem. Friedrichstadt — Seite: 124, 125, 126, 128, 129 — Abb.: *124–128*

heute: Platz der Akademie

Vor 1773 Lindenmarkt, dann Mittel- oder Friedrichstädter Markt. Von 1773–1950 Gendarmenmarkt. Entstand auf der Esplanade vor dem Wittgensteinschen und dem Sparrschen Festungsbauwerk. Die erste Bebauung erfolgte mit der französisch-reformierten 1701 und deutsch-reformierten Kirche 1704. Unter König Friedrich Wilhelm I. Umbauung der beiden Kirchen durch Baracken für das Regiment »Gens d'armes«. 1738 Anlage eines Marktplatzes zwischen den beiden Kirchen. Systematische Bebauung der angrenzenden Straßen mit Wohnhäusern. 1774 Errichtung des französischen Komödienhauses zwischen den Kirchen. Der Wochenmarkt wurde von da an am Platzrand abgehalten. Seit 1777 wurden die bereits am Platz stehenden bescheidenen Wohnhäuser durch Bauten mit palastartigen Fassaden ersetzt. 1783/84 Errichtung gleichgestalteter Türme durch Gontard neben den beiden Kirchen ohne eigentliche Funktion (Turm an der Französischen Kirche erst nach 1900 ausgebaut). 1801 an der Stelle des Komödienhauses das Nationaltheater von C. G. Langhans errichtet, 1818 Brand, Neubau des Königlichen Schauspielhauses durch K. F. Schinkel auf den alten Fundamenten. Seitdem galt der Gendarmenmarkt als schönster Platz Berlins. 1870 Aufhebung des Wochenmarktes, 1871 Aufstellung eines Schillerdenkmals, 1894 Grünanlagen mit Springbrunnen. 1939 Entfernung des Schillerdenkmals und der Grünanlagen, Pflasterung des Platzes. Im zweiten Weltkrieg wurden die Randbebauung des Platzes sowie die beiden Dome und das Schauspielhaus schwer beschädigt. 1983/84 konnten der Französische Dom und das Schauspielhaus nach umfangreichen Wiederherstellungsarbeiten der Öffentlichkeit übergeben werden, während der Wiederaufbau des Deutschen Doms noch nicht abgeschlossen ist.

Gertraudenstraße/früher Alt-Kölln

Als Ausfallstraße nach Westen gehört sie zu den ältesten Straßen der Stadt. Name nach dem Gertrauden-Hospital vor dem gleichnamigen Tor. Die gesamte Bausubstanz wurde im zweiten Weltkrieg zerstört bzw. so stark beschädigt, daß die Ruinen abgetragen werden mußten. Heute befinden sich hier die öffentlichen Einrichtungen für das Neubaugebiet Fischerinsel, wie Kaufhalle, Schwimmhalle und Gaststätte. Nach Neuanlage des Mühlendamms 1968 wurde die Straße verbreitert und in die Hauptverkehrsachse zwischen Leipziger Straße und Alexanderplatz einbezogen.

Nr. 16 »Schicklersches Haus«, 1734/35 Neubau von Ph. Gerlach — Bauzustand: Ruine 1969 abgetragen — Seite: 93 — Abb.: *92*

Baugeschichte: Anfang des 19. Jahrhunderts bewohnte dieses Gebäude der Fabrikant Schickler, dessen häufiger Gast Heinrich Heine war, der zeitweilig auch in dem dazugehörigen Gartenhaus an der Friedrichsgracht wohnte.

Gipsstraße/ehem. Spandauer Viertel

Typische Vorstadtstraße. Seit Mitte des 18. Jahrhunderts zunächst locker bebaut. Seit Mitte des 19. Jahrhunderts drei- bis viergeschossige Mietshäuser mit enger Hofbebauung und zahlreichen Gewerbeeinrichtungen. Bausubstanz teilweise zerstört.

Straßen- und Häuserverzeichnis	Bauzustand	Seite	Abb.
Nr. 11 um 1800 erbaut	erhalten: Wohnhaus	216, 260	*236–238, A8*
Glinkastraße	siehe Kanonierstraße		

Grenadierstraße / ehem. Spandauer Viertel
heute: Max-Beer-Straße

War früher Exerziergelände. Seit Ende des 18. Jahrhunderts setzte eine zunächst nur lockere zwei- bis dreigeschossige Bebauung ein. Seit Mitte des 19. Jahrhunderts dichte Hofbebauung mit Gewerbeeinrichtungen. Bausubstanz im zweiten Weltkrieg zerstört.

Nr. 23 um 1800 erbaut	1959 wegen Baufälligkeit abgebrochen	222, 223	*245–247*
Großer Jüdenhof	siehe Jüdenhof		

Grünstraße / früher Alt-Kölln
heute: überbaut mit dem Wohngebiet Fischerinsel

War bis in das 18. Jahrhundert hinein nur wenig bebaut, da der Boden sumpfig und das Wasser schlecht war. Im 19. Jahrhundert Bau von größeren Geschäftshäusern. Im zweiten Weltkrieg wurde der größte Teil der Bauten zerstört.

Nr. 8 Ende des 16. Jahrhunderts erbaut	um 1880 abgebrochen		
Nr. 9 um 1750 erbaut	zerstört	140, 168, 169	*139, 179, 180*

Hackescher Markt / ehem. Rosenthaler Vorstadt
Um 1750 nach Schleifung der Festungswälle vom König an den Freiherrn von Hacke zur Bebauung gegeben. Drei Gebäude aus dieser Zeit in unmittelbarer Nähe noch erhalten. Nach 1850 und später nach der Anlage der S-Bahn (früher Bahnhof Börse, heute Bahnhof Marx-Engels-Platz) dichte Überbauung mit Wohn- und Werkstattgebäuden. Interessanteste Anlage: Hackescher Hof mit 9 Hinterhöfen.

Hausvogteiplatz / ehem. Friedrichswerder
Früher Bastion der Festungsanlagen des 17. Jahrhunderts. Seit etwa 1750 zur Bebauung freigegeben. Name nach der dahin verlegten Hausvogtei (Gefängnis und Sitz des Hausvogts). Seit Ende des 19. Jahrhunderts Konfektionszentrum. Einige Gebäude des 19. Jahrhunderts erhalten.

Nr. 11 um 1800 erbaut	zerstört	235	*265*
Heiliggeiststraße / früher Alt-Berlin		136	*133*

heute: überbaut mit dem Komplex des »Palasthotels«

Folgte dem Lauf eines Spreearms, der erst im 14. Jahrhundert trockengelegt wurde. Sie führte von der heutigen Rathausstraße bis zum Heiliggeiststift, das später städtischer Armenhof wurde und direkt an der Stadtmauer lag. Zunächst wurde der südliche Abschnitt bebaut. Hier standen ansehnliche Patrizierhäuser. Erst im Laufe des 17. Jahrhunderts erfolgte dann die Bebauung der übrigen Abschnitte. In der Nähe des Spandauer Tores lag ursprünglich der Tuchmachergarten. Ende des 17. Jahrhunderts wurde dort der Wursthof angelegt. Beim Durchbruch der heutigen Karl-Liebknecht-Straße (damals Kaiser-Wilhelm-Straße) um 1890 und auch beim Neubau der Post wurde der größte Teil der alten Bausubstanz abgebrochen, der Rest im zweiten Weltkrieg zerstört.

Nr. 35 vermutlich um 1690 erbaut	zerstört	79, 80, 81	*77–80*

Straßen- und Häuserverzeichnis	Bauzustand	Seite	Abb.
Hoher Steinweg / früher Alt-Berlin heute: überbaut mit der Umbauung des Fernsehturms			

War die Verbindungsstraße zwischen dem Rathaus an der Oderberger Straße (heute Rathausstraße) und dem Neuen Markt.

Nr. 15 Eckhaus zur Oderberger Straße (heute Rathausstraße), um 1537 erbaut	1957 abgebrochen		

Baugeschichte: Backstein, ursprünglich unverputzt. Im Hof frei stehendes Küchenhaus mit Sterngewölbe. 1957 Grabungen des Instituts für Vor- und Frühgeschichte der Deutschen Akademie der Wissenschaften.

Jägerstraße / ehem. Friedrichswerder heute: Otto-Nuschke-Straße		127	*126*

Verläuft von der Kurstraße bis zur Mauerstraße. Sie erhielt ihren Namen nach dem Jägerhaus auf dem Friedrichswerder. Nach der Gründung der Friedrichstadt wurde die Straße in gerader Linie nach Westen weitergeführt.
Die Bausubstanz des Straßenabschnittes auf dem Friedrichswerder wurde im zweiten Weltkrieg vollständig vernichtet. Heute befindet sich dort Grünfläche.

Nr. 32 Bauzeit des Vordergebäudes unbekannt, Hofgebäude um 1750	um 1900 abgebrochen	185	*207*
Johannes-Dieckmann-Straße	siehe Taubenstraße		
Jüdenhof / früher Alt-Berlin heute: überbaut			

Es gab den Großen und den Kleinen Jüdenhof. Letzterer lag in der Klosterstraße, nördlich der Oderberger Straße (heute Rathausstraße). Der Große Jüdenhof befand sich hinter den Häusern Jüdenstraße 46/47. Hier haben im Mittelalter die Synagoge und das Judenbad gestanden. Nach Vertreibung der Juden 1573 wurden die Kultgebäude zerstört, und der Jüdenhof wurde mit insgesamt zwölf Wohnhäusern bebaut, die vorwiegend von der ärmeren Bevölkerung bewohnt wurden. Nach der Rückkehr der Juden 1671 konnten sie sich in ganz Alt-Berlin und in der Oranienburger Vorstadt ansiedeln und nahmen den Großen Jüdenhof nicht wieder für sich in Anspruch. Ein Teil der Häuser auf der Südseite wurde beim Bau des Neuen Stadthauses 1935 beseitigt. Die noch erhaltenen Häuser wurden bis auf eine Ausnahme im zweiten Weltkrieg zerstört.

Nr. 9 um 1750 erbaut	1960 abgebrochen	142	*141*

Jüdenstraße / früher Alt-Berlin
Verbindet die ehemalige Oderberger Straße (heute Rathausstraße) mit der Stralauer Straße. Ihr Verlauf ist leicht gekrümmt. Bis zum Bau des neuen Rathauses 1860 mündete eine Reihe kleiner Gassen auf ihrer Westseite ein. Den Namen hat sie nach dem dort liegenden Jüdenhof erhalten. Seit dem 18. Jahrhundert befand sich hier eine Reihe von Gasthöfen, Fuhrunternehmungen und Lagerhäusern. Der größte Teil der historischen Bebauung wurde für die Errichtung des neuen Rathauses 1860, des Alten Stadthauses um 1910 und des Neuen Stadthauses 1935 abgebrochen. Die wenigen noch erhaltenen Bauten wurden im zweiten Weltkrieg zerstört.

Nr. 22 1760/70 erbaut. Der Löwe über der Tür weist auf ein Gasthaus hin.	um 1910 abgebrochen	155	*157*

Straßen- und Häuserverzeichnis	Bauzustand	Seite	Abb.
Nr. 31 um 1690 erbaut. Ende des 18. Jahrhunderts verändert	um 1910 abgebrochen	65	*53–55*

Kaiser-Wilhelm-Straße / früher Alt-Berlin
heute: Karl-Liebknecht-Straße

Wurde nach dem Bau der Kaiser-Wilhelm-Brücke (heute Liebknechtbrücke) bis 1888 durch die Altbausubstanz um die Marienkirche (Papenstraße, Brauhausstraße) bis zur damaligen Alexanderstraße als direkte Verlängerung der Straße Unter den Linden nach Osten durchgeschlagen. Diese durchlaufende West-Ost-Verbindung war durch den Bau der Markthallen notwendig worden. Dabei wurde der größere Teil der hier sehr dichten historischen Bebauung abgebrochen, und dafür wurden sechsstöckige Wohn- und Geschäftshäuser errichtet. Im zweiten Weltkrieg wurden auch diese zerstört. Im Zuge des Wiederaufbaus wurde die heutige Karl-Liebknecht-Straße erheblich breiter.

Nr. 38 vermutlich um 1800 erbaut	zerstört	215, 233	*235, 260*

Kanonierstraße / ehem. Friedrichstadt
heute: Glinkastraße

Eine relativ kurze, von Nord nach Süd verlaufende Straße zwischen Mauer- und Behrenstraße. Gehört noch zur ersten Stadterweiterung der Friedrichstadt von 1727. An ihrem südlichen Ende stand die im zweiten Weltkrieg zerstörte Dreifaltigkeitskirche. Um 1900 wurden die zumeist noch aus den Jahren der Stadterweiterung stammenden Häuser durch mehrgeschossige Geschäftshäuser ersetzt.

Nr. 3/5 Ecke Taubenstraße (heute Johannes-Dieckmann-Straße)	Nr. 3/4 erhalten, Nr. 5 zerstört	97, 260	*96, A10*

Baugeschichte: Drei frei stehende, durch Tore verbundene Predigerhäuser der Dreifaltigkeitskirche. 1738 vermutlich nach Entwürfen von Titus Favre errichtet.

Karl-Liebknecht-Straße siehe Kaiser-Wilhelm-Straße

Kleine Kurstraße / ehem. Friedrichswerder
heute: Grünfläche, nur noch das kurze Verbindungsstück zwischen Kurstraße und Oberwasserstraße vorhanden

Querstraße zur Kurstraße. Im 18. Jahrhundert standen hier vorwiegend Wohnhäuser niederer Hofbediensteter. In den zwanziger und dreißiger Jahren teilweise für größere Geschäfts- und Verwaltungsbauten als Baugelände mit in Anspruch genommen. Bausubstanz im zweiten Weltkrieg zerstört.

Nr. 5 1741 als Hofbedienstetenhaus errichtet	1936 abgebrochen	104	*108*

Kleine Stralauer Straße / früher Alt-Berlin
1910 überbaut

Kurze Verbindungsstraße zwischen Stralauer Straße und Spreeufer. Wurde durch Verwaltungsgebäude der Gasag 1910 überbaut. An der Stelle der Kleinen Stralauer Straße wurde die Klosterstraße über die Stralauer Straße bis zum Spreeufer verlängert. Dabei wurden die dort stehenden Gebäude abgebrochen.

Nr. 4 1763 erbaut	1910 abgebrochen	144	*142, 143*

Straßen- und Häuserverzeichnis	Bauzustand	Seite	Abb.
266 **Klosterstraße/früher Alt-Berlin**		7, 58, 102	*7, 8, 45, 104*

Ursprünglich die letzte Straße im Osten Berlins innerhalb des mittelalterlichen Mauerrings. Vermutlich war sie im 13. Jahrhundert noch exterritoriales Gebiet und unterstand allein der juristischen Gewalt des Kurfürsten. Dafür spricht, daß hier auch bis zum Bau des Stadtschlosses im 15. Jahrhundert das Absteigequartier des Kurfürsten (Hohes Haus Nr. 76) mit einer ständigen militärischen Besatzung lag. Auf dem gegenüberliegenden Grundstück, später Klosterstraße 35, im sogenannten »Alten markgräflichen Hof«, war die Hofhaltung mit Ställen und der Küche untergebracht. Das Grundstück reichte von der Klosterstraße bis zur Jüdenstraße. Die anderen Grundstücke waren zumeist Burglehen, die vom Markgrafen und später vom Kurfürsten an verdiente Bürger und Hofbeamte vergeben wurden. Das an das »Hohe Haus« anschließende Gelände wurd 1271 an den Franziskaner-Orden zum Bau eines Klosters abgetreten. Nach diesem »Grauen Kloster« erhielt später die ganze Straße ihren Namen, während vorher die einzelnen Straßenabschnitte unterschiedlich bezeichnet wurden. Der Charakter der Straße wurde durch das in ein Gymnasium umgewandelte »Graue Kloster« sowie durch die zahlreichen großen und wohlhabenden Bürgerhäuser und Palais geprägt. Beim Durchbruch der heutigen Karl-Liebknecht-Straße um 1890 wurde ein Teil der alten Bausubstanz am Neuen Markt abgerissen. Am Anfang des 20. Jahrhunderts veränderte sich das Straßenbild durch den Bau des Alten und Neuen Stadthauses und anderer größerer Büro- und Geschäftsgebäude, denen viele alte Bürgerhäuser zum Opfer fielen. Die noch erhaltenen Palais im Südabschnitt wurden durch Museen (Rauch-Museum, Musikinstrumentensammlung usw.) genutzt. Im zweiten Weltkrieg wurden insbesondere letztere zerstört bzw. stark beschädigt. Nach 1910 war die Straße, die ursprünglich an der Stralauer Straße endete, bis zum Spreeufer an der Stelle der inzwischen überbauten Kleinen Stralauer Straße verlängert worden.

Nr. 36 »Palais Creutz«, 1713 wahrscheinlich nach einem Entwurf von A. Schlüter erbaut	zerstört	83	*83*

Baugeschichte: Das Grundstück lag an der Ecke Siebergasse und war stets kurfürstlicher Besitz. Seit 1487 wurde es als Burglehen vergeben. Anfang des 18. Jahrhunderts wurde das darauf befindliche Gebäude als Kadettenschule genutzt. Nachdem diese abbrannte, vergab Friedrich Wilhelm I. 1713 das Grundstück an den Staatsrat Bogislav von Kreutz, der das Palais durch Martin Böhme, vermutlich nach Plänen von Andreas Schlüter, errichten ließ. Ende des 18. Jahrhunderts ging es in den Besitz des Grafen Hacke über, 1820 wurde es zusammen mit den Nachbargebäuden ein Teil des von Peter Wilhelm Beuth gegründeten Gewerbeinstituts. Für diese neue Bestimmung wurden einschneidende Umbauten im Innern und Äußern vorgenommen. Dabei wurde das II. Obergeschoß erhöht, und die Fenster wurden vergrößert. Auf den Grundstücken 32–34 wurde 1861/65 ein weiteres Gebäude errichtet, das im Aussehen ganz dem alten Bau von Martin Böhme entsprach. Der dazwischenliegende, ebenfalls zum Gewerbeinstitut gehörende Gebäudekomplex Nr. 35 war in den einfachen Formen der Schinkelschule gehalten. Im 20. Jahrhundert diente die Gebäudegruppe als Museum. Im alten Haus Nr. 36 befanden sich zuletzt das »Museum für Deutsche Volkskunde« und eine Musikinstrumentensammlung.

Nr. 68 »Podewilsches Palais«, 1701/04 nach Plänen von J. de Bodt erbaut	stark beschädigt, wiederaufgebaut: »Haus der Jungen Talente«	260	*A9*

Baugeschichte: Barocker Neubau an der Stelle älterer historischer Gebäude für den Hofrat Caspar Rademacher errichtet. Offenbar ist dabei im rechten Flügel das Erdgeschoß des Vorgängerbaus mit einbezogen worden. Der Neubau erhielt eine reiche Ausstattung an Stuckdecken. 1732 ging das Gebäude in den Besitz des Staatsministers von Podewil über, der Umbauten im Innern vornehmen ließ. 1874 übernahm die Stadt

A 11 *Molkenmarkt 3, »Schwerinisches Palais«, Ministerium für Kultur*

A 12 *Märkisches Ufer 10/12*

A 13 *Märkisches Ufer mit »Ermeler-Haus« und »Otto-Nagel-Haus«*

A 14 *Märkisches Ufer 18*

A 17 Fenster des Mittelrisalits

A 15, 16 *Neue Schönhauser Straße 8, Wohnhaus*

A 17, 18 *Neue Grünstraße 27*

Berlin das Palais. Es wurde von verschiedenen Verwaltungsbehörden bezogen. 1875/81 war dort u. a. auch das Märkische Museum nach seiner Gründung untergebracht. 1881 wurden umfangreiche Umbauten, sowohl im Innern wie an der Fassade, vorgenommen. Außerdem wurde der Seitenflügel zur Parochialstraße erhöht und ausgebaut sowie der Treppenturm im Hof angelegt. Die Fassade wurde neu verputzt. Unverändert blieb nur der Mittelrisalit mit dem Balkon. 1945 wurde das Gebäude stark beschädigt, das Innere war vollkommen ausgebrannt. 1952/53 wurde es als Jugendklubhaus aufgebaut, wobei der Grundriß verändert und das Innere modern ausgebaut wurde.

Nr. 72 vermutlich kurz nach 1674 erbaut | 1910 abgebrochen | 92 | *91*

Baugeschichte: Seit 1537 Burglehen, 1674 umfassender Neubau, 1715 Neubau eines weiteren Wohnhauses auf dem Grundstück und Veränderungen an der Fassade des Hauptgebäudes an der Klosterstraße.

Kochstraße / ehem. Friedrichstadt
Querstraße der Friedrichstraße. Gehört bereits zur 2. Stadterweiterung der Friedrichstadt. Im zweiten Weltkrieg teilweise zerstört

Nr. 62 um 1740 für General von Ziethen erbaut | zerstört

Köllnischer Fischmarkt / früher Alt-Kölln | 7, 20 | *1, 10*
heute: einbezogen in die Verkehrsfläche Gertraudenstraße–Mühlendamm

Ursprünglich Hauptmarkt der Stadt Kölln. Nach der Vereinigung der beiden Städte sank er zu einem Nebenmarkt herab. Im 17. Jahrhundert wurde der Fleischscharren hierher verlegt. Unmittelbar am Fischmarkt stand das Köllner Rathaus. Um den Markt lagen die Wohnhäuser der wohlhabenden Köllner Kaufleute. Im 19. Jahrhundert verlor der Markt seine städtebauliche Bedeutung und nahm hauptsächlich den Durchgangsverkehr von und nach der Leipziger Straße auf. 1936/37 wurden die Wohnhäuser auf der Nordseite für die geplante Neuführung der Mühlendammbrücke abgebrochen (vgl. Breite Straße). Die Bauten auf der Südseite wurden im zweiten Weltkrieg gänzlich zerstört.

Nr. 4 um 1692 für General von Derfflinger erbaut | zerstört
Baugeschichte: Der Vorgängerbau war ein mittelalterliches Backsteinhaus mit Stufengiebel und Front zur Roßstraße. 1683 schenkte der Kurfürst, der durch einen Prozeß in den Besitz des Grundstückes kam, das Gebäude dem General v. Derfflinger. Etwa um 1692 ließ dieser das alte Haus abreißen und einen Neubau mit der Front zum Köllnischen Fischmarkt errichten. Der Architekt dieses Neubaus war vermutlich nicht Arnold Nehring – wie häufig angenommen – sondern Rütger von Langerfeld. Am Anfang des 18. Jahrhunderts wurde die Attika mit Figuren besetzt. 1867 wurde das Haus um ein Geschoß erhöht und im Zeitstil geputzt. Später kam es in den Besitz der Familie Gerson (Kaufhaus Gerson).

Köllnische Straße / früher Alt-Kölln
heute: überbaut, einbezogen in das Wohngebiet Fischerinsel

War ursprünglich ein freies Gelände an der Spree, an dessen Ende der köllnische Wursthof stand. Vor dem Schlachthaus befand sich der »Baum«, die Befestigung in der Spree. Nach der Spreeregulierung um 1680 wurde das Schlachthaus abgerissen, eine Straße angelegt und das Gelände in Baugrundstücke aufgeteilt. Die Straße wurde ausschließlich mit kleinbürgerlichen Wohnhäusern, zumeist Mietshäusern bebaut. Die Straße behielt aber noch den Namen »Am Köllnischen Wursthof«. 1831 ersuchten die

Bewohner das Polizeipräsidium, die Straße in »Kleine Fischerstraße« umzubenennen. Sie erhielt aber den Namen »Köllnische Gasse«, der 1836 in »Köllnische Straße« umgewandelt wurde. Im zweiten Weltkrieg wurde der größte Teil der Bausubstanz zerstört; die noch erhaltenen Bauten, die noch aus der Zeit der Gründung stammten, mußten später wegen Baufälligkeit abgetragen werden.

Nr. 9 um 1681 erbaut. Mietshaus für Manufakturarbeiter mit Doppeltüranlage	1959 abgebrochen	32	*20–22*

Königstraße / früher Alt-Berlin
heute: Rathausstraße

Im Mittelalter Oderberger Straße. Führte in geradem Verlauf von der Langen Brücke (heute Rathausbrücke) bis zum Oderberger Tor (Alexanderplatz). War die Hauptstraße des mittelalterlichen Berlins. Hier lag neben den Wohnhäusern der Ratsherren und reichen Kaufleute das Rathaus mit der Gerichtslaube. Nach 1701 in Königstraße umbenannt. Blieb auch im 19./20. Jahrhundert belebte Geschäftsstraße. An die Stelle der alten Wohnbauten traten Geschäfts- und Warenhäuser. Mitte des vorigen Jahrhunderts Neubau des Rathauses, für den mehrere alte Wohnquartiere zwischen Jüden- und Spandauer Straße abgebrochen wurden. Im zweiten Weltkrieg wurde der größte Teil der Bausubstanz zerstört und das Rathaus beschädigt. Neubebauung der Straße auf seiner Südseite. Auf der Nordseite Anlage einer Grünfläche mit Fernsehturm und Gaststättenkomplex.

Nr. 62 1821 von Schinkel erbaut	um 1900 für den Erweiterungsbau der Hauptpost abgebrochen		
Nr. 68 Anfang 18. Jahrhundert erbaut	zerstört		

Krausenstraße / ehem. Friedrichstadt

Wurde im Zuge der 1. Stadterweiterung der Friedrichstadt angelegt. Verläuft parallel zur Leipziger Straße. Die meisten Gebäude wurden in der zweiten Hälfte des 18. Jahrhunderts erbaut, später aufgestockt und sowohl als Wohn- wie auch Geschäftsgebäude genutzt. Der größte Teil der Bausubstanz wurde im zweiten Weltkrieg zerstört. Die Nordseite wurde in das Neubaugebiet an der Leipziger Straße mit einbezogen.

Nr. 47 um 1737 erbaut	zerstört	96	*94*

Kreuzstraße / ehem. Friedrichswerder
heute: nur noch ein kurzes Teilstück an der Unterwasserstraße erhalten

Eine der schmalen Querstraßen der Kurstraße. Sie reichte von der Oberwallstraße bis zur Unterwasserstraße. Sie wurde schon relativ früh, um 1660, bebaut. Ihre Grundstükke waren schmal und nicht sehr tief. Die Straße hatte vorwiegend kleinbürgerlichen Charakter. Der östliche, an der Oberwasserstraße liegende Abschnitt wurde nach dem ersten Weltkrieg für Neubauten, insbesondere den Neubau der Reichsbank, in Anspruch genommen. Der westliche Abschnitt mit der z. T. noch historischen Bebauung des 18. Jahrhunderts wurde im zweiten Weltkrieg vollständig zerstört.

Nr. 2 um 1760 erbaut	zerstört		
Nr. 15 1767 erbaut	zerstört	159	*162–164*
Nr. 19 um 1730 erbaut	1934 abgebrochen	90	*88, 89*
Kupfergraben	siehe Am Kupfergraben		

Straßen- und Häuserverzeichnis	Bauzustand	Seite	Abb.
Landsberger Allee	siehe Landsberger Straße		

Landsberger Straße / ehem. Königsvorstadt
heute: mit verändertem Verlauf im westlichen Abschnitt in der Leninalle aufgegangen

Begann am Alexanderplatz als Ausfallstraße nach Nordosten. Wurde seit Ende des 18. Jahrhunderts zunächst nur locker besiedelt, nach 1870 erfolgte eine dichtere Bebauung mit vier- und fünfgeschossigen Mietshäusern für den Mittelstand. Damit verlor die Straße ihren Vorstadtcharakter. Nach dem Landsberger Platz (heute Leninplatz) setzte sie sich als Landsberger Allee fort. Die Bausubstanz wurde im zweiten Weltkrieg zum größten Teil zerstört, so daß eine Neuführung der Straße ohne größere bauliche Verluste möglich war.

Nr. 49 nach 1760 erbaut	1936 abgebrochen	141	*140*
Nr. 55 um 1800 erbaut	1936 abgebrochen	217, 233	*239, 259*
Leipziger Platz / ehem. Friedrichstadt		86	*85*

Wurde 1732/34 bei der Erweiterung der Friedrichstadt in Form eines Oktogons analog den beiden anderen Plätzen (Pariser Platz und Hallescher Torplatz) vor der Zollmauer angelegt. Er blieb, anders als der davorliegende Potsdamer Platz, immer eine begrünte Anlage. Anfang des 20. Jahrhunderts wurde auf seiner Nordostseite das bekannte Warenhaus Wertheim von Alfred Messel errichtet. Der größte Teil der Bebauung wurde im zweiten Weltkrieg zerstört.

Leipziger Straße / ehem. Friedrichstadt
Reicht vom Spittelmarkt bis zum Leipziger Platz und bildete seit der Erweiterung von 1732/34 neben der Straße Unter den Linden die einzige durchlaufende West-Ost-Verbindung der Friedrichstadt. Hier erhielten insbesondere wohlhabende Bürger ihre Baustellen zugewiesen. Dabei handelte es sich vorwiegend um Immediatbauten. Seit 1900 entwickelte sich die Leipziger Straße in ihrem mittleren Abschnitt durch die Niederlassung größerer Waren- und Firmenhäuser und die Eröffnung von Spezialläden zu einer der wichtigsten Einkaufsstraßen Berlins. Im Teil westlich der damaligen Wilhelmstraße (heute Otto-Grotewohl-Straße) sind seit Mitte des 19. Jahrhunderts einige große Verwaltungsgebäude errichtet worden, so das ehemalige Preußische Herrenhaus (1851), später Abgeordnetenhaus; das Hauptpostgebäude (heute Postmuseum [1871/74]) sowie das ehemalige Reichsluftfahrtministerium (heute Haus der Ministerien [1935/36]). Die öffentlichen Bauten waren im zweiten Weltkrieg stark beschädigt worden, sie sind wiederhergestellt. Der zerstörte Straßenabschnitt östlich der Friedrichstraße ist seit 1969 durch moderne Wohnblocks neu gestaltet worden.

Nr. 85 »Hübnersches Haus«, 1773 Neubau	zerstört	173, 181	*189, 200*

Baugeschichte: Der Vorgängerbau wurde laut Kabinettsorder dem Architekten Kapitain W. von Knobelsdorff 1741 als Wohnhaus zugewiesen. Er wohnte hier bis zu seinem Tode. Es war ein Freihaus, dessen Privileg auch auf den Neubau übergegangen ist.

Nr. 91 1767 erbaut	zerstört	161	*168, 169*
Leninallee	siehe Landsberger Straße		
Littenstraße	siehe Neue Friedrichstraße		
Markgrafenstraße / ehem. Friedrichstadt		127, 128	*126, 127*

heute: Wilhelm-Külz-Straße

Straßen- und Häuserverzeichnis	Bauzustand	Seite	Abb.
Verläuft von Nord nach Süd, von der Behrenstraße bis zur Lindenstraße. Begrenzt den ehemaligen Gendarmenmarkt auf seiner Westseite. Wurde – insbesondere in diesem Abschnitt – in der zweiten Hälfte des 18. Jahrhunderts auf Anordnung König Friedrichs II. mit repräsentativen Wohnhäusern bebaut. Der größte Teil der Bausubstanz wurde im zweiten Weltkrieg zerstört.			
Nr. 39 (47) 1780/81 wahrscheinlich nach Plänen von Gontard als Immediatbau für den Brauer Döblitz errichtet	zerstört		
Nr. 40 1780/81 vermutlich nach Plänen von Gontard errichtet	zerstört	180	*197, 198*
Märkisches Ufer **Nr. 10/12 (Ermeler-Haus)**	siehe Breite Straße 11 und Friedrichsgracht 15	267	*A12, A13*
Nr. 16 und 18	siehe Neukölln am Wasser	267	*A13, A14*
Mauerstraße / ehem. Friedrichstadt		88, 89	*86, 87*
Hier verlief bei der Gründung der Friedrichstadt 1688 die Stadtgrenze. Ihr Name und ihr gekrümmter Verlauf innerhalb des Rastersystems der Friedrichstadt weisen noch darauf hin. Ihre Bebauung mit gutbürgerlichen Wohnhäusern erfolgte erst unter Friedrich II., vorher standen hier vorwiegend ein- und zweigeschossige verputzte Fachwerkhäuser. Um 1900 entstand hier eine Reihe größerer Geschäfts- und Verwaltungsbauten, die Bausubstanz wurde teilweise im zweiten Weltkrieg zerstört wie auch die beiden Kirchen, die als Zentralbauten im Straßenraum unter Friedrich Wilhelm I. (Böhmische Kirche 1735/37, Dreifaltigkeitskirche 1737/39) errichtet wurden.			
Nr. 35/36 1792 vermutlich von Unger (nach neuerer Forschung von Langhans d. Ä.) für die Generalin von Rosière erbaut. Anfang des 19. Jahrhunderts Wohnhaus des Varnhagen von Ense	vor dem ersten Weltkrieg abgebrochen		
Max-Beer-Straße	siehe Grenadierstraße		
Mehringplatz	siehe Belle-Alliance-Platz		
Molkenmarkt / früher Alt-Berlin		8, 62, 63	*2, 51, 52*
Vermutlich der älteste Markt Berlins. Er bildete den östlichen Brückenkopf des Mühlendamms. Gleichzeitig lag er in der Gabelung der Ausfallstraße nach Südosten (Stralauer Straße) und Nordosten (Spandauer Straße). Nach der Stadterweiterung und Anlage des Neuen Marktes am Ende des 13. Jahrhunderts war er zwar nicht mehr der eigentliche Hauptmarkt, behielt aber seine wirtschaftliche Bedeutung, da hier die Salzhäuser lagen. Außerdem stand er in unmittelbarer Verbindung mit dem Handelshafen und dem Stapelplatz, dem späteren Krögel. 1656 wurde auf dem Markt ein Wachtturm angelegt. 1698 sollte der Platz als Paradeplatz genutzt werden. Aus diesem Grunde wurden die Buden und Stände auf den Neuen Markt geschafft. 1728 ließ König Friedrich Wilhelm I. eine Bildsäule seines Vaters, Friedrichs I., aufstellen. Der Markt wurde offiziell in Königsmarkt umbenannt. Die Plastik wurde bald entfernt und die Bezeichnung Molkenmarkt wieder gebräuchlich. Auf der Nordseite des Marktes (Nr. 7–13) standen bürgerliche Wohnhäuser. Auf der Wasserseite (ursprünglich »An den Salzhäusern«) wurden im Laufe des 16./17. Jahrhunderts größere Palais errichtet. Hier lag auch der kurfürstliche Mühlenhof, der später zum Wirtschaftshof des Stadtschlosses wurde. Nach 1820 wurde auf dem Gelände und in seinen alten Gebäuden das Polizeigefängnis angelegt,			

das bis zum Neubau des Polizeipräsidiums am Alexanderplatz hier verblieb (vgl. Molkenmarkt 3). Im Zusammenhang mit dem Neubau der Münze und der geplanten Verlagerung der Mühlendammbrücke wurden in der Mitte der dreißiger Jahre des 20. Jahrhunderts die Bauten auf den Grundstücken 1–4 an der Wasserseite abgetragen. Im zweiten Weltkrieg wurde die gesamte Bausubstanz der nördlichen Platzseite zerstört. Seit 1966 Veränderung der Platzform durch den Neubau der Mühlendammbrücke.

Nr. 3 »Schwerinisches Palais«, 1690/95 erbaut	erhalten: Ministerium für Kultur der DDR	82, 267	*82, A11*

Baugeschichte: Wahrscheinlich Neubau nach dem Großbrand am Molkenmarkt 1690. Besitzer war der Konsistorialrat Buchholz. Mitte November 1698 erwarb es der Freiherr Otto von Schwerin für die Kaufsumme von 16000 Talern. 1709 fand ein Umbau durch den Architekten de Bodt statt. Dabei wurden u. a. die Reliefs des 1. Obergeschosses, die Balkone und die Wappenkartusche angebracht. Im 19. Jahrhundert wurde das Haus Molkenmarkt 3 zusammen mit den Nachbarhäusern 1 und 2 zum Polizeipräsidium umgebaut. 1937 wurde im Zusammenhang mit dem Abbruch des Krögels auch das ehemalige Schwerinische Palais abgetragen und als Teil der »Neuen Münze« in den alten Formen wieder aufgebaut. Sämtliche Sandsteinteile der Fassade einschließlich der Reliefs sind Kopien von 1937/38. Der Grundriß sowie die Innenausstattung einschließlich der Treppenanlage sind ebenfalls verändert und den neuen Anforderungen angepaßt worden. Heute befindet sich in diesem Teil des Gebäudekomplexes der »Neuen Münze« das Ministerium für Kultur.

Nr. 7 vermutlich um 1700 erbaut	1911 abgebrochen	158	*161*
Nr. 8 um 1600 erbaut, 1793 durchgreifend umgebaut	1911 abgebrochen	158, 182	*161, 201, 202*

Monbijouplatz / ehem. Spandauer Vorstadt
Liegt an der Gabelung der Oranienburger Straße vor dem ehemaligen Haupteingang zum Schloß Monbijou (zerstört)

Nr. 1 um 1800 erbaut	zerstört	179	*196*

Museumsstraße / früher Alt-Kölln
Hieß zunächst Am Packhof, weil sie in den von Schinkel errichteten Neuen Packhof führte. Nach seiner Stillegung und der Errichtung des heutigen Bode-Museums (1897 bis 1904) erhielt die kleine, parallel zum Kupfergraben verlaufende Stichstraße den Namen Museumsstraße.

Nr. 5 1829/32 als eines der zum Packhof gehörenden Gebäude nach Entwürfen Schinkels errichtet.	1935 wegen Senkungserscheinungen geräumt. 1938 abgetragen.	227	*251*

Baugeschichte: War das Gebäude des Packhofs, das dem Alten Museum am nächsten stand, deshalb auch äußere Angleichung der architektonischen Formen. Blieb beim Abbruch des Packhofs um 1900 als einziger Bau dieses Komplexes erhalten. Es trug den Namen Salzsteuergebäude. Im Erdgeschoß waren zunächst Büros untergebracht, im Obergeschoß die Wohnungen der Generaldirektoren des Packhofs. Nach Errichtung des heutigen Bode-Museums diente es bis zu seinem Abbruch als Wohnung des Generaldirektors der Museen.

Neue Friedrichstraße / früher Alt-Berlin
heute: Littenstraße
Nur noch in ihrem Verlauf südlich der Grunerstraße vorhanden. Führte im Halbkreis von der Friedrichsbrücke bis zur Waisenbrücke (1960 abgebrochen) und folgte den Außen-

werken der mittelalterlichen Stadtmauer. Nach dem Neubau der Festungsanlagen unter Kurfürst Friedrich Wilhelm wurden in dem so entstandenen Freiraum zwischen alter und neuer Befestigung hauptsächlich Gebäude militärischen Charakters errichtet. Dieses Gelände wurde seit 1746 planmäßig zur Straße ausgebaut, als Friedrich II. die Festungsmauern des 17. Jahrhunderts schleifen ließ. Die schon stehenden Gebäude wurden dabei teilweise in die Neubebauung mit einbezogen. Durch die Anlage der Stadtbahn und den Bau der Markthalle in der zweiten Hälfte des 19. Jahrhundets wurde vor allem die östliche Straßenseite betroffen. Nach den Zerstörungen im zweiten Weltkrieg wurde ihr nördlicher Abschnitt durch die Anlagen des Fernsehturms überbaut.

Straßen- und Häuserverzeichnis	Bauzustand	Seite	Abb.
Nr. 56 nach 1800 erbaut	um 1900 abgebrochen		

Neue Grünstraße / ehem. Luisenstadt — Seite 230, 231 — Abb. *255, 256*

Wurde zusammen mit der Neuen Jakobstraße und der Neuen Roßstraße bei der Abtragung der Festungswerke 1737 vor dem Köpenicker Tor angelegt. 1802 erhielt das Viertel den Namen Luisenstadt. Der größte Teil ihrer Bebauung wurde im zweiten Weltkrieg zerstört.

Straßen- und Häuserverzeichnis	Bauzustand	Seite	Abb.
Nr. 10 um 1740 erbaut	zerstört	99, 100	*97,99, 100*
Nr. 12 um 1740 erbaut	zerstört	99,100	*98, 101, 102*
Nr. 27 1792 oder 1796 von Langhans d. Ä. erbaut	erhalten, restauriert: Genutzt als Verwaltungsgebäude des VEB Denkmalpflege	208, 233 268	*226–228, 258* *A17, A18*

Neue Promenade / ehem. Spandauer Viertel

Hieß im 18. Jahrhundert noch Alte Kommandantenstraße. Sie bestand zunächst nur aus zehn Häusern auf der Nordseite, während ihre Südseite noch vom Festungsgraben begrenzt war, an dem ein Promenadenweg entlanglief. Nach dem Bau der S-Bahn tangierte sie unmittelbar das Bahnhofsvorgelände des Bahnhofs Börse, heute Bahnhof Marx-Engels-Platz. Ihre Bausubstanz wurde im zweiten Weltkrieg teilweise zerstört.

Straßen- und Häuserverzeichnis	Bauzustand	Seite	Abb.
Nr. 2 1787 erbaut	zerstört	171, 197	*186, 216*

Neue Schönhauser Straße / ehem. Spandauer Vorstadt

Bildet die leicht gekrümmte Verbindung zwischen der Alten Schönhauser und der Rosenthaler Straße. Der größte Teil ihrer Bebauung, die vorwiegend in der zweiten Hälfte des 18. und ersten Hälfte des 19. Jahrhunderts errichtet wurde, ist erhalten geblieben.

Straßen- und Häuserverzeichnis	Bauzustand	Seite	Abb.
Nr. 5 1792 vermutlich von Unger (nach neueren Forschungen von Langhans d. Ä.) erbaut	1910 abgebrochen	201	*218*
Nr. 8 um 1760 erbaut	erhalten: Erdgeschoß Altberliner Verlag, Obergeschosse Wohnungen	268	*A15, A16*
Nr. 17–20 um 1770 als einheitliche Baugruppe errichtet	Nr. 17–19 zerstört bzw. abgetragen, Nr. 20 um 1900 abgetragen	166, 167	*176, 177*

Neukölln am Wasser / früher Alt-Kölln

heute: Märkisches Ufer

Verband als Uferstraße an der Spree die Roßstraßenbrücke mit der früheren Waisenbrücke. Seit seiner Anlage trug der Straßenzug die Bezeichnung »Neukölln am Wasser«. Die Umbenennung in »Märkisches Ufer« erfolgte erst nach dem zweiten Weltkrieg. Ursprünglich befand sich hier der städtische Holzplatz. Schon 1681 wurde das Gelände abgesteckt und in Parzellen aufgeteilt. Die Bebauung erfolgte aber zunächst sehr langsam und war erst nach 1700 vollständig abgeschlossen. Hier standen vorwie-

A 19 *Akanthus-Fries über dem 1. Obergeschoß*

A 19,20 *Poststraße 23, »Knoblauch-Haus«, Wohnhaus*

A 21 *Büste von Gottfried Schadow*

A 21,22 *Schadowstraße 11, Wohnhaus*

gend fünfachsige, dreigeschossige Wohnhäuser, die am Ende des 19. Jahrhunderts teilweise durch Bauten der Gründerzeit ersetzt wurden. Nach 1930 wurde der Abschnitt zwischen Insel- und Waisenbrücke durch den Erweiterungsbau der Arbeiterbank des ADGB, heute »Hermann-Schlimme-Haus«, in Anspruch genommen. 1969 erfolgte die Lückenschließung auf den Grundstücken Märkisches Ufer 10–12 durch die Versetzung der Häuser Breite Straße 11 (Ermeler-Haus) und Friedrichsgracht 15. Die noch erhaltenen Bauten wurden restauriert.

Straßen- und Häuserverzeichnis	Bauzustand	Seite	Abb.
Nr. 9 (heute Märkisches Ufer 16) um 1760 erbaut	erhalten: zusammen mit Nr. 10 (18) seit 1973 genutzt als Kunstgalerie »Otto-Nagel-Haus«	267	*A13*
Nr. 10 (heute Märkisches Ufer 18) 1703 vermutlich nach Typenentwurf von M. Grünberg errichtet. Einbau der Treppe Ende 18. Jahrhundert	erhalten: zusammen mit Nr. 9 seit 1973 genutzt als Kunstgalerie »Otto-Nagel-Haus«	65, 67, 267	*56–58, A13, A14*

Baugeschichte: Schmiedeeisernes Torgitter aus der Nikolaikirche bei der Restaurierung 1973 hierher versetzt. Erbauungsdatum in der Kartusche falsch. Innenräume modern gestaltet.

Nr. 21 um 1730/35 erbaut	1930 abgebrochen	92	*91*

Niederlagstraße / ehem. Friedrichswerder
Wurde 1653 angelegt und verläuft von der Straße Unter den Linden bis zum Werderschen Markt. Ihren Namen hat sie vom damaligen Packhof, der auch als Niederlage bezeichnet wurde. Die Bausubstanz ist im zweiten Weltkrieg größtenteils zerstört worden. Die wenigen noch erhaltenen Bauten wurden für den Neubau des Ministeriums für Auswärtige Angelegenheiten und für den Ausbau des ehemaligen Kronprinzenpalais abgebrochen.

Nr. 1 »Französisches Gymnaisium«, 1701 erbaut	zerstört	163	*172*
Nr. 2 1786 erbaut	1960 abgebrochen	163	*172*
Nr. 3 vermutlich 1. Hälfte des 18. Jahrhunderts erbaut	1960 abgebrochen	163	*172*

Baugeschichte zu Nr. 1–3: Gehörten der französischen Gemeinde, wobei Nr. 1 von Anfang an als Gymnasium geplant war. Die beiden angrenzenden Häuser wurden 1770 für die Aufnahme eines Predigerseminars und des Konsistoriums erworben. 1786 durchgreifender Umbau und Anlage einer aufeinander abgestimmten Straßenfront. 1872 wurde der gesamte Komplex einschließlich der Hintergebäude für das Kronprinzenpalais aufgekauft.

Niederwallstraße / ehem. Friedrichswerder
Verläuft vom Hausvogteiplatz bis zum Spittelmarkt und bezeichnet die ehemalige südwestliche Grenze des Friedrichswerders. Anfangs lag hier das Alte Leipziger Tor, das bei der Gründung der Friedrichstadt an den heutigen Leipziger Platz versetzt wurde. Im zweiten Weltkrieg wurde die Bausubstanz auf ihrer Ostseite vollständig zerstört.

Nr. 15 um 1800 erbaut	zerstört		
Nikolaikirchplatz / früher Alt-Berlin	heute: als Platz nicht mehr vorhanden.	33, 49	*25, 39*

Bezeichnung erst seit Anfang des 20. Jahrhunderts gebräuchlich. Zum Nikolaikirchplatz zählten die Häuser der alten Nikolaikirchgasse sowie die anliegenden Gebäude des Nikolaifriedhofs, der 1707 geschlossen wurde. Es waren in den meisten Fällen kleinbürgerliche Wohnhäuser aus Fachwerk, die bis zu ihrer gänzlichen Zerstörung im zweiten Weltkrieg erhalten geblieben waren. Heute steht die Kirche frei inmitten einer großen Grünfläche. Eine neue Umbauung der wiederhergestellten Nikolaikirche wurde 1983 in Angriff genommen.

Straßen- und Häuserverzeichnis	Bauzustand	Seite	Abb.
Nr. 6–9 vermutlich noch vor 1600 im gleichen Zeitraum von verschiedenen Bauherrn errichtet	zerstört	34	*26–28*

Baugeschichte: Es waren zwei- bis dreiachsige Wohnhäuser von verschiedener Größe, aber mit dem gleichen Grundriß. Charakteristisch das ursprünglich frei stehende Küchenhaus im Hof, das eine Datierung vor 1600 wahrscheinlich macht. Vermutlich ursprünglich Giebelhäuser, die in der zweiten Hälfte des 17. Jahrhunderts zu Traufenhäusern umgestaltet wurden. Zu dieser Zeit auch Veränderung im Innern, wie die teilweise Verlegung der Außentreppen in das Innere des Hauses (Nr. 6 und 7).

Straßen- und Häuserverzeichnis	Bauzustand	Seite	Abb.
Oranienburger Straße / ehem. Spandauer Vorstadt		210	*230*

Am Ende des 17. Jahrhunderts wenig bebaute Ausfallstraße nach Spandau. Seit der Regierungszeit Friedrich Wilhelms I. Bebauung der Straße, z. T. mit öffentlichen Gebäuden wie dem großen Posthof und dem Krankenhaus der Jüdischen Gemeinde. Im Laufe des 19. Jahrhunderts Neubau der Jüdischen Synagoge (Ruine), des Predigerseminars (abgetragen) und des heutigen Zentralen Post- und Fernmeldeverkehrsamtes Ecke Monbijoustraße. Auf der Nordseite vorwiegend repräsentative Wohnhäuser mit sechs und mehr Zimmern. Kriegszerstörungen nur auf der Südseite der Straße.

Straßen- und Häuserverzeichnis	Bauzustand	Seite	Abb.
Otto-Grotewohl-Straße	siehe Wilhelmstraße		
Otto-Nuschke-Straße	siehe Jägerstraße		
Pariser Platz / ehem. Friedrichstadt		86, 95	*85, 93*

Wurde 1734 bei der Erweiterung der Friedrichstadt als Torplatz in Form eines »Quarrées« angelegt und ausschließlich mit repräsentativen Stadtpalais bebaut. Um die Jahrhundertwende wurden diese z. T. umgebaut und verändert bzw. durch Neubauten, wie das Hotel Adlon, ersetzt. Im zweiten Weltkrieg wurden die historischen Bauten, unter denen sich u. a. die Französische und Amerikanische Botschaft befanden, zerstört und die Ruinen später abgetragen.

Straßen- und Häuserverzeichnis	Bauzustand	Seite	Abb.
Nr. 1 »Palais Redern«, 1833 von Schinkel für den Grafen von Redern umgebaut	1906 für den Neubau des »Hotel Adlon« abgebrochen	226	*250*

Baugeschichte: Schinkel veränderte das von Grael 1736 errichtete Palais, indem er es um ein Geschoß erhöhte und ihm eine neue Fassade im Stil florentinischer Paläste gab. Berühmt war das Palais auch durch seine von Schinkel stammende Innengestaltung.

Straßen- und Häuserverzeichnis	Bauzustand	Seite	Abb.
Nr. 5 Französische Botschaft, 1735 für die Gräfin von Hagen erbaut	zerstört		

Baugeschichte: 1850 umgebaut durch Stüler, dabei Fassade modernisiert, statt der Treppe wurde eine Rampe angelegt. 1860 von der französischen Regierung als Botschaftsgebäude erworben. 1880 Umbau durch einen französischen Architekten, der ihm sein letztes Aussehen, Verkleidung mit Sandstein, gab.

Nr. 6/7 Ursprünglich Doppelgrundstück des Stadtpräsidenten von Neudorf, 1735 bebaut. 1846 Teilung des Grundstücks in 6, 6a, 7, 7a. 1850 Neu- und Umbau nach Plänen von Stüler	zerstört. Im Haus Nr. 7 Wohnung und Atelier von Max Liebermann		

Parochialstraße / früher Alt-Berlin

Verläuft heute von der Waisenstraße bis zur Jüdenstraße. Bis 1862 bestand sie aus drei Abschnitten: Bis zur Klosterstraße hieß sie Parochialkirchgasse, so benannt nach der angrenzenden Kirche; der mittlere Teil zwischen Spandauer und Jüdenstraße war die Kronen- und der anschließende Abschnitt bis zur Spandauer Straße die Reezengasse. Die Grundstücke waren schmal und tief und vorwiegend mit kleinbürgerlichen Wohnhäusern bebaut. Die hier benannten Häuser standen ausschließlich in der Kronengasse. Beim Bau des alten und neuen Stadthauses in diesem Jahrhundert wurde der Straßenlauf begradigt. Heute ist kein Gebäude der alten Wohnbebauung mehr erhalten.

Nr. 6 vermutlich vor 1600 erbaut, mit frei stehendem Küchenhaus	1900 abgebrochen		
Nr. 19–23 und 27–30 vermutlich vor 1600 im gleichen Zeitraum erbaut	1935 abgebrochen	40, 42, 43, 45	*33–37*

Baugeschichte: Es waren zwei- bis dreiachsige Wohnhäuser von verschiedener Größe, aber mit dem gleichen Grundriß. Charakteristisch das ursprünglich frei stehende Küchenhaus im Hof, das eine Datierung vor 1600 wahrscheinlich macht. Vermutlich ursprünglich Giebelhäuser, die in der zweiten Hälfte des 17. Jahrhunderts zu Traufenhäusern umgestaltet wurden. Zweite Hälfte 18. Jahrhundert Ausbau der Küchenhäuser zu Wohnungen.

Nr. 31 um 1780 erbaut	1935 abgebrochen		

Petristraße / früher Alt-Kölln

heute mit dem neuen Wohngebiet Fischerinsel überbaut

Hieß bis 1816 Lappstraße. Sie verlief von der Gertraudenstraße bis zur Friedrichsgracht. Den Namen erhielt sie nach der im Norden der Straßenachse gelegenen Petrikirche. Ursprünglich war sie nur ein Weg, der zwischen den Grundstücken der Roß- und Grünstraße zur Stadtmauer führte. Erst im Laufe des 17. Jahrhunderts wurde sie vorwiegend mit kleinbürgerlichen Wohnhäusern vollständig bebaut. Im zweiten Weltkrieg wurden 90 % der alten Bausubstanz zerstört. Im Zuge der Neugestaltung des Fischerkietzes erfolgte ihre Überbauung.

Nr. 15 1743 erbaut	nach 1920 abgebrochen	119, 120	*120, 121*
Nr. 19, 20 vermutlich gleichzeitig zwischen 1680 und 1685 erbaut	zerstört	140	*139*

Baugeschichte: Doppeltüranlage läßt vermuten, daß sie ursprünglich für Manufakturarbeiter angelegt wurden (vgl. Köllnische Straße). Unter Friedrich II. wurden sie aufgestockt und mit einer einheitlichen Fassade im Zeitstil versehen.

Nr. 25 vermutlich vor 1600 errichtet, mit frei stehendem Küchenhaus	zerstört		
Nr. 31 um 1670 erbaut	zerstört	33	*23, 24*

Straßen- und Häuserverzeichnis	Bauzustand	Seite	Abb.
Nr. 32 um 1670 erbaut. Mietshaus für Manufakturarbeiter mit Doppeltüranlage	zerstört	33	*23, 24*

Poststraße / früher Alt-Berlin
Verbindet heute den Molkenmarkt mit der Rathausstraße. Sie hat ihren Namen nach der alten Post erhalten, die 1685 an der Ecke zur heutigen Rathausstraße eingerichtet wurde. In der Poststraße steht die älteste Kirche Berlins, die Nikolaikirche. Dieser am frühesten besiedelte Teil hieß »Neben dem Nicolaikirchhof« und »Am Mühlendamm«. Hier stand auch das alte Salzhaus. Im nördlichen Straßenabschnitt an der Oderberger Straße (heute Rathausstraße) wurde das erste gemeinsame Rathaus der beiden Städte Berlin und Kölln errichtet. Vermutlich an derselben Stelle wurde im Laufe des 16. Jahrhunderts die »Kurfürstliche Münze« gebaut. Sie verblieb dort bis zu ihrer Verlegung in den Münzturm am Schloß am Ende des 16. Jahrhunderts. Später wurde dieses Grundstück (Nr. 1–5) aufgeteilt und als Burglehen vergeben. Die Poststraße wurde vorwiegend von höheren Hofbeamten und wohlhabenden Bürgern bewohnt. Im zweiten Weltkrieg wurden zwei Drittel der alten Bausubstanz zerstört. Ihre Neugestaltung erfolgt im Zusammenhang mit der neuen Umbauung der Nikolaikirche.

Nr. 15 um 1686/87 erbaut	zerstört	81, 157	*80, 160*

Baugeschichte: Wahrscheinlich bereits Ende des 16. Jahrhunderts als mehrachsiges Traufenhaus errichtet. Nach 1685 um ein Geschoß erhöht und auch im Innern entscheidend verändert. Neuanlage der Treppe. 1753 teilweise durch Feuer zerstört. Danach im Zeitstil wiederaufgebaut.

Nr. 16 »Palais Ephraim«, 1766 erbaut	1937 abgetragen	147–150	*148–152*

Baugeschichte: Gehörte zu den schönsten und aufwendigsten Bürgerhäusern Berlins. Bauherr war der Hofjuwelier und Münzpächter Veitel Ephraim, der das an den Mühlendamm angrenzende Anwesen 1761 erwarb. Der Architekt ist unbekannt. 1843 kaufte die Stadt Berlin das Gebäude. Bis zum Neubau des Polizeipräsidiums am Alexanderplatz wurde es von der Polizeiverwaltung genutzt, danach wurde es wieder von der Stadt als Bürogebäude übernommen, als solches wurde es um 1900 mit einem Anbau an der Burgstraße erweitert. Sein Abbruch unter Bergung der wertvollsten Teile erfolgte im Zusammenhang mit dem beabsichtigten Neubau der Mühlendammbrücke (vgl. Breite Straße, Köllnischer Fischmarkt). Wiederaufbau im Gebiet um die Nikolaikirche bei teilweiser Wiederverwendung der ausgebauten Teile.

Nr. 23 »Knoblauch-Haus«, 1761 erbaut	erhalten: Erdgeschoß Gaststätte, Obergeschosse Wohnungen	275	*A19, A20*

Baugeschichte: Sein Erbauer war ein ungarischer Protestant, der Nadlermeister Johann Christian Knoblauch. Das Haus blieb bis 1928 im Besitz der Familie. Die Gaststätte bezog die Räume erst nach 1945. 1835 wurde das Innere des Gebäudes im wesentlichen umgebaut, wobei auch die Fassade unbedeutend verändert wurde (Rankenfriese, Terrakottaeinfassung der Tür).

Propststraße / früher Alt-Berlin
heute nicht mehr vorhanden
Verlief unmittelbar hinter der Nikolaikirche. Sie hieß bis 1723 Kannegießergasse. Nach der Aufhebung des Kirchhofs kam ein Teil der Straße Am Nikolaikirchhof zur Propstgasse hinzu, die 1845 in Propststraße umbenannt wurde. Wie der Name schon sagt, stand hier seit dem 13. Jahrhundert die Berliner Propstei, im Laufe des 16./17. Jahrhunderts erwarb die Nikolaikirche in dieser Straße noch weitere Wohnhäuser hinzu. Die im zweiten Weltkrieg zerstörten Bauten werden teilweise wieder aufgebaut.

Straßen- und Häuserverzeichnis	Bauzustand	Seite	Abb.
Nr. 8 um 1685 unter Einbeziehung eines Vorgängerbaus errichtet	zerstört	207, 234	*225, 263*

Baugeschichte: 1668 wurde das Gebäude als 2. Diakonatshaus von der Kirchengemeinde St. Nikolai erworben. Vermutlich um 1685 Umbau des mittelalterlichen Giebelhauses zu einem dreigeschossigen Traufenhaus. 1791 umfangreiche Wiederherstellungsarbeiten in den drei Geschossen. 1828 wurde eine gründliche Restaurierung der Fassade im Zeitgeschmack vorgenommen. Unter anderem wurde dabei das alte Sandsteingewände der Tür mit Kämpfer entfernt.

Rosenstraße / früher Alt-Berlin
Verlief von der Neuen Friedrichstraße bis zur Papenstraße. Bei der Anlage der damaligen Kaiser-Wilhelm-Straße (heute Karl-Liebknecht-Straße) wurde ihr südlicher Teil mit dafür in Anspruch genommen. Bis Ende des 18. Jahrhunderts hatte sie keinen guten Ruf. Seit Anfang des 20. Jahrhunderts standen auf ihrer Ostseite Geschäftsbauten, auf ihrer Westseite waren noch einige Wohnhäuser vom Ende des 18. Jahrhunderts erhalten geblieben, die teilweise zerstört oder wegen Baufälligkeit abgebrochen werden mußten. Heute stehen hier moderne Wohnbauten.

Nr. 12 um 1770 erbaut	um 1880 für die neue Straßenführung abgebrochen	152, 153	*153–155*
Nr. 13 um 1800 erbaut	um 1880 für die neue Straßenführung abgebrochen	233	*261*

Rosenthaler Straße / ehem. Spandauer Vorstadt
Verläuft heute vom Hackeschen Markt bis zur Wilhelm-Pieck-Straße

Sie führte vorher vom Hackeschen Markt bis zum gleichnamigen Tor, dem heutigen Rosenthaler Platz, und gehörte zu den belebten vorstädtischen Straßen im Norden, die eine noch teilweise lockere Bebauung mit größeren Gärten aufwiesen. Von der Rosenthaler Straße ging eine Anzahl kleinerer Querstraßen, wie die Gips-, Stein- und Mulackstraße, ab. Ende des 19. Jahrhunderts entwickelte sie sich zu einer verkehrsreichen Straße, die in die nördlichen Außenbezirke überleitete. Ihren vorstädtischen Charakter behielt sie in den kleinen Nebenstraßen bei. Ein Teil ihrer Bebauung wurde im zweiten Weltkrieg zerstört.

Nr. 36 um 1770 erbaut	erhalten: Wohnhaus		

Baugeschichte: Fassade modernisiert. Nur das schmiedeeiserne Treppengeländer weist noch auf die Erbauungszeit hin.

Nr. 37 um 1770 erbaut	erhalten: Wohnhaus	156, 169	*158, 159, 181, 182*

Baugeschichte: Nach dem ersten Weltkrieg Flachdach. Nach dem zweiten Weltkrieg Fassade vereinfacht wiederhergestellt. Gewendelte Treppe mit geschnitztem Geländer aus der Erbauungszeit.

Roßstraße / früher Alt-Kölln
Sie führt von der Gertraudenstraße bis zur Wallstraße bzw. bis zur Roßstraßenbrücke. Sie hieß vorher Rotscherstraße nach einer Fischart, die hier verkauft wurde. Heute ist sie die Nord-Süd-Verbindung im neuen Wohngebiet Fischerinsel. Ihre Bausubstanz, auf der Ostseite vorwiegend Büro- und Geschäftshäuser vom Anfang dieses Jahrhunderts, wurde im zweiten Weltkrieg zerstört.

Nr. 3 um 1780 erbaut	zerstört	162, 170	*171, 183*

Straßen- und Häuserverzeichnis	Bauzustand	Seite	Abb.
Nr. 7 um 1780 erbaut	zerstört	170	*184*
Nr. 16 vermutlich bereits Ende des 17. Jahrhunderts erbaut	Fassade Ende des 18. Jahrhunderts zer- zerstört	137, 167	*134, 178*

Schloßplatz / früher Alt-Kölln
heute einbezogen in den Marx-Engels-Platz

Lag auf der Südseite des Berliner Schlosses. Auf dem Schloßplatz stand die Hofkirche, eine ehemalige Dominikanerkirche, die 1747 abgebrochen wurde. Der Schloßplatz wurde nach Süden von der Stechbahn begrenzt, auf der im 16. Jahrhundert noch Turnierspiele abgehalten wurden; eine Bebauung erfolgte hier erst Anfang des 18. Jahrhunderts (vgl. An der Stechbahn). Der Abschnitt zwischen der Breiten und Brüderstraße war dagegen bereits im Mittelalter bebaut, diese Häuser waren zumeist in kirchlichem Besitz. Der östliche Abschnitt zwischen der Breiten Straße und Spree wurde vermutlich erst im Laufe des 17. Jahrhunderts vollständig mit Häusern besetzt. 1902 wurde an dieser Stelle der Neue Marstall von E. von Ihne fertiggestellt, während die alten Wohnhäuser zwischen der Breiten und Brüderstraße, wenn auch teilweise verändert, erhalten blieben. Am Ende des 19. Jahrhunderts wurde auf dem Schloßplatz der Neptunbrunnen von Reinhold Begas aufgestellt. Im zweiten Weltkrieg wurde die Platzbebauung bis auf den Marstall vollständig zerstört. Nach dem Abbruch der Ruine des Berliner Stadtschlosses und der Versetzung des Neptunbrunnens vor das Rathaus wurde der ehemalige Schloßplatz in den Marx-Engels-Platz mit einbezogen. Heute steht an seiner Wasserseite der Palast der Republik und an seiner Südwestseite das Staatsratsgebäude mit dem vorgeblendeten Portal IV des Berliner Schlosses, dem sogenannten Liebknechtportal.

Nr. 2 um 1698 vermutlich nach Plänen von M. Grünberg als Joachimsthalisches Gymnasium erbaut	zerstört	60, 202, 203	*48, 219–221*
Nr. 3 nach Plänen von Grünberg 1698 erbaut	zerstört	61, 202, 203	*49, 50, 219–221*

Baugeschichte: Ursprünglich geistliches Haus, nach der Reformation in bürgerlichem Besitz. 1698 Umbau nach Entwürfen Martin Grünbergs für den Apotheker Lamblet. Im 19. Jahrhundert wurde das Gebäude Schloßplatz 3 um ein Geschoß erhöht. Unter Beibehaltung der alten Substanz wurde die Fassade im Zeitgeschmack verändert, während das Eckgebäude, das ehemalige Joachimsthalsche Gymnasium, im ursprünglichen Zustand belassen wurde. Beide Häuser wurden im zweiten Weltkrieg stark beschädigt und dann abgebrochen.

Nr. 6 um 1890 erbaut	zerstört	202, 203	*219–221*
Schmale Gasse / früher Alt-Berlin 1900 aufgehoben		102	*105*

Bezeichnung für einen Abschnitt in der Straße An der Königsmauer, der im Zusammenhang mit dem Durchbruch der Kaiser-Wilhelm-Straße und dem Bau der Markthalle beseitigt wurde.

Schornsteinfegergasse / früher Alt-Kölln
heute überbaut mit den neuen Wohngebiet Fischerinsel

Verband die Fischerstraße mit der Roßstraße. Bebaut mit kleinbürgerlichen Wohnhäusern des 18. Jahrhunderts. Im zweiten Weltkrieg wurden die meisten Häuser zerstört und die übrigen um 1965 abgebrochen.

Nr. 7 um 1750 erbaut	zerstört	138, 139	*135–138*

Schützenstraße / ehem. Friedrichstadt
heute Reinhold-Huhn-Straße

Verläuft zwischen Friedrich- und Lindenstraße, im 18./19. Jahrhundert renommiertes Wohnviertel. Seit der Jahrhundertwende Büro- und Geschäftshäuser. Der größte Teil der Bausubstanz wurde im zweiten Weltkrieg zerstört.

Nr. 26 »Konsistorialgebäude«, um 1785 nach Plänen von Gontard als Wohnhaus erbaut; erst im 19. Jahrhundert bezog es das Konsistorialamt	zerstört	164	*175*

Spandauer Brücke / ehem. Spandauer Vorstadt
Verbindung von der Neuen Friedrichstraße zum Hackeschen Markt. Im ehemaligen Festungsbereich gelegen, war sie erst im Zusammenhang mit der Beseitigung der Befestigung Mitte des 18. Jahrhunderts und der Anlage der Neuen Friedrichstraße entstanden. Heute Fortsetzung der Spandauer Straße.

Nr. 8 vermutlich 1787 erbaut	zerstört	196	*215*

Spandauer Straße / früher Alt-Kölln		49	*39, 40*

Sie ist eine der ältesten Straßen der Stadt. Sie war eine viel befahrene Ausfallstraße nach Norden. Hier standen im Mittelalter das Kauf- oder Kramhaus sowie einige Zunfthäuser. An der Ecke Königstraße befand sich die zum Rathaus gehörige alte Gerichtslaube. Heute begrenzt die Spandauer Straße die Südfront des 1871 fertiggestellten Rathauses von Wesemann. Sie war vorwiegend von wohlhabenden Berliner Bürgern, vor allem von Kaufleuten bewohnt. Hier befanden sich die ältesten Wohnhäuser Berlins, das bekannteste davon war Nr. 49, das »Blankenfelde-Haus«. Die meisten dieser alten Gebäude wurden im 19. Jahrhundert entweder abgebrochen oder zu Geschäftshäusern umgebaut. So fiel dem Neubau der Hauptpost eine größere Anzahl noch mittelalterlicher Bauten zwischen Königstraße und der späteren Kleinen Poststraße zum Opfer. Im zweiten Weltkrieg sind fast sämtliche Gebäude vernichtet worden. Von der alten Bausubstanz ist lediglich im Norden die Kapelle des Heiliggeisthospitals (jetzt Mensa der Sektion Wirtschaftswissenschaften der Humboldt-Universität) erhalten geblieben. Daran anschließend das Palast-Hotel, auf der Ostseite moderne Wohnblocks.

Nr. 27 1688 erbaut	um 1900 abgebrochen		

Baugeschichte: Vermutlich war das um 1688 errichtete Gebäude kein vollständiger Neubau, sondern der Ausbau eines noch aus dem Mittelalter stammenden Wohnhauses. Um 1780 erfolgte abermals ein durchgreifender Umbau. Im 19. Jahrhundert wurde dieses Haus Nr. 27 mit dem Nachbargebäude zusammengelegt und zum Kaufhaus Israel ausgebaut.

Nr. 29 um 1690 erbaut	1910 abgebrochen		

Baugeschichte: Wahrscheinlich Neubau vom Anfang des 17. Jahrhunderts. Um 1690 ließ der Minister Paul von Fuchs das Gebäude um ein Geschoß erhöhen und im zeitgenössischen Stil umbauen. Der Entwurf dazu stammte vermutlich von Matthias Smids. Im Laufe des 18. Jahrhunderts wurden einige kleinere Veränderungen vorgenommen; 1885 die Säulen entfernt und die Fassade mit Sandsteinplatten verkleidet, so daß nur noch wenig von der ursprünglichen Fassade erhalten blieb. Später wurde das Gebäude mit den beiden Nachbarhäusern vereint und zum Kaufhaus Israel ausgebaut.

Straßen- und Häuserverzeichnis	Bauzustand	Seite	Abb.
Nr. 49 »Blankenfelde-Haus«, um 1347 nach dem Stadtbrand für die Patrizierfamilie Blankenfelde neu errichtet	1889 abgebrochen		

Baugeschichte: Backsteinbau, vermutlich unverputzt. Im 17. und 19. Jahrhundert umgebaut. Konsolsteine und Rippen im Märkischen Museum.

Nr. 63 um 1740 erbaut	Ende 19. Jahrhundert abgebrochen		
Stechbahn	siehe An der Stechbahn		

Stralauer Straße / früher Alt-Berlin

Gehörte wie die Spandauer Straße als Ausfallstraße nach Südosten zu den ältesten Straßen der Stadt. Dicht bebaut war sie zunächst nur unmittelbar am Molkenmarkt. Am Ufer der Spree lag der Stadthof mit der Kalkbrennerei. In der Nähe des Tores wurden vorwiegend die Färber angesiedelt. Dort wies die Spree eine größere Ausbuchtung auf, so daß die angrenzenden Grundstücke für diese Zunft besonders geeignet waren. Erst nach 1658 mit der Regulierung der Spree wurde dieser Stau weitgehendst beseitigt, so daß diese Grundstücke dadurch einen erheblichen Geländezuwachs erhielten. Auf dem Gelände des Stadthofes ließ dann Friedrich III./I. nach Plänen von Martin Grünberg des Waisenhaus mit einem Turm von 258 Fuß Höhe (etwa 80 m) errichten. Heute steht auf dem Grundstück das Verwaltungsgebäude des EKB. Ein weiteres nennenswertes Objekt in der Stralauer Straße war der sogenannte »Krögel«. Er war ein geschlossener Baukomplex hinter dem Molkenmarkt, der von der Stralauer Straße her zugänglich war. Ursprünglich als Stapelplatz für Waren genutzt, wurde er später zum Wohnviertel. Der Krögel sowie die ersten Häuser der Stralauer Straße wurden 1934/35 für den Neubau der Münze abgebrochen, nachdem bereits um 1902 der Baublock zwischen Jüden- und Klosterstraße dem »Alten Stadthaus« von Ludwig Hoffmann (heute Sitz des Ministerrates der DDR) weichen mußte. Die noch verbliebene alte Bausubstanz zwischen Jüden- und Spandauer Straße wurde 1937/38 für die geplante Neugestaltung der Innenstadt abgetragen. Eine Bebauung kam nicht mehr zustande.

Nr. 7, 8 um 1740 erbaut, verschieden gestaltete Fassaden unter einem einheitlichen Dach	1936 abgebrochen	113	*117*
Nr. 9 vermutlich um 1600 erbaut, später verändert und Fassade an Nr. 7 und 8 angeglichen	1936 abgebrochen	113	*117*
Nr. 36 vermutlich kurz nach 1500 erbaut, ursprünglich Giebelhaus	1933/34 abgebrochen		

Baugeschichte: Seit 1667 erstes Diakonatshaus der Nikolaigemeinde. Aus einer Bestandsaufnahme von 1662 geht hervor, daß im Obergeschoß ein größerer, gewölbter Saal lag. Im Hof standen eine eingeschossige Badestube mit großem Ofen, ein Backhaus, ein Rollhaus sowie ein eigener Brunnen. 1707 wurde das Vorderhaus von der Feuerkasse mit 1700 Talern taxiert. Um 1761 muß das Giebelhaus zum Traufenhaus umgestaltet worden sein. 1789/90 erfolgte ein weiterer umfassender Umbau, dabei wurde das zweite Obergeschoß aufgesetzt und die Treppenführung verändert. 1865 erhielt das Gebäude einen neuen Fassadenputz, der den Nachbarhäusern angeglichen wurde, sowie einen Ölfarbenanstrich. Dabei erfolgten vermutlich auch eine Vergrößerung der Fenster und die Verlegung des Einganges.

Nr. 40 um 1710 erbaut	1934 abgebrochen	59	*47*

Straßen- und Häuserverzeichnis	Bauzustand	Seite	Abb.
Nr. 45 um 1690 vermutlich unter Verwendung eines älteren Hauses erbaut	1934 abgebrochen	58	*46*
Nr. 47 Fassade um 1800, Bausubstanz vermutlich älter	1934 abgebrochen	215	*234*
Nr. 48 um 1800 erbaut	1934 abgebrochen	232	*257*

Taubenstraße / ehem. Friedrichstadt
heute: Johannes-Dieckmann-Straße

Gehört noch zur ersten Anlage der Friedrichstadt, Querstraße im Straßenraster. Sie begann an der Mauerstraße und endete stumpf an dem alten Festungsgraben vor dem Hausvogteiplatz; heute ist sie bis dahin durchgezogen. Wie fast alle Querstraßen der Friedrichstraße war sie früher eine der beliebtesten Wohnstraßen des gehobenen Mittelstands. Ein großer Teil der Bausubstanz wurde im zweiten Weltkrieg zerstört.

Nr. 3 Predigerhaus der Dreifaltigkeitskirche	siehe Kanonierstraße 4/5		
Nr. 42 um 1780 erbaut	zerstört	163	*173, 174*

Unter den Linden / ehem. Dorotheenstadt	29, 52, 85, 133	*18, 41, 84, 129, 130*
Die spätere Straße Unter den Linden bildete bis zum Ende des Dreißigjährigen Krieges die Verbindung vom Schloß zum Tier- und Lustgarten der Kurfürsten, der sich bis zum Dorf Lietzow, dem späteren Charlottenburg, ausdehnte. 1645/47 ließ Kurfürst Friedrich Wilhelm den Reitweg zum Tiergarten, der inzwischen völlig verwahrlost war, befestigen und mit sechs Reihen Linden bepflanzen. Die Bepflanzung reichte bis zur heutigen Schadowstraße (früher Wallstraße). Durch die 1653 begonnene neue Befestigungsanlage erfuhr die sogenannte »Lindenplantage« im Osten eine Verkürzung. Der Abschnitt zwischen Hundebrücke (später Schloßbrücke) und Befestigung (in der Höhe der alten Wache) wurde in die Neustadt Friedrichswerder einbezogen und erhielt den Namen		
»Platz vor dem Zeughaus«. Bei der beginnenden Bebauung gehörte zunächst die Südseite verwaltungsmäßig zur Neustadt Friedrichswerder. Hier entstanden vorwiegend frei stehende Bauten mit palaisartigem Charakter. Die Nordseite rechnete zur Dorotheenstadt, hier wurden die Grundstücke mit bürgerlichen Wohnhäusern besetzt. 1698 wurde auch die Südseite der Dorotheenstadt unterstellt. 1737 wurden die Linden von der Schadowstraße bis zum heutigen Brandenburger Tor verlängert. Der vor dem Tor angelegte viereckige Platz, »das Quarrée«, erhielt eine einheitliche Platzbebauung nach den Entwürfen der Architekten J. F. Grael und Philipp Gerlach, die seit Anfang des 19. Jahrhunderts mehrfach verändert wurde. Eigentlicher Abschluß und zugleich bedeutungsvoller Blickpunkt der Straße Unter den Linden wurde das 1789–93 errichtete Brandenburger Tor nach den Entwürfen von Carl Gotthard Langhans mit der weithin sichtbaren Quadriga von Gottfried Schadow. 1814 wurde »das Quarrée« in »Pariser Platz« (siehe dort) umbenannt zur Erinnerung an den Einzug der preußischen Truppen durch das Brandenburger Tor nach dem Sieg über Napoleon.	122, 123	*122, 123*
Schon zu Beginn des 18. Jahrhunderts besaßen die Linden den Charakter einer Prachtstraße. Insbesondere Friedrich II. legte auf eine ansehnliche Bebauung Wert und ordnete an, daß die Neubauten mindestens vier Geschosse hoch sein mußten. Aus dieser Zeit stammt die durchschnittliche Bebauungshöhe von 18 m (Traufhöhe). Auch im 19. und 20. Jahrhundert behielten die Linden ihren repräsentativen Charakter, doch verschob sich nach den Befreiungskriegen deutlich der Akzent. Zu Beginn ihrer Anlage – in der Zeit des Kurfürsten Friedrich Wilhelm – bestimmten nicht nur die Palais, sondern auch zahlreiche militärische Bauten, wie das Zeughaus, die Artilleriewache, das Kommandantenhaus, der Pontonhof usw., und die zahlreichen Militärs das Straßenbild. Außerdem verbanden die Linden zwei große Exerzierplätze – den Lustgarten und den Königsplatz im	133	*129, 130*

Tiergarten – miteinander. So gab es in der Allee kaum Gewerbe und nur wenige Gasthäuser. Nach den Befreiungskriegen prägte das aufstrebende Bürgertum immer mehr den Charakter der Straße. Eine nich unbedeutende Rolle spielte dabei die 1809 gegründete Universität, die in das ehemalige Prinz-Heinrich-Palais einzog. Der benachbarte ehemalige Marstall wurde vom Militär gänzlich geräumt und stand jetzt ausschließlich der Akademie der Künste und Wissenschaften zur Verfügung. Unter den Linden entstanden zahlreiche Salons, Konditoreien, Weinstuben, Hotels. Aber auch Geldinstitute, Antiquitätengeschäfte und Läden wurden im Laufe des 19. Jahrhunderts eingerichtet. Diese wurden hauptsächlich in den Obergeschossen untergebracht, so daß das Straßenbild nur wenig gestört wurde. Einen neuen Anziehungspunkt erhielten die Linden mit der Eröffnung der Passage Ecke Friedrichstraße.
Nach dem ersten Weltkrieg veränderte sich der Straßencharakter von neuem, als in die leerstehenden Palais und Militärgebäude ausländische Botschaften, Ministerien und andere Verwaltungsstellen einzogen. 1936 wurden die alten Lindenbäume entfernt und an ihrer Stelle neue gepflanzt. 1937 wurden die Hausnummern geändert. Die Numerierung beginnt jetzt im Osten, wobei die geraden Nummern die Häuser der nördlichen, die ungeraden die Häuser der südlichen Straßenseite erhielten. Im zweiten Weltkrieg wurden im Abschnitt westlich der Friedrichstraße zwei Drittel der alten Bausubstanz vollkommen zerstört und die historischen Bauten im östlichen Abschnitt ausnahmslos schwer beschädigt. Ihre Wiederherstellung wurde mit dem Aufbau des ehemaligen Kronprinzenpalais 1969 abgeschlossen, während die Neubauten im westlichen Abschnitt zwischen 1962 und 1966 in Stahlbetonmontagebauweise errichtet wurden.

Nr. 15 1780 erbaut, Immediatbau	zerstört		
Nr. 17/18 1780 als Doppelhaus erbaut, Immediatbau, Entwurf von Unger	1892 für das Westminster-Hotel abgebrochen		
Nr. 30 »Weinrestaurant Habel«, 1801 umgebaut	zerstört	220, 221	*242–244*
Nr. 33/34 1750 als Doppelhaus erbaut, seit 1820 im Erdgeschoß das Café Royal, das Stammlokal des E. T. A. Hoffmann	1871 abgebrochen		
Nr. 48/49 1780 als Doppelhaus erbaut, Immediatbau, Entwurf von Unger	1864 abgebrochen		
Nr. 50/51 1780 als Doppelhaus erbaut, Immediatbau, Entwurf von Unger	um 1900 abgebrochen	161	*165–167*
Nr. 57/58 1780 als Doppelhaus erbaut, Immediatbau, Entwurf von Unger	1907 abgebrochen		
Nr. 61/62 1780 als Doppelhaus erbaut, Immediatbau, Entwurf von Unger	1864/65 abgebrochen		
Nr. 63/64 1780 als Doppelhaus erbaut, Immediatbau, Entwurf von Unger	1864/65 abgebrochen		

Waisenstraße / früher Alt-Berlin
Hieß bis zur Mitte des 19. Jahrhunderts noch Stralauer Mauer. Im 16. Jahrhundert standen hier bereits 22 sogenannte Hausbuden, teils an die Mauer gelehnt, teils waren es Hintergebäude der Häuser in der Klosterstraße. Die Bezeichnung Waisenstraße erhielt sie nach dem »Großen Friedrichswaisenhaus«, das in der Achse der Straße stand.

 Heute steht hier das Verwaltungsgebäude der Gasag. Im zweiten Weltkrieg wurden die Häuser in der Waisenstraße mit Ausnahme der Baugruppe, in der sich die Gaststätte »Zur letzten Instanz« befindet, zerstört und abgetragen, so daß dadurch die noch teilweise gut erhaltene mittelalterliche Stadtmauer freigelegt werden konnte.

Nr. 2 nach 1680 erbaut, 1795 verändert	zerstört		
Nr. 7 nach 1680 erbaut	zerstört		
Nr. 8 nach 1680 erbaut, Doppeltüranlage	zerstört	73	*67, 68*
Nr. 9 nach 1680 erbaut, Doppeltüranlage	zerstört	73	*67–69*
Nr. 10 nach 1680 erbaut	zerstört		
Nr. 18 nach 1680 erbaut	zerstört	73	*70*
Nr. 28 1768 erbaut	vor dem ersten Weltkrieg abgebrochen	134	*131*
Nr. 29 »Wenzelsches Haus«, 1740 erbaut	vor dem ersten Weltkrieg abgebrochen	113	*116*

Baugeschichte: Gehörte zum Friedrichswaisenhaus. Hier wohnten von der Armenverwaltung unterstützte Mieter. Die Wände bestanden aus verputztem Fachwerk. Keller wurden erst nach 1829 angelegt.

Wilhelm-Külz-Straße — siehe Markgrafenstraße

Wilhelmstraße / ehem. Friedrichstadt
heute: nördlicher Abschnitt Otto-Grotewohl-Straße

Gehört zur Stadterweiterung der Friedrichstadt von 1732/34, beginnt am Pariser Platz und führte als äußerster westlicher Straßenzug bis zum Rondell, dem heutigen Mehringplatz. Mit dem Rastersystem der ersten Anlage steht sie nicht in Verbindung, sie wurde lediglich von der Behren-, Leipziger, Koch- und Zimmerstraße gekreuzt bzw. tangiert. Die Voßstraße wurde erst später durchgebrochen. Hinter der Wilhelmstraße verlief die Zollmauer, an die wiederum der Tiergarten angrenzte. Im Abschnitt zwischen Pariser Platz und Leipziger Straße entstanden wegen der günstigen städtebaulichen Situation, insbesondere auf der Westseite, eine Reihe größerer Palais mit ausgedehnten Gärten, die bis zur Zollmauer reichten. Aber auch auf der Ostseite befanden sich repräsentative Bauten, so daß die Wilhelmstraße bis zur Leipziger Straße die bevorzugte Wohngegend des Adels wurde. Unterbrochen wurde der Straßenzug vom Wilhelmplatz, dem heutigen Ernst-Thälmann-Platz, auf dem sechs Statuen preußischer Feldherren standen. Der Abschnitt zwischen Leipziger Straße und Rondell war von einfachen Bürgerhäusern besetzt. Nach 1919 wurden die Adelspalais ausschließlich durch Ministerien und Behörden genutzt, so daß die Wilhelmstraße sich immer mehr zum Regierungsviertel entwickelte, die Palaisgärten wurden als sogenannte Ministergärten beibehalten. Nach 1933 wurden die Ministerien bzw. die Adelspalais von NS-Dienststellen okkupiert.

Zimmerstraße / ehem. Friedrichstadt
Gehört zur Stadterweiterung von 1732/34. Sie verläuft von der Lindenstraße bis zur Wilhelmstraße, heute Otto-Grotewohl-Straße. Ursprünglich bevorzugte, ruhige Wohngegend des gehobenen Mittelstandes. Die zumeist aus dem 18. Jahrhundert stammende, im 19. Jahrhundert stark veränderte Bausubstanz wurde größtenteils im zweiten Weltkrieg zerstört.

Baustellenanweisungen für die Berliner Neustädte aus der zweiten Hälfte des 17. Jahrhunderts

Aus: Zentrales Staatsarchiv,
Dienststelle Merseburg,
Brandenburgische Städte, Ämter
und Kreise,
Repertorium 21 Nr. 191, Nr. 195,
Nr. 191 b.

288 Baustellenanweisung
für den Friedrichswerder
(in der Falkoniergasse)

Durch seiner Churfürstl. Durchl. gnädigste bewilligung hab Ich underbenannter dero Cammer Laqueien Hanß Crantz, eine Baustell auff dem Werder zugemeßen, zwischen dem Reithauß und dem Wall, welche in Ihrem begriff holt Fünff und Zwanzigk quadratruten, giebt vor Jochrute 3 gr. und vor die ganze Baustell drey gr. jährlich grundzins, ist das erste Jahr frey und erlegt den ersten grundzins zwey Jahr nach dem dato seiner Verschreibung, gemeeßt der privilegien der anderen Inwohner des Churfürstlichen Werders, insonderheit der freyheit zu seiner nahrung, Backwahren zu verkauffen, ist keinem Magistrat als allein Seiner Churf. Durchlaucht und dero Räthe unterworffen und hat macht solche baustell mit denen darauf stehenden gebäuden und freyheiten zu verkauffen. Solches attestire ich underbenanter hirmit. Auf Cölln an der Spree den 19. Juny Anno 1658. J. G. Memhardt

Rep. 21 Nr. 191 b

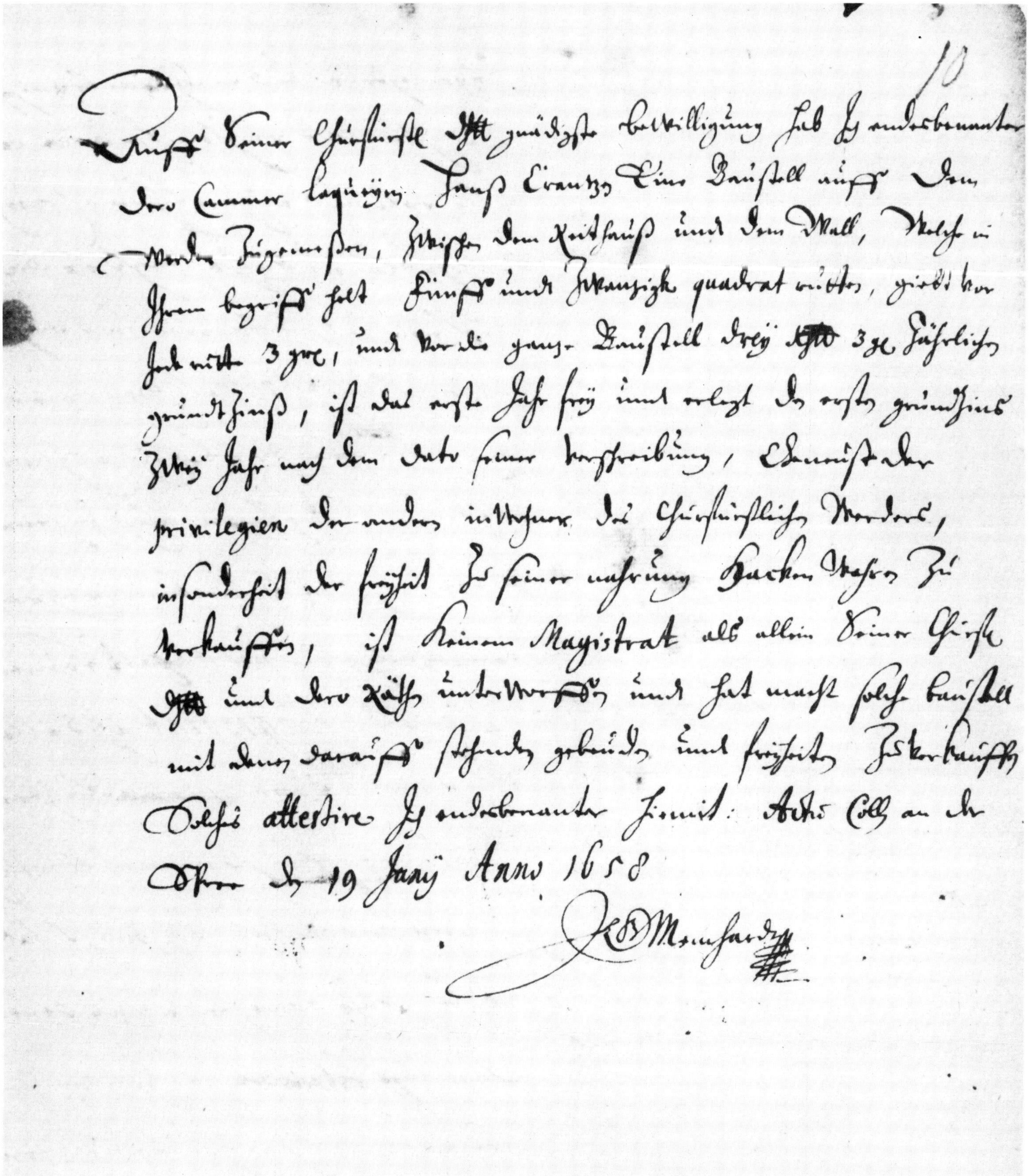

10

Auff Seiner Churfürstl. Dhlt. gnädigste bewilligung hab Ich undenbenanter Dero Cammer lagueyen Hans Crantz Eine baustell auff dem Werder Zugemessen, Zwischen dem Rathhaus und dem Wall, welche in Ihrem begriff helt fünff und Zwantzigk quadrat ruten, giebt vor Jede rute 3 gr., und vor die gantze Baustell drey thlr 3 gr. Jährlichen grundtzinss, ist das erste Jahr frey und erlegt den ersten grundtzins Zwey Jahr nach dem dato seiner verschreibung, Geneust aller privilegien der andern inwohner des Churfürstlichen Werders, insonderheit der freyheit Zu seiner nahrung Backen Wasser Zu verkauffen, ist keinem Magistrat als allein Seiner Churfl. Dhlt. und Dero Räthen unterworffen und hat macht solche baustell mit denen darauff stehenden gebäuden und freyheiten Zu verkauffen. Welches attestire Ich undenbenanter hiemit. Actum Cölln an der Spree den 19 Junij Anno 1658

J. G. Memhardt

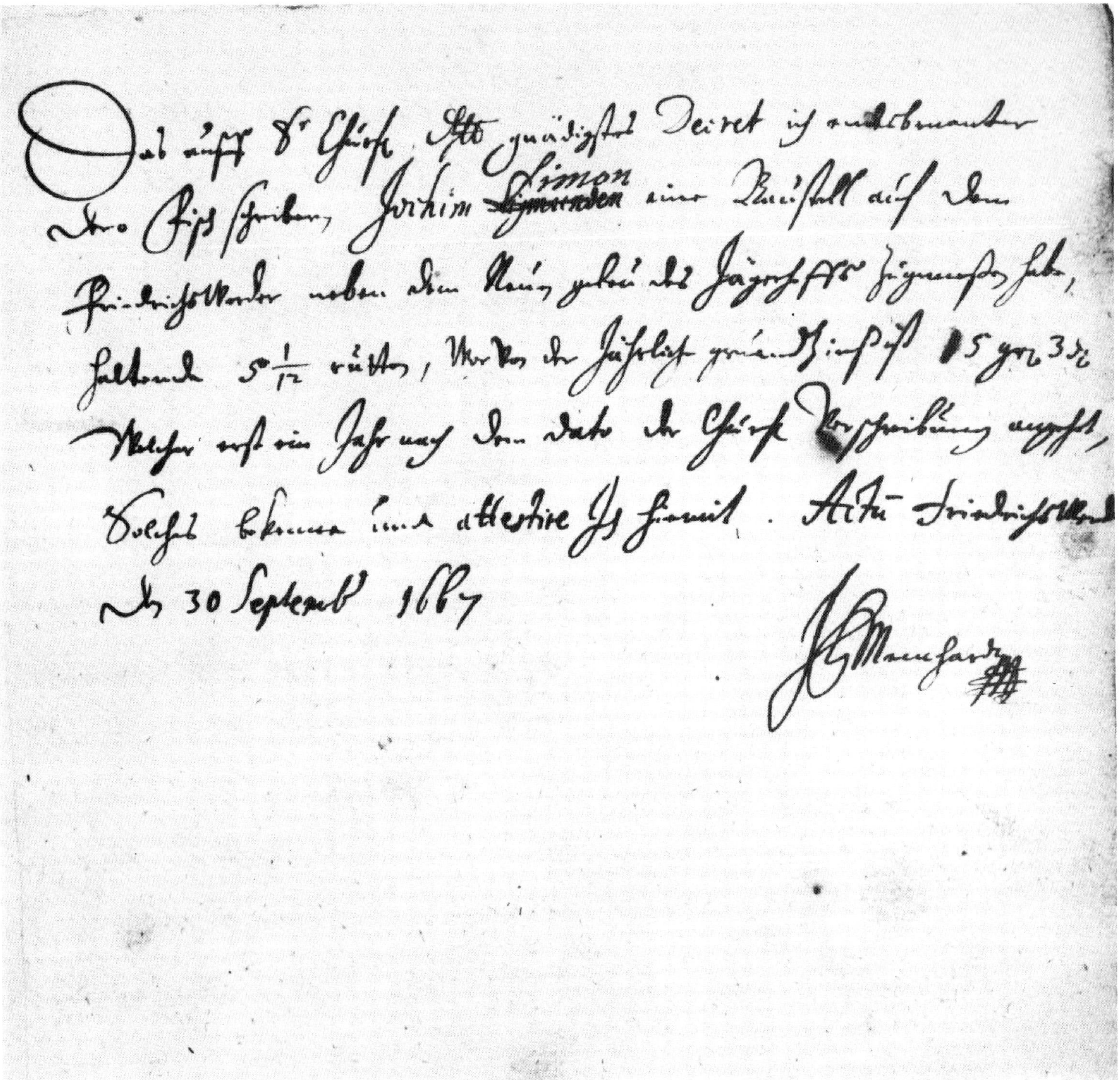

Baustellenanweisung
für den Friedrichswerder
(Erwähnung des Jägerhofs)

Rep. 21 Nr. 191 b

Das auf S. Churf. Durchl. gnädigstes Decret ich underbenanter dero Gipsschreiber, Jochim Simon eine Baustell auf dem Friedrichswerder neben den Neuen Gebäu des Jagerhoffs zumeßen habe, haltende 5½ ruhten, ... der Jährliche Grundzinß ist 15 gr. 3 ch. welcher erst ein Jahr nach dem dato der Churf. Verschreibung angeht. Solches bekenne und attestire ich hiemit. Actu Friedrichswerder den 30 Septemb. 1667 J. G. Memhardt

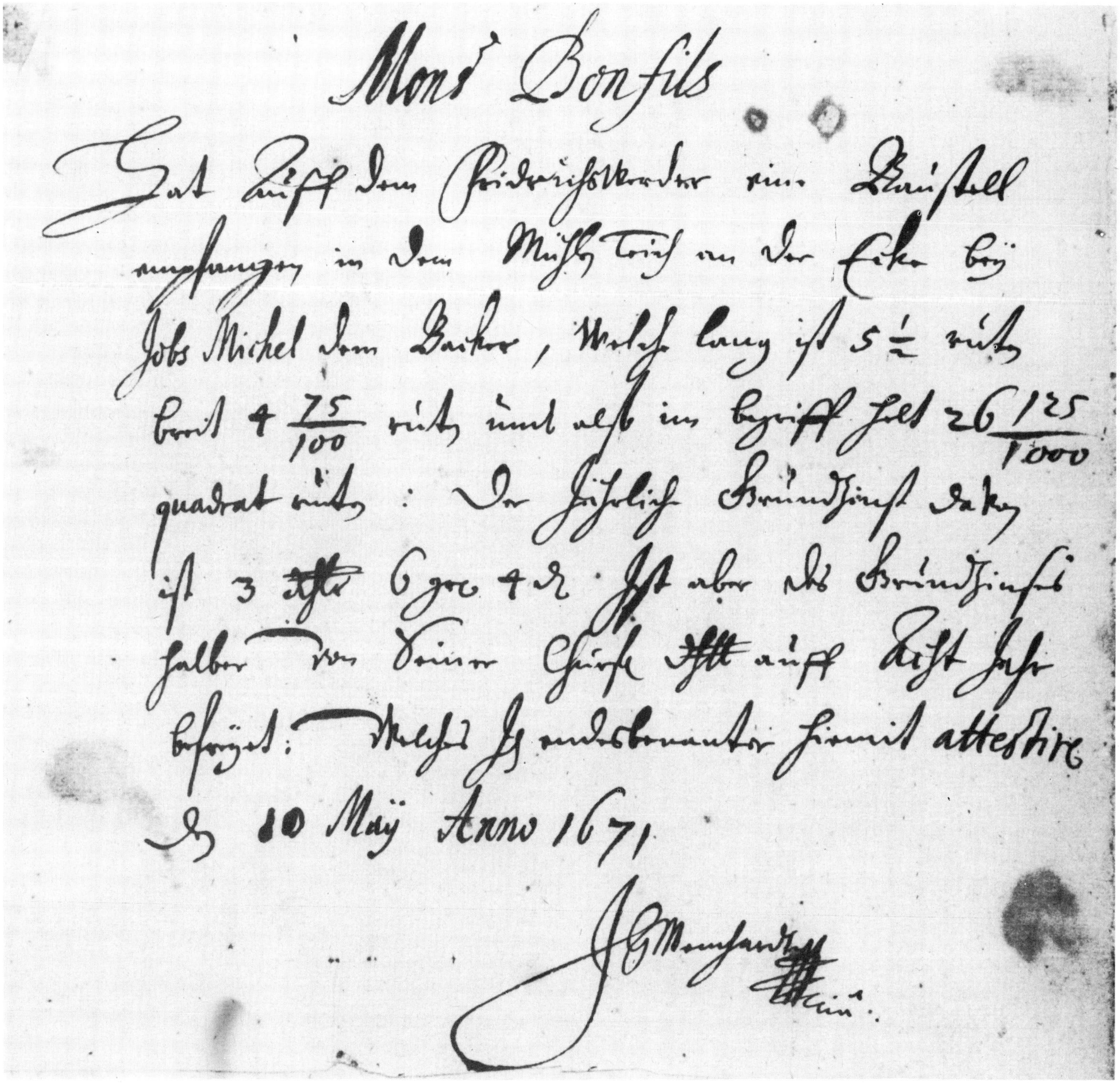

Baustellenanweisung für den Friedrichswerder

Rep. 21 Nr. 191 b

Mons. Bonfils
Hat auf dem Friedrichswerder eine Baustel empfangen in dem Mühlteich an der Ecke bey Jobs Michel dem Becker, welche lang ist $5^{1}/_{2}$ ruten breit $4^{75}/_{100}$ ruten und alß im begriff helt 26 $^{125}/_{1000}$ quadrat ruten:
Der jährliche Grundzinß davon ist 3 Thaler 6 grosch. 4 th. Ist aber des Grundzinßes halber von Seiner Churf. Durchl. auff Acht Jahr befreyet; Welches Ich endesbenannter hirmit attestire den 10 May Anno 1671 J. G. Memhardt

292 Schreiben des Casimir Rux, wegen einer Baustelle im kurfürstlichen Holzgarten (Friedrichswerder)

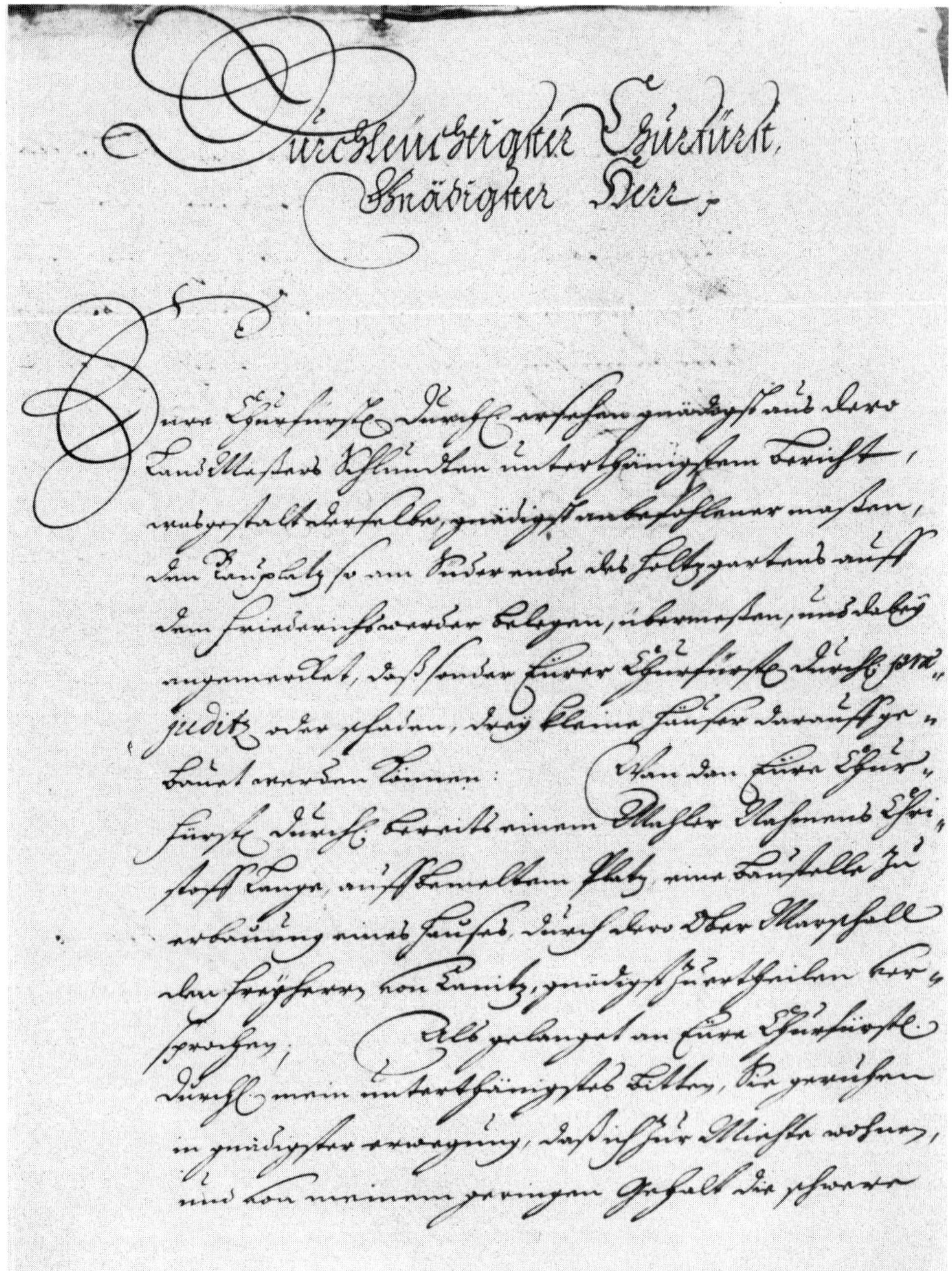

Durchlauchtiger Churfürst,
gnädiger Herr,
Eure Churfürstliche Durchl. ersehen gnädigst aus dero Bau Meisters Schlundten unterthänigsten Bericht, wesgestalt derselbe gnädigst anbefohlener maßen, den Bauplatz so am Südende des Holtzgartens auff dem Friedrichswerder belegen, übermaßen und dabey angeordnet, daß sonder Euer Churfürstl. Durchl. Prejuditz oder »..., drey kleine Häuser darauff gebauet werden können: wen dan Euer Churfürstl. Durchl. bereits einen Mahler Nahmens Christoff Langer auff bemalten Platz eine Baustelle zu erbauung eines Hauses durch dero

Rep. 21 Nr. 191 b

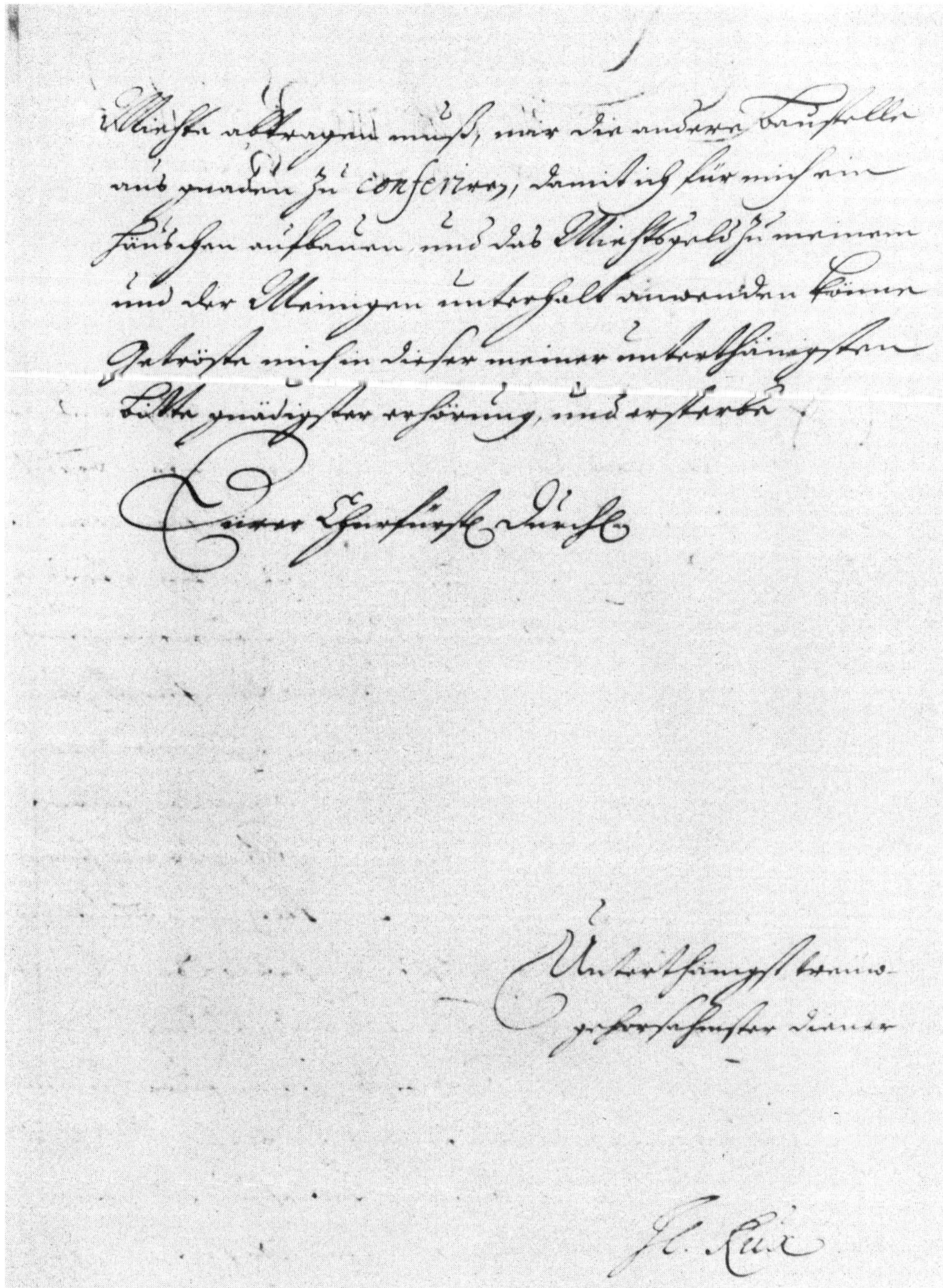

Miethe abtragen muß, mir die andere Baustellen
aus gnaden zu conferiren, damit ich für mich ein
Häuschen aufbauen und das Miethsgeld zu meinem
und der Meinigen unterhalt anwenden könne.
Getröste mich in dieser meiner unterthänigsten
Bitte gnädigster erhörung, und ersterbe

Euer Churfürstl. Durchl.

Unterthänigst treu-
gehorsamster Diener

C. Rux

Ober Marschall den Freyherrn von Canitz gnädigst zu erteilen versprochen, als gelanget an Eure Churfürstl. Durchl. mein unterthänigstes Bitten, Sie geruhen in gnädigster erwegung, daß ich zur Miethte wohnen, und von meinem geringen Gehalt die schwere Miethe abtragen muß, mir die andere Baustellen aus gnaden zu conferieren, damit ich für mich ein Häuschen aufbauen und das Miethsgeld zu meinem und der Meinigen unterhalt anwenden könne. Getröste mich in dieser meiner unterthänigsten Bitte gnädigster erhörung und ersterbe Euer Churfürstl. Durchl.

Unterthänigsterr gehorsamster Diener C. Rux

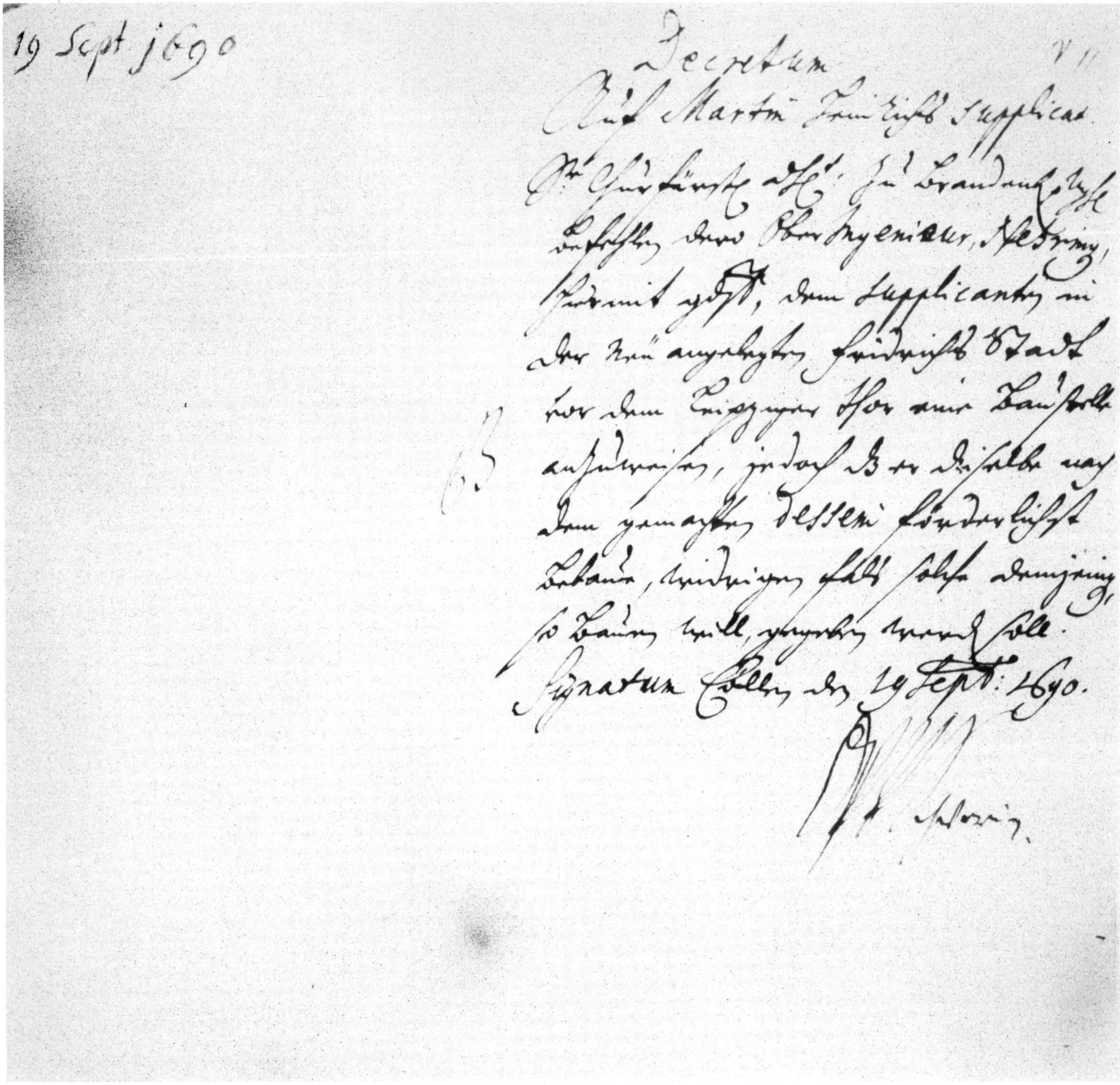

Decret an Arnold Nehring
19. Sept. 1690

Rep. 21 Nr. 195

Decretum.
Auf Martin Heirnichs supplicat Seine Churfürstl. Dhl. zu Brandenburg hat befohlen, dero Ober Ingenieur, Nehring, hiermit …, dem Supplicanten in der neu angelegten Friedrichs Stadt vor dem Leipziger Thor eine Baustelle anzuweisen, jedoch daß er dieselbe nach dem gemachten dessein förderlichst bebaue, widrigenfalls solche demjenigen so bauen will, gegeben werden soll.
Signatum Cölln den 19. Sept. 1690 Ott. Schwerin

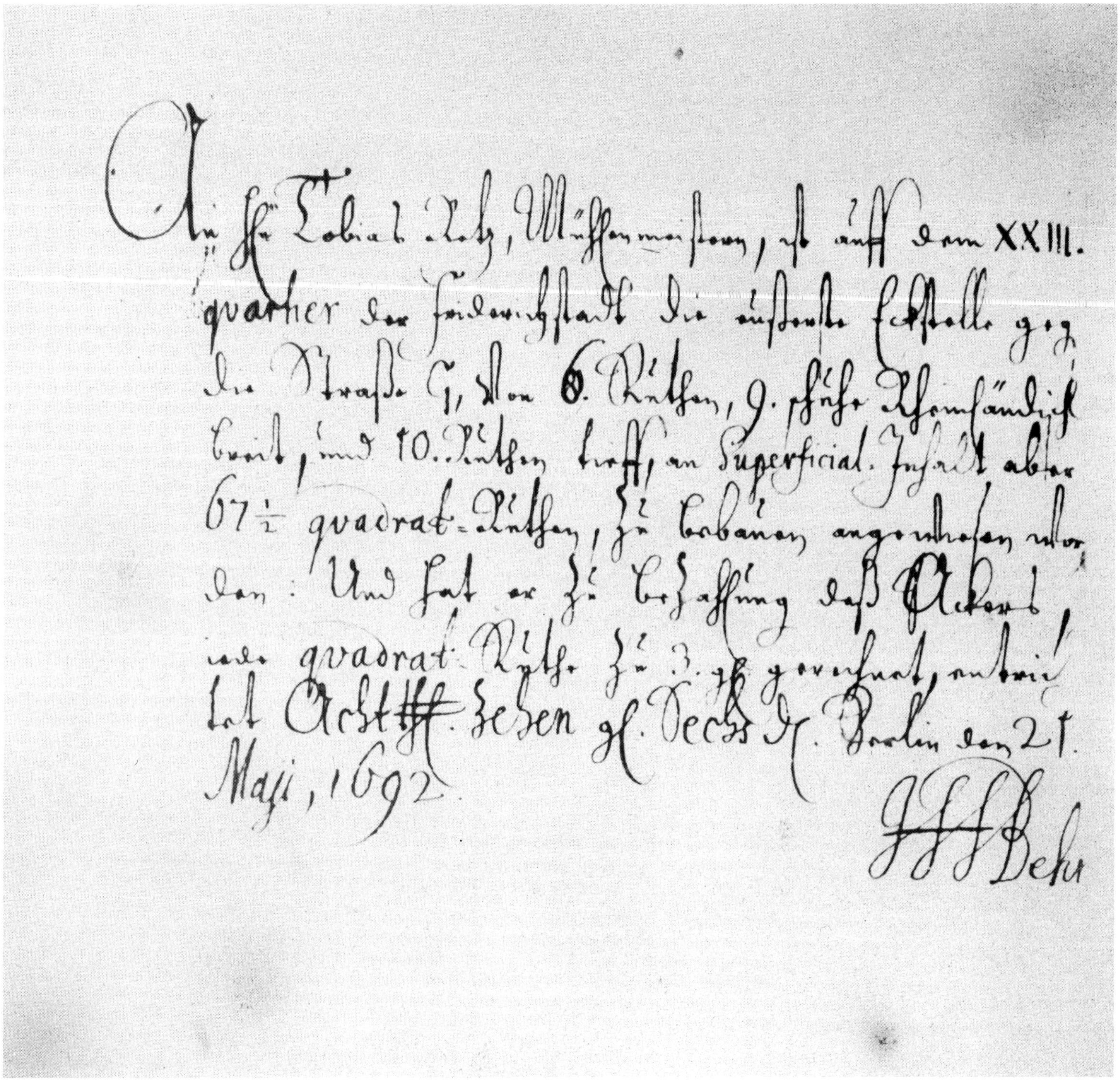

Baustellenanweisung
für die Friedrichstadt

An Tobias Retz, Mühlenmeister, ist auf dem 23 quartier der Friedrichstadt die äusserste Eckstelle gegen die Straße G, von 6 Ruthen, 9 Fuss Rheinländisch breit und 10 Ruthen tieff, an Superficial. Inhalt, aber 67½ quadrat-Ruthen, zu bebauen angewiesen worden: Und hat er zu Bezahlung deß Ackers jede quadrat-Ruthe zu 3 Th. gerechnet, entrichtet Achtzehen Th., Sechs Gr.
Berlin, den 21. May, 1692

Behr

Rep. 21 Nr. 195

Institut für Denkmalpflege:
7 Fotos und 135 Meßbildfotos (Archiv)

Märkisches Museum, Berlin:
17 Fotos (Sammlung F. A. Schwartz)

Stadtarchiv Berlin:
27 Fotos (Sammlung F. A. Schwartz)

Staatsbibliothek Berlin, Kartenstelle:
6 Fotos (Sammlung F. A. Schwartz)

A. Gut: 67 Bauaufnahmen nach eigenem Aufmaß und nach Akten

Zentrales Staatsarchiv Merseburg:
6 Baustellenanweisungen usw. für die Berliner Neustadt

Magistrat von Groß-Berlin, Abt. Kultur.
6 Fotos

Staatliche Schlösser und Parks Potsdam-Sanssouci: 2 Fotos

Foto Breitenborn 1
Foto Dutschmann 10
Foto Dr. Trost 4

Einband: An der Schleuse und Hofansicht des Hauses Petristraße 16, Aufnahmen um 1910

Vorsatz vorn, Vorsatz hinten: Stuckdecken des 17. Jahrhunderts aus Alt-Berlin

CIP-Kurztitelaufnahme der Deutschen Bibliothek
Gut, Albert:
Das Berliner Wohnhaus. – Berlin:
Ernst. – 1984.
ISBN 3-433-00991-0

Satz, Druck und Buchbindearbeiten:
Grafische Werke, Zwickau
Printed in the German Democratic Republic
Gestaltung: K. Lubina